本书受以下项目及单位资助：
云南大学"211工程"民族学重点学科建设项目
云南省哲学社会科学创新团队云南省民族文化多样性田野调查与民族志研究
云南省西南边疆民族文化传承传播与产业化协同创新中心建设项目

气候人类学

尹　仑　著

知识产权出版社

全国百佳图书出版单位

图书在版编目（CIP）数据

气候人类学/尹仑著. —北京：知识产权出版社，2015.6

ISBN 978 - 7 - 5130 - 3424 - 1

Ⅰ.①气… Ⅱ.①尹… Ⅲ.①人类活动影响—气候变化—研究 Ⅳ.①P461

中国版本图书馆 CIP 数据核字（2015）第 070331 号

内容提要

气候不仅是一种自然现象，更是一种社会和文化现象。本书从定义、理论、研究重点、发展趋向和田野调查案例等方面对气候人类学进行了述评和探讨。气候人类学是从人类学的视角研究人与气候之间的文化关系、气候变化对人类文化的影响及其适应等问题的一门学科。研究目的是为人类认识、利用、改变、适应和维护气候环境、应对气候变化及其灾害提供正确的认识与方法，核心是对气候进行文化构建。跨学科的研究、理论与方法的探讨和创新是未来气候人类学发展的基本趋势。

责任编辑：石红华　　　　　　　　　责任校对：韩秀天

封面设计：张　冀　　　　　　　　　责任出版：刘译文

气候人类学

尹 仑 著

出版发行：知识产权出版社 有限责任公司	网　　址：http://www.ipph.cn
社　　址：北京市海淀区马甸南村 1 号	邮　　编：100088
责编电话：010 - 82000860 转 8130	责编邮箱：shihonghua@sina.com
发行电话：010 - 82000860 转 8101/8102	发行传真：010 - 82000893/82005070/82000270
印　　刷：保定市中画美凯印刷有限公司	经　　销：各大网上书店、新华书店及相关专业书店
开　　本：787mm×1092mm　1/16	印　　张：17.5
版　　次：2015 年 6 月第 1 版	印　　次：2015 年 6 月第 1 次印刷
字　　数：278 千字	定　　价：48.00 元

ISBN 978 -7 -5130 -3424 -1

编委会

总　序

我们正处在一个社会文化和生态环境急剧变迁的时代。

当代地球生态环境严重退化、恶化，众所周知，其原因主要有两方面。一是缺失必需的伦理、法规和保障机制：缺失全民高度尊崇、严格自我约束的生态环境伦理道德，缺失公民和族群所具有的生态和资源权益不受侵犯的有效法规，缺失资源环境开发利用必不可少的高度民主、公开、透明、科学的评估及决策机制，缺失健全、有效和权威的生态环境保护法律法规。二是人类狂妄、愚昧、劣性的膨胀：如以人类中心主义的思维方式行事，对大自然为所欲为；坚持文化中心主义，否定文化多样性，不尊重地方性知识和不同民族的传统知识；经济、物质至上，为追求利益而不惜破坏生态环境；以牺牲环境和资源为代价片面追求发展，制造生态灾难；盛行高能、高耗、高碳的生产方式和生活方式，大量消耗自然资源，严重破坏、污染生态环境；迷信科学技术，盲目采用不安全的新技术和化学物质，酿成环境灾难等。

近三十年来，对工业社会的生态环境观及其盲目开发发展行为的深刻反思和批判，已成潮流，主要反映在三个层次：一是人与自然关系的讨论，二是文化多样性价值和意义的再认识，三是不同地域、不同民族传统生态知识的发掘、整理和利用。三个层次的反思、讨论和探索，刺激了学术的创新，促进了某些学科的发展。例如最近二十年来，重新审视历史和自然，重新认识社会历史变迁与生态环境的相互关系，将古今生态环境演变的规律一并纳入视野的整合性的名之为"环境史"的研究，便成了史学界的一个新的分野。与此相对应，作为横向的尚未被现代化和全球化浪潮完全吞没的各地域、各民族的活生生的生态智慧、经验和知识，也逐渐获得了社会的认同，越来越受到学界的重

1

视。而在众多的学科中，不遗余力地进行各民族、各地域传统生态知识的调查、研究、宣传、抢救、发掘、传承和利用的学科，不是别的，就是生态人类学。

我国生态人类学的研究，始于20世纪80年代，迄至今日，已经有了长足的发展。从我国的情况来看，生态人类学的研究具有几个显著的特点：一是西部的研究远胜于东部的研究。原因不难明白，东部开发早，市场经济发达，现代化速度快，全球化影响大，传统文化包括生态文化急速变迁、大量消亡了；西部是生态环境和民族文化多样性的富集区域，开发较晚，市场经济、现代化和全球化的影响相对较弱，传统生态文化虽然也有不少变异、流失，然而尚有丰富的遗存和踪迹可寻。二是研究对象十分复杂。国外早先的经典的生态人类学著作，研究对象多为与世隔绝的封闭社会和族群，而当我们开始从事该领域研究的时候，我们面对的国内的许多对象，虽然依然保持着传统，然而均已成为国家主导下的社会，在社会主义改造、政治运动冲击、移民开发干扰、扶贫发展促进、市场经济进入、城市化蔓延等因素的不断的综合的影响之下，原有的比较单一的文化变成了复杂的复合文化。面对这样的事象，一方面得厘清、剥离外来文化成分，还原传统文化的面目，阐释其价值和意义；另一方面又必须正视各种外来因素的影响和作用，以考察文化的变迁及其发展的趋势。国外生态人类学的发展，大体经历了从封闭社会的生态人类学研究到复杂社会的环境人类学研究两个阶段，而我们的研究从一开始面对的便是复杂环境中的复合文化，国外的两个研究阶段被融为了一体。三是具有较强的应用倾向。面对激烈的社会转型和文化变迁，环境问题日益凸显，并与生存、公平、权益、发展、政治、安定、和谐等各种问题相互渗透和纠结，涉足其间，难免产生共鸣和关怀。因此，正视现实问题，服务于国家和民族发展的需要，倡导建设和谐与可持续发展社会的理念，已成为我国生态人类学者的自觉追求。

上述三个特点，在我们主编的这套生态人类学丛书中有很好的体现。首先，丛书的作者们大都关注我国西部，研究对象集中于最富文化和生态特色、最具生态人类学研究内涵的两个地域：西南山地和北方草原。其次，丛书的研究依然承袭学术传统，一方面重在传统生态知识的发掘、整理和阐释，尤其重在对于无文献记载而且长期不被正确认识的传统和地方性知识的发掘和研究；

另一方面则着力探索在全球化、市场经济的背景下如何传承、活用传统知识并重建有效适应当代生态和社会环境的生态文化。第三，丛书的部分选题超越了传统生态人类学的研究范畴，敏锐地将当代社会面临的重大和热点生态环境问题纳入研究的视野，例如大坝、灾害、绿洲、水污染等研究即属此类，具有较高的学术及应用价值。

　　近年来，人类学的丛书不少，而作为生态人类学的丛书，这还是较成规模的第一套。无论从作者的层次和准备来看，还是从作品的选题和水平来看，本丛书均属难得，值得期待。至于缺憾，在所难免，祈望学界批评。在今后的学术跋涉中，作者们自当不急不躁，笃实前行，为生态人类学的发展再书华章。

编者 2012 年深春于昆明

序　言

　　气候变化已经和正在对生态环境和人类社会产生重要影响，成为当今世界的热点问题。由于气候变化与人类活动密切相关，所以受到国际社会的广泛关注。2010 年 10 月在日本名古屋召开的《生物多样性公约》第 10 次缔约方大会，其第 33 号大会决议强调了生物多样性与气候变化之间的关系，特别是气候变化对传统知识可能产生的影响；我国制定的《中国生物多样性保护战略与行动计划》，也提出了应对气候变化影响生物多样性和遗传资源及相关传统知识的问题。

　　中国民族众多，分布于自然环境极其复杂生态系统十分脆弱的中国西部和边远地区的族群，受气候变化及其灾害的影响非常显著。近年来，极端气候频发，给上述地区各民族带来极大的风险和挑战，严重威胁着人们的生产和生活。长期以来，各民族适应其生境，培育了大量生物遗传资源、创造了丰富的可持续利用的传统技术与生产方式。然而，在气候变化的影响下，人类培育创造的生物遗传资源及可持续利用的传统知识和生产方式正在受到破坏，因此，重视气候变化的影响，深入调查研究气候变化灾害和各民族应对灾害的传统知识，积极利用现代科学技术，寻求有效缓减气候变化对人类生产生活危害的途径，无疑具有重要的学术和现实意义。

　　目前，自然科学领域针对气候变化的研究已经取得了若干研究成果。不过，当今的气候变化并不是纯粹的自然现象，而是文化现象，即与人类行为密切相关，因人类活动而导致气候不同程度的变化，历史不乏例证，现实更为突出。所以，气候变化不能看作仅仅是自然科学研究的领域，还必须有研究人类社会和行为的社会科学的参与。在国际学界，一些敏锐的社会科学者包括民族学人类学者已经捷足先登，无论在理论方法还是在区域和个案研究方面，均已

取得进展。反观国内，迄今为止社会科学界还鲜有涉足此领域者，有的虽然注意到问题的重要，然而并未开展实质性的研究。不过，现在情况发生了变化，国内该领域空白的状况被画上了句号，一项主要从社会科学角度切入的中国本土的气候变化及其影响的研究成果诞生了，那就是尹仑博士的专著《气候人类学》。

翻阅尹著，给人的印象是新锐而厚实。作为一项开拓性的研究，作者进行了整体性、全方位的梳理和挖掘。本书第一部分是气候人类学概论，它追溯了学术史上与气候人类学具有一定渊源关系的古典理论，梳理了当代气候人类学产生的背景、动态、概念、定义、理论流派和跨学科的方法论；第二部分重点论述气候人类学的研究框架、内涵和重点，内容涉及传统知识、生物多样性、气候灾害、文化适应、性别研究、民族生态权利等专题；第三部分是本书的重点，作者应用长期田野调查的丰富资料，深入讨论云南省德钦县气候变化与藏族传统知识的关系，理论与实践相结合，国际视野与本土案例互相参照，学术研究与应用研究并重，基本上实现了可与国际学术界对话、利于学科建设、作为该领域草创研究范例、可供相关政府决策部门参考利用的目的。

《气候人类学》，是作者多年来坚持不断学习和从事科学研究的成果。作者1998年赴法国留学，先后就读于法国国家自然历史博物馆（Muséum national d'histoire naturelle）和法国高等社会科学院（école des hautes études en sciences sociales），学习自然人类学和社会人类学，回国后又进入中央民族大学生命与环境科学学院深造，专攻民族生态学。特别的求学经历，使其养成了密切跟踪国际学术前沿的敏锐性，打下了扎实的跨学科的理论基础，具备了良好的田野调查研究能力。十余年间，除了学校学习之外，作者还积极从事社会工作和应用研究，在生物多样性和传统知识保护领域做了大量工作，积累了丰富的国际合作经验和知识。作为人类学者，为了深入观察体验藏民的生活，学习藏族文化，他选择了迪庆藏族自治州德钦县佳碧村作为田野调查点，最初住村一年，此后年年前往调查，迄今已有10余年的时间。作者在与藏民长期相处的过程中，不光考虑自己的研究，还热忱为藏民做事，为消除村民贫困而尽其所能，为此深受藏民认同，与藏民结下了深厚的感情。上述学历、经历和积累，对于作者的学术事业无疑将会产生重要和深远的影响。

如前所述，在我国气候人文社会研究领域，尹著《气候人类学》堪称拓荒之作，意义不可低估。不过，正因为是拓荒，是前沿，是跨学科，是理论和应用相结合的探索，所以缺点和不足在所难免，应该还有进一步完善、充实的空间。千里之行始于足下，作者既然在此领域迈出了可喜的第一步，相信就会有第二步、第三步，而且步伐将会更为稳健扎实，以不辜负同人们的厚望。

薛达元

2014 年中秋识于北京雾霾斋

前　言

　　气候不仅是一种自然现象，更是一种社会和文化现象。本著作从定义、理论、研究重点、发展趋向和田野调查案例等方面对气候人类学进行了述评和探讨。气候人类学是从人类学的视角研究人与气候之间的文化关系、气候变化对人类文化的影响及其适应等问题的一门学科。研究目的是为人类认识、利用、改变、适应和维护气候环境、应对气候变化及其灾害提供正确的认识与方法，核心是对气候进行文化构建。跨学科的研究、理论与方法的探讨和创新是未来气候人类学发展的基本趋势。气候人类学的研究新兴于最近 10 年，是一个具备前瞻性的前沿课题，正在逐步形成研究理论、方法和研究重点。在西方，已经有一些民族生态学家、生态人类学家和应用人类学家等开始这一方向的研究。在中国，随着极端气候和气候灾害发生频率的增加和造成危害的加重，及其对各民族地区生态和社会的影响，气候开始受到中国自然和社会科学界，尤其是人类学的重视和关注。如何通过跨学科的理论方法来研究气候成为人类学的重要任务。本研究从理论、研究重点、学术流派和发展趋势等方面对气候人类学的研究进行了详细梳理和研讨，目的是吸引更多的人类学研究者关注气候，进行跨学科的综合研究，从而促进这一学科研究理论和方法的发展。

　　本研究以云南省西北部德钦县藏民族为具体案例，突破了以往局限于自然科学领域对气候的研究，从人类学的视野出发，采取跨学科交叉的研究方法，研究气候变化对与生物资源保护与持续利用相关的传统知识的影响，探索建立气候人类学的研究理论，探索确立定量分析和研究模式，探索基于传统知识适应局部地区气候变化及其灾害的实践方式。

　　本研究包括三个方面的内容：

　　第一，与气候和气候变化相关传统知识的研究。虽然气候模型能够制作气候变化的宏观景象，并且可以估计人类未来发展的不同趋势和后果，但对于区域的气候变化却无法提供准确的信息。近年来，越来越多的人们意识到少数民族有关气候和气候变化的传统知识，这些知识依据的是比仪器复杂得多的生物和环境，这恰恰是区域气候变化信息的珍贵来源渠道。德钦县藏民族对气候和气候变化的传统知识丰富而多样，这些传统知识能够帮助人们更好地理解气候变化。

第二，气候变化对生物资源保护与持续利用相关的传统知识的影响研究。除了对观察及预测天气的传统气候和物候知识产生影响之外，气候变化对传统知识最重要的影响体现在生物资源保护与持续利用相关的传统知识方面。本书的研究重点在于讨论气候变化对传统知识的影响，并按照对生物资源保护与持续利用相关的传统知识的 5 个分类体系：传统利用农业生物及遗传资源的知识、传统利用药用生物资源的知识、生物资源利用的传统技术创新与传统生产生活方式、生物资源保护与利用相关的传统文化和习惯法、传统地理标志产品，来探讨气候变化及极端气候事件对德钦县藏族传统知识产生的直接和间接影响。

第三，传统知识与适应气候变化。生物资源保护与持续利用相关的传统知识，对于减缓和适应当前及未来的气候变化有着重要的潜在作用和价值。本书的另外一个研究重点针对基于传统知识适应气候变化的策略及其实践，以及如何通过传统知识与国家政策的结合来更为有效地适应气候变化所带来的负面影响。本书从传统知识的分类体系出发，探讨基于传统知识的适应气候变化策略，以及这种策略在德钦县云岭乡藏族社区中的具体实践。

气候人类学的研究理论探索是本书的一个创新点，在理论研究上有以下突破：首先，突破了以往纯自然科学领域对气候变化研究的局限性，这类研究往往缺乏对土著或少数民族传统知识的重视和理解；其次，突破了社会科学领域对与气候变化相关的传统知识研究的局限性，这类研究把这一传统知识仅仅理解为土著或少数民族预测气候和物候变化的知识和农谚。本研究按照传统知识的分类体系，在分析气候变化及极端气候现象对传统知识影响的基础上，确立了气候人类学的研究理论。气候人类学研究的理论及其框架的建立，为未来进行相关的研究提供了依据，奠定了基础和方向。

　　气候人类学的研究方法探索是本书的一个创新点。由于传统知识主要基于相对和地方的经验，缺乏科学的基准和衡量尺度，所以长期以来如何在研究中实现对传统知识的定量分析和研究一直是一个学术问题和难点，并由此引起了科学界对传统知识可信度和价值的质疑。本研究探索实现传统知识的指标化和数据化，建立了传统知识定量分析和研究的框架。传统知识定量分析及其框架的建立，是对传统知识量化研究进行的创新和尝试，一定程度上增强了传统知识的可信度和价值，为传统知识的指标化和数据化提供了一个可供参考的模式。

　　本书同时探索了与气候相关的传统知识的分类。某个特定区域的人们世代对当地气候和物候现象直接和间接的观察和理解，以及在此基础上形成的预测和应对气候变化及极端气候现象的知识，这一知识分为气候和物候两个部分。

　　本书对气候人类学的研究进行理论和方法的探索，目的是吸引更多的民族生态学和生态人类学研究者关注气候变化和传统知识，进行跨学科的综合研究，从而促进这一学科研究的进一步发展。

尹　仑

2014 年初冬识于昆明金帐

目　　录

第1章
气候人类学的研究理论

气候不仅是一种自然现象，更是一种社会和文化现象。本著作从定义、理论、研究重点、发展趋向和田野调查案例等方面对气候人类学进行了述评和探讨。气候人类学是从人类学的视角研究人与气候之间的文化关系、气候变化对人类文化的影响及其适应等问题的一门学科。研究目的是为人类认识、利用、改变、适应和维护气候环境、应对气候变化及其灾害提供正确的认识与方法，核心是对气候进行文化构建。跨学科的研究、理论与方法的探讨和创新是未来气候人类学发展的基本趋势。气候人类学的研究新兴于最近10年，是一种具备前瞻性的前沿研究，正在逐步形成研究理论、方法和研究重点。在西方，已经有一些民族生态学家、生态人类学家和应用人类学家等开始这一方向的研究。在中国，随着极端气候和气候灾害发生频率的增高和造成危害的加重，及其对少数民族地区生态和社会的影响，气候开始受到中国自然和社会科学界，特别是人类学界的重视和关注。如何通过跨学科的理论方法来研究气候成为人类学的重要任务。本书从理论、研究重点、学术流派和发展趋势等方面对气候人类学的研究进行了详细梳理和研讨，目的是吸引更多的人类学研究者关注气候，进行跨学科的综合研究，从而促进这一学科研究理论和方法的发展。

1.1　气候人类学的理论与发展

人类学是全面研究人及其文化的学科，是一门整体性和综合性极强的学

科。从这门学科创始至今，人类学家们一直努力从各个方面探索和研究人类社会的普遍规律与原则，并对人类行为和文化展开了比较和交叉学科研究，因此今天人类学的研究涵盖了有关人的各个方面，涉及了广泛的知识领域，使得该学科得到了巨大的发展，例如早期人类学就有显著的地理学、生物学等学科的色彩。当代人类学的跨学科性质则更加显著，都被纳入生态学、生物学和植物学等自然科学学科的视野当中。

气候与人息息相关，气候与人类社会和文明之间存在着错综复杂的关系，影响着人类社会与文明的发展进程，人类应该掌握认识气候的文化属性、与人之间密切的联系，这就要求人们从人类学的视角来研究气候及其变化。然而，以往对气候的研究主要局限于气象学等自然科学范畴，人类学等社会科学对此领域涉及甚少，这不能不说是一个重大的缺陷。随着近年来气候变化及其灾害的频繁发生，以及所造成的危害越来越大，气候研究日益受到社会科学界，特别是人类学界的关注。

因此，如何通过人类学的理论方法来研究气候成为人类学的重要任务。有鉴于此，本文将回顾、梳理、评述国外人类学家对气候研究的理论与方法，继而结合笔者的思考，从概念定义、研究重点和发展趋向等方面对气候人类学这一学科的建立与发展进行探讨，目的是为更多的人类学家进行气候研究打下基础，同时促进气候人类学研究理论和方法的构建与发展。

1.1.1 气候的人类学研究概论

对于自然科学而言，气候及其变化的研究主要是针对大气中物理现象和物理过程及其变化规律，自然科学通过数据和模型指出了未来全球气候变化的前景，但是这些非常专业性的数字和公式对于人们理解人与气候之间的关系及应对气候变化而言并没有直接的意义。对于人与气候的关系研究，恰恰需要从人类学的视角出发进行探讨。

人类在采取措施和制定政策的时候，都面临着一个问题：气候变化如何影响或威胁到了人类的社会和经济安全？气候变化问题对人类而言归根结底是一个人类社会的适应过程，因此社会科学在这一过程中可以发挥重要的作用。在社会因素的背景下，社会科学将对似乎是纯粹自然现象的气候变化进行重新定义，正如《联合国气候变化框架公约》（UNFCCC）第一款中，将"气候变化"定义为"在可比时间内所观测到的在自然气候变率之外的直接或间接归因于人类活动改变全球大气成分所导致的气候变化"。在这一定义中，气候变化已经不再是自然现象，而成为人类社会发展所产生的后果。当前，气候变化给人类社会的安全带来了问题，它在人类不同地缘政治区域的内部和相互之间改变了自然和人造资源的可利用性和生产效率。社会科学的作用就是确定和衡量气候变化所带来的社会和经济成本和效益，同时通过加强社会机制的适应力来降低这种变化所带来的成本和风险（Torry 1983）。

从表面上看，从人类学视角思考气候及其变化的问题似乎不能像自然科学那样及时并有针对性地解决具体问题，但其实不然，人类学的视角不仅能够同样及时有效地应对气候及其变化给人类社会带来的短期和长期的挑战和机遇，而且可以使人类从社会和文化的层面深入思考人与气候的关系。当前，随着气候变化的日益明显及极端气候事件的日趋增多，对人类社会的影响也越来越广泛和深刻，人们对气候及其变化的议题也越来越关注，因此需要人类学家从人类学的视角去研究气候及其变化，形成正确而清晰的理论，进而构建气候人类学这一学科。

同时，对那些仍然依赖于自然资源和传统生计方式而生活的民族而言，气候变化及其灾害既不是数字与模型，也不是假设和预测，而是现实的危机和挑战。由于气候变化带来了不同的风险和机遇，改变了他们赖以生存的生态环境，他们的自然资源管理方式与传统生计方式也正在改变，这些也威胁着建立在上述基础之上的传统文化的延续和传承，因此他们必须去理解、认识和应对气候变化给当地带来的政治、经济、社会、文化乃至精神层面的具体影响。作为人类学家，在田野调查过程中不可避免地与当地人共同遇到了气候变化事件的发生，在所调研的传统民族社区，当地的气候条件已经发生了明显的变化，有些地方同时伴随着严重的灾害，所以这就需要人类学家研究气候变化对当地传统民族乃至整个人类影响的重要性与意义，同时随着不同学科——特别是自然科学——对气候变化研究的深入，逐渐发展成为了一个跨学科研究的领域，在这一过程中人类学的参与显得尤为重要。因此在学科建设上人类学有必要也有责任理解和研究气候，以协助所调查的传统民族社区应对气候变化及其灾害

所带来的后果。

1.1.2　早期的气候文化论

人类从人文视角关注气候及其变化的历史由来已久，古希腊和中国等古代文明中都有气候与人类之间关系的思考、解释和阐述，这形成了现代社会科学对气候研究的基础。当代社会科学对气候的研究开始于 20 世纪初期，人文地理学率先开始了这一方面的研究，其理论认为气候是可以普遍解释为什么人类社会有着不同的社会结构、居住方式和行为模式的独立变量，并最终形成了今天全球的经济发展格局（Huntington 1915）。随后历史学也开始了气候与人类文明的研究，认为气候变化影响着不同文明的发展和衰亡，例如认为干旱是导致古希腊青铜时代晚期的"迈锡尼文明"衰落的主要原因。农业考古也对气候与农业发展之间的关系展开了研究（Lambert 1975），认为气候是农业是否发达的决定因素（Biswas 1980），这一观点进一步发展成为"气候决定论"，即把劳动效率和农业生产率的高低全部归因于气候的不同（Harrison 1979）。

气候不仅是一种自然现象，更是一种社会和文化现象。气候人类学的研究，其内容广泛，并形成了多种解释方式及理论流派。通过气候研究，人类学家为人类学基础理论的发展拓展了空间。本章系统梳理和介绍几种重要的人类学理论流派对气候的研究，主要基于并且延续和发展了 Nicole Peterson、Kenneth Broad 等人的观点。

气候人类学的研究源于 19 世纪。19 世纪持环境决定论观点的人类学家开始基于气候的各异来解释人类体质和文化的不同，温度、季节等气候因素成为解释人类形成诸如不同肤色、外貌、人口数量、居住方式和亲属关系等现象的主要原因（Brookfield 1964），但是，这种环境决定论的观点经常被种族主义者和帝国主义者引用以证明其合理性。上述原因及后来博厄斯文化人类学派的兴起（Frenkel 1992），导致这种观点逐渐从人类学研究视野中消失。

19 世纪末期，随着博厄斯的历史可能主义观点建立（Boas 1896），主流人类学界摒弃了认为环境和气候是导致社会和文化出现不同发展倾向的唯一决定因素的观点，并且肯定了其他因素的影响（Ember 2007），同时并列决定论的观点则关注人类在形成应对气候的不同方式中文化的作用（Krogman 1943）。

当代人类学对气候的研究继续沿着上述方向发展，同时在横向领域开始关注除了气候以外的诸如政治、经济或社会等因素对文化变迁的影响（Siegel 1971），在纵向领域继续研究由于气候条件不同所造成的文化差异性或者相似性（Rhoades and Thompson 1975）。以斯图尔德和怀特为代表的文化生态学关注社会如何适应其环境和现有的技术，对这一领域的进一步研究，为生态或者环境人类学的学科建立打下了基础（Moran 1982）。

英国的人类学家不仅同样摒弃了环境决定论，而且也否定了文化生态学的解释，转而强调结构功能主义，强调一个社会的社会结构。哈蒂夫 - 布朗和其他结构功能主义的人类学家关注人与自然的关系如何依赖于一定的社会结构，如何成为这一结构的结果，又如何支持这一结构（Harris 1968）。

也许正是由于历史上对环境决定论的否定，造成了人类学长期以来有意识地避免把气候作为一个研究主题（Rayner 2003）。而重新把气候作为一个研究主题的动因可以追溯到政治经济学的崛起，以及人类学界对灾害研究和认识的兴趣。

政治经济学与 20 世纪 70 年代的结构马克思主义对政治、经济和社会之间关系的分析，对促进人类学参与包括环境和气候主题在内的研究有重要和持久的影响（Ortner 1993）。结构马克思主义认为生态关系属于社会关系和意识形态的附属，政治生态学则进一步与文化生态学相结合，关注财富与权力如何影响人与环境之间的关系（Netting 1996）。政治经济学认为获取资源的不平等导致了当今世界发展政策和实践出现了问题，例如针对所谓"自然灾害"的研究开始探讨社会关系会增加某些特定人群的风险和危害（Oliver 1996）。随后气候人类学研究借鉴和发展了这一批判观点，强调财富与权利对技术的影响（Agrawala and Broad 2002，Finan 2003，Roncoli and Kirshen 2001）。

出现于 20 世纪 60 年代的灾害人类学，致力于把以前人类学关于洪水、火山、地震、火灾和干旱的研究统一起来，明确提出了以灾害为重点的研究命题（Hoffman and Oliver 2002，Oliver 1996，Torry 1979）。灾害人类学认为，由于人类学能够参与到灾害涉及的所有生活领域中，因此基于这一学科优势，人类学可以在灾害研究中发挥独特的作用（Oliver 1996）。同时，由于灾害是自然

与社会之间相互作用的结果，人类学自身也非常愿意接受灾害成为本学科关注的焦点。文化生态学家敦促人类学家从生态和社会组织的视角进行灾害和风险的研究，并且把研究的核心放在个人适应环境变化的能力上（Vayda and McCay 1975）。由于关注灾害的社会因素，因此人类学家的研究更关注那些易受灾人群的社会经验和具体情况。

20世纪80年代以来，研究者开始关注诸如脆弱性、弹性和适应性等概念，以作为理解灾害的社会基础的方式（Oliver 1996）。最近关于脆弱性的研究强调解析表面概念而发现问题的核心基础，以把社会问题与自然因素分离开（Oliver 2002）。同时，随着对灾害兴趣的日益增加，人类学家进一步把研究的关注集中于思想和象征系统，并与心理和认知研究等其他学科开展交叉研究。认知人类学兴起于这一时期，其背景是结合了早期博厄斯派对于民族科学的兴趣，以及语言学的思想和方法（Andrade 1995）。民族生物学家从植物与动物丰富的土著知识中构建了民间分类系统，这极大加强了对人类认知能力的理解（Berlin 1992）。民族生态学的研究关注于人类对气候的思想和知识如何影响了人类对气候条件的适应性（Brookfield 1964，Grivetti 1981）。

1.1.3　气候人类学的定义

人类学对气候的研究由来已久，并有良好的基础，但是气候人类学的概念，则是最近20年来随着气候变化的日益明显及其对人类社会影响的日益重大，才逐渐被提出和认可并有了迅速的研究和发展。

随着对气候变化的日益关注，Huber、Ingold和Strauss等部分学者在研究的过程中从气象学的学科基础上提出了民族气象学（ethnometeorology）的概念（Huber and Pedersen 1997，Ingold and Kurttila 2000，Strauss 2003）。在人类学领域，从20世纪90年代初开始，在全球范围内厄尔尼诺现象的认识和研究基础上，开始对西方科学知识的霸权地位提出质疑，并且开始关注气候变化给人类社会带来的不公平性、不确定性和脆弱性，以及在气候变化的后果及其应对过程中，权利与不公平性的作用。在上述背景下，人类学开始研究关于气象的地方经验和知识，在全球气候变化的背景下，建构人与气候之间的相互关系，并使之概念化。于是，在2000年，Nelson和Finan在其对巴西的案例研究中首次提出了气候人类学（Climate Anthropology）的概念（Nelson and Finan 2000），2009 年人类学家 Nicole Peterson 和 Kenneth Broad 进一步对气候人类学（Climate Anthropology）或人类气候学（Anthroclimatology）进行了阐述，但上述文章中并没有对气候人类学给出明确的定义（Nicole and Kenneth 2009）。

从人类学的视角看，气候变化最终是一个文化的命题，气候变化将对人与自然之间的紧密关系，以及这种关系所产生的世界文化多样性带来挑战和威胁（Susan and Mark 2009）。人类学的核心基本理论是文化形成了人们对他们所生存世界的主要要素观察、理解、经验和应对的框架。这一框架建立的基础是，人在自然环境及其演变过程中的存在意义，以及人与自然形成相互关系的制度。这一框架对于气候变化的研究是非常重要的，需要在已知的过去、正在改变的现在和一个不确定的未来中，从文化模式和价值的基础上建立对气候变化的记忆、认知或设想（Carla and Ben 2009）。因此，人类学对气候研究的重要价值在于描述和分析气候变化的社会和文化意义。

因此，可以把气候人类学定义为：从人类学的视角研究人与气候之间的文化关系、气候变化对人类文化的影响及其适应等问题的一门学科。气候人类学是研究不同民族、地区和国家在与气候及其变化的互动过程中，所产生的对气候的认识、利用、改变、适应和维护的相关知识与文化。气候人类学有着两个层面的研究：首先是指对人类历史上形成的相关气候文化，人类精神领域对气候的概念、认识和观念，人类利用和改变气候的社会行动、制度和方式等方面的研究；其次是指对人为因素所导致的气候变化及其灾害对人类社会所产生的影响、威胁、挑战与机遇，人类在政治、经济、社会和文化层面应对气候变化、维护气候环境的研究。

气候人类学提供了一个理解气候及其变化对人类政治、经济、社会、文化和精神等领域产生影响的研究视角和方法，揭示了人类与气候之间的互动关系：气候人类学从人类学的视角来研究气候及其变化与人类社会——特别是广大环境脆弱和偏远地区的传统民族社会——之间的互动关系。气候人类学不仅为人类认识气候、应对气候变化提供了理论和方向，而且为人类适应气候变化、维护气候环境提供正确的观念与方法，并且能够紧密结合实际，有着重要的现实指导和实践意义。

气候人类学的学科性质由其研究对象、研究方法、研究目的和学科定位所决定。气候人类学以研究人与气候之间的文化关系、气候变化对人类文化的影响及其适应为基本研究对象。气候人类学主要运用以人类学为主的、社会科学与自然科学相结合的跨学科研究方法，最终得出人类学的结论。气候人类学的研究目的是为人类认识、利用、改变、适应和维护气候环境、应对气候变化及其灾害提供正确的观念与方法，核心是对气候进行文化构建。气候人类学属于人类学学科体系中的一个分支，与同学科的生态人类学和灾害人类学有着紧密的关联，同时也与属于自然科学范畴的民族生物学、民族生态学和民族气候学有着跨学科的交融，是一个自然科学与社会科学交叉的学科。

1.1.4 气候人类学的研究重点

气候变化及其灾害的频发对人类社会和文化造成了巨大的影响，特别是对居住在环境脆弱地区并严重依赖于当地自然资源的传统社会和民族而言，更形成了前所未有的挑战与威胁。这种挑战与威胁是气候变化对生态脆弱性和社会脆弱性共同作用的后果，是生态环境的弹性与社会文化的适应性无力应对气候变化时所产生的现象。

在这一背景下，从20世纪90年代开始，人类学从传统意义上的气候研究逐渐转向了针对气候变化的研究，这一研究从早期强调气候与天气的地方经验，逐渐发展成为如何从文化上理解人与气候变化之间的相互影响。目前，气候人类学的研究有以下几个重点：

第一，以与天气和气候相关的传统知识为研究重点。研究关注传统生态知识与西方科学的天气预报知识之间的交融（Grivetti 1981），地方世代传承的知识如何在天气和气候变化的预报中发挥作用，这一研究导致了关于人类社会知识体系多元化的思考（Cruikshank 2001），并最终促使人类学家开始对比传统知识与现代西方科学知识，并且反思西方科学知识如何能够成为当今人类社会诸多知识体系中一种处于统治地位的知识。

第二，以全球气候变化现象与地方气候变化之间的关系为研究重点。人类学家需要开始构建新的理论观点，以在基于地方的田野调查和研究中体现和理解全球气候变化的具体含义（Strauss 2003）。

　　第三，借鉴和扩展灾害等其他学科关于脆弱性的研究，人类学家开始关注适应气候变化中的制度灵活性问题。基于这一命题，人类学家开展了把气候的变异性、脆弱性和风险、不确定性、自然和生计资源管理等结合在一起的诸多田野案例研究（de Loe and Kreutzwiser 2000，Eakin 2000，Reilly and Schimmelpfennig 2000）。通过在气候变化的研究中运用脆弱性的概念，并且把地方传统知识、经验与全球气候变化现象结合在一起，人类学家关注着哪些人面临着风险、为什么面临着风险，以及如何应对风险的问题（Adger and Benjaminsene *et al.* 2001，Magistro and Roncoli 2001，Vasquez 2002）。

　　第四，以气候变化的传统知识和对变化的社会适应为研究重点，在这一领域民族生态学发挥了巨大的作用。研究主要针对传统生态知识和科学知识对气候变化的不同理解，以及如何在科学知识对气候变化的观察过程中纳入传统生态知识的观点，如何在减缓和适应策略中包括传统知识并体现其价值。因此有必要与土著民族社区一起开展针对气候变化的合作研究或者社区主导式研究，把不同知识体系结合在一起（Berkes 2002）。

　　第五，以诸如地理信息系统和气候预测等技术在脆弱性和适应性中的作用为研究重点（Finan and Nelson 2001，Harwell 2000，Ziervogel and Calder，2003）。地理信息系统与季节气候预测系统的应用激发了人类学与环境、发展和农业等学科交叉研究的兴趣，人类学开始与气候学、农业学和发展学合作，以获得更为重要和有用的气候预测和全球气候变化信息。在这一背景下，人类学家开始了气象学亚文化（Fine 2007）、气候预测产生和传播过程（Finan 2003）、预测与气候决策关系（Taddei 2005）等的民族志调查，上述这些研究认为任何技术手段得到的气候信息都必须适合当地的背景和活动，以便当地人能够使用这些信息。同时由于当地气候变化的时间和程度、当地人在减缓和适应策略中的参与和角色，以及技术在这一过程中的作用等的不确定性，因此在气候变化研究中这些问题都应当被认真考虑（Nicole and Kenneth 2009）。人类学家同样开始研究科学气候预测技术与地方传统气候预测实践之间的关系，大部分研究都针对传统生态知识与科学知识的区别和不同，部分研究则显示了两者的一致性。

　　第六，以气候变化的不确定性为研究重点。人类学对气候变化的研究建立

在大量不确定的因素上，并且借鉴了人类学关于风险和灾害的研究经验。最近的研究显示要理解这种不确定性虽然困难但并不是不可能的，参与式的方法可以在一定程度上帮助人类学家理解这些信息。同时，无论是在社会建构还是感知方面，对气候不确定性的研究与对风险的研究有着紧密的关系。

第七，以气候变化背景下的人权和社会公正为研究重点。有的研究针对气候变化、文化变迁与人权之间的相互作用，有的研究针对社会资本在适应气候变化过程中的作用，有的研究则针对风险、脆弱性与不同的社会条件和关系之间的联系。

1.1.5　气候人类学的发展趋势

从早期对气候与人类文明之间关系的探究，到近年来气候变化的文化适应研究，气候人类学的产生和发展是人类学界重视气候研究的结果。气候人类学是一个自然科学与社会科学相交叉的跨学科研究领域，这一学科特性在未来的研究中将继续得以加强和深化。同时，由于人类学的学科属性，田野调查是气候人类学洞察气候与文化之间关系的独特的研究方法，也是人类学区别于诸如社会学、哲学和经济学等其他社会科学和自然科学学科的特点之一。即使未来气候人类学将有部分在全球气候变化层面进行政策和发展的宏观研究，但是基于地方的田野调查依然是基础。因此，气候人类学的发展趋势有以下几个方面。

第一，气候变化的本土认知。视觉和其他感官的感受是人们形成对气候变化认知的关键要素，身体的直观感受是人们了解下雨、冰雹、降雪、刮风和温度等特殊天气现象的重要途径，人们可以通过视觉、听觉、感觉甚至嗅觉的经验来判断气候的变化。在生计方式严重依赖自然资源的传统社区，当地人对周围的环境非常关注并可以迅速发现气候的异常及其影响，风、云和动植物等都成为当地人认知气候及其变化的物候参照物，但是有时候气候的异常变化也会使这些物候现象发生改变和紊乱，从而影响人们对气候的判断和预测。人类学的民族志调研和参与观察法可以揭示诸如雪崩、冰川消融等当地人眼中对气候明显变化的认知，而对这些本土认知的研究，可以使全球气候变化这一宏观的感念在当地社区得到具体的呈现和体会，同时本土认知还为人类学从文化层面进行气候变化的研究提供了独特的视角。

第二，气候变化的传统知识。人类学对传统知识的关注由来已久，在自然资源治理和生计发展等方面都进行了丰富和重要的研究。近年来，越来越多的人们意识到对传统民族社区而言，他们的传统知识是增强社区应对气候异常和变化弹性的最有价值和成本最低的资源。在政府间气候变化委员会（IPCC）的第四次技术评估报告中，强调了传统知识系统对气候预测、适应治理和政策制定的价值，并且号召在这一领域进行更多的研究（Boko and Niang *et al.* 2007）。传统知识将是未来人类学进行气候变化研究的重点和基础，建立传统知识的分类和量化系统是这一研究趋势的核心。

第三，气候变化的文化价值和精神意义。人们往往对观察到的现象赋予文化价值和精神意义，气候变化也不例外，其相关认知和传统知识与文化背景有着密切的联系。在很多传统民族社区，天气和气候通常被视为天地万物的一部分，并有着重要的精神意义，气候异常和变化也会被视为对精神世界的破坏和冒犯，其结果将损害精神世界与人类社会之间的关系，因此气候变化往往被赋予道德含义，并且成为神话、信仰或者宗教的一部分。在发达的工业国家进行气候变化的文化和社会价值研究同样重要，可以影响对气候变化科学研究的态度、气候谈判的立场、气候政策的制定和公众对气候变化的认识。

第四，气候变化的适应。当前全球领域对气候变化的探讨更多地转向了适应策略，适应的人类学研究建立在对气候与文化之间相互关系的理解的基础上，特别是认识到认知、传统知识、文化价值和精神意义在这些关系中的作用。对传统民族社区而言，气候变化的短期应对策略往往建立在传统知识和技术上，而长期的适应策略则需要以文化价值和精神意义为基础。人类学研究的目的在于，显示气候变化的适应不仅是一个技术解决的问题，更是一个文化变迁和适应的过程。

总之，跨学科的交叉合作和研究、理论与方法的借鉴、融合是未来气候人类学发展的基本趋势。在这一过程中，气候人类学的研究范畴将不断得到扩展，所涉及的问题也将越来越深刻，研究领域也将从地方发展到全球层面。随着理论和方法的建立，气候人类学将会发展成为一门愈加重要的学科。

1.2 气候的人类学研究背景

气候变化已经和正在对生态环境和人类社会产生重要影响，已成为当今世界的热点问题，引起国际社会的广泛关注。通常认为贫穷而且依靠自然资源的那些民族（如我国部分少数民族）——尤其是在发展中国家——在面对气候变化的影响时显得特别脆弱，在遭受气候突变的冲击时往往陷于困境（IPCC 2007b）。由于历史、社会、政治和经济造成的原因，许多土著民族选择或者被迫居住的环境比较偏僻和严酷，他们的生计对自然资源的依赖程度很高，因此气候变化对土著民族造成的影响相对于其他人群而言更为严重（Salick and Byg 2007，European Commission 2008）。

生境和生态系统的变化会影响土著民族的生活方式和生存，气候变化也将直接或间接地影响和威胁他们的生存（Baird and Rachel 2008）。例如易变和极端气候的增加、干旱期延长、洪水、强风及季节性气候——如雨季和旱季等——的推迟等。其结果，生态历法和传统作物种植周期的失效，导致农业歉收、牲畜减少，野生的动植物数量萎缩使得采集狩猎难度加大，疾病流行加速了人和动物健康恶化等。然而，对于人为气候变化的产生，土著民族却是责任最少的，他们的碳足迹和排放的温室气体与工业社会都市人群相比，可以说微不足道（UNU‑IAS 2008）。气候变化带来的影响对土著民族而言已经是个非常现实的问题。正如联合国人权高级委员会的报告所指出的："最新的证据表明，对于居住在北美洲、欧洲、拉丁美洲、非洲、亚洲和大洋洲的3.7亿土著民族而言，他们的生计和文化已经面临着威胁。"（UN‑OHCHR 2008）对于土著民族而言，诸如政治和经济的边缘化、土地和资源被侵占、人权被侵害、被歧视、资源滥用和生计丧失等，已经承受着沉重的压力，气候变化的影响无疑又加深了危机，使得他们面对挑战更为脆弱（European Commission 2008）。

另外，少数事例显示，气候变化也许能为土著民族提供新的机遇。一个由生物多样性公约秘书处委托的研究报告指出：由气候变化而导致的经济改变，也许可以为土著民族提供基于他们传统知识的新机遇。例如，北极地带的土著民族可能会有一些机会发展某种形式的可持续农业，同时也有一些新的经济机会，如碳交易的框架下因为可持续森林管理而获得补偿（UNEP 2008）。但是，应该强调，只有当权利框架清晰和保障措施确定以后，真正的利益和可持续管理的成果才能得到实现（European Parliament 2009）。

尽管土著民族受到了非常明显的气候变化影响，然而直到最近，在学术界、政策和公众对气候变化的讨论中，土著民族仍然被置于边缘地位（Salick and Byg 2007；Macchi *et al.* 2008）。在高端会议和报告中，很少提及土著民族，即使提及也仅仅把他们看作气候变化过程中没有希望的受害者，认为他们无法应对带来的影响，而且提及的地区和族群非常少（UN 2007b）。

值得庆幸的是在最近几年，无论是政府间国际组织关于人道主义、发展和金融等领域的政策制定，还是国际非政府环保组织，整个国际社会对这一议题的关注都在不断地加强，相关国际公约和报告也开始提出和涉及土著民族与气候变化的内容，如《生物多样性公约》（CBD）、《联合国气候变化框架公约》（UNFCCC）等。其他联合国机构和政府间组织，如联合国开发署（UNDP）、联合国发展组织（UNDG）、联合国人权高级委员会（UNOHCHR）、联合国大学高级研究院（UNU – IAS）、联合国教科文组织（UNESCO）、国际移民组织（IOM）和世界银行，都开始承认气候变化对土著民族有着不稳定的影响，以及与土著民族磋商这一议题的重要性，并且支持他们进行相关能力建设，在相关公约、会议和研究报告中都对气候变化与土著民族的关系做了阐述。

在过去的二十年中，国际生态保护组织也日益认识到，就长期而言，生物多样性的保护是与社会文化价值和实践、与各国人民安全和尊严的生活权利紧密联系的。在这一背景下，土著民族应该被重点关注。尤其是国际非政府环保组织，日益关注土著民族的特殊脆弱性，及其在减缓和适应气候变化方法中的角色，并开始开展协助土著民族应对气候变化的实践。其中值得一提的是世界自然保护联盟（IUCN）和保护国际（CI）开展的工作。世界自然保护联盟的气候变化工作，特别集中在减少砍伐森林和森林退化导致的温室气体排放（REDD）机制下的公平惠益分享和贫困人群的土地权利，包括在《联合国气候变化框架公约》（UNFCCC）框架内的性别考虑。保护国际通过其土著和传统民族的项目，在参与、政策和项目实施等领域就生物多样性保护和气候变化问题上支持土著民族。保护国际还与区域土著民族组织合作召开了一系列与减

缓和适应气候变化相联系的科学、政策和方法会议。

气候变化与土著民族关系的核心部分是传统知识。2010年10月召开的《生物多样性公约》第10次缔约方大会，在其第33号决议中特别提出生物多样性与气候变化之间的关系，特别是气候变化对传统知识的可能影响。传统知识不仅是土著民族应对气候变化的基础，也关系到土著民族自然资源治理和生计发展的可持续性、社会的延续和传统文化价值观的传承。在土著民族与气候变化的相关探讨中，其中一个重要层面是关于土著民族的传统知识和实践经验可能对我们设计和实施有关缓解和适应气候变化的政策起到积极作用。但与此同时，很多人都意识到，由于气候变化涉及面很广，影响面很大，加之社会政治体制层面的种种限制，这些都不利于土著民族充分自如地发挥其应对气候变化的能力。因此迫切需要通过法律、政治、技术、财务和其他手段支持土著民族。2008年2月在哥本哈根举行的土著民族和气候变化国际会议报告中，与会者总结了土著民族的关注："国际专家似乎经常忽视土著民族的基本权益，以及在全球寻求解决气候变化方法及策略的过程中，也常常忽视了基于土著民族传统知识、创新和实践的有价值的潜在贡献。"（Salick and Byg 2007）目前为止，相关的气候变化文献中鲜有提及土著民族自发的、基于传统知识的应变策略。然而，土著民族的贡献确是不可低估的。首先，他们最先受到气候变化的负面影响，因而积累了一定的适应性经验。另外，基于他们掌握的传统知识及相关技术方法，他们在解读和应对气候变化这一问题时也表现出了强大的创造力（European Commission 2008）。

全世界土著民族仅仅占全球人口的4%，但是世界上大部分生物多样性丰富的地区被他们所拥有、居住和管理：传统土著民族的土地占全球土地面积的22%，在这里分布着全球80%的生物多样性热点地区（Sobrevila and Claudia 2008）。中国少数民族总人口低于全国人口的9%，但是民族地区占全国国土面积的64%（中华人民共和国国务院新闻办公室2005），这些民族地区往往是生物多样性和文化多样性丰富的地区，同时也经常是生态环境脆弱或对于气候变化敏感的地区。中国的少数民族地区，主要依赖自然资源而生存，与自然环境关系极为密切，受气候变化的影响最为直接和敏感，民间关于气候变化的知识也比较丰富多样。

中国是一个多民族的国家，是世界生物多样性和文化多样性的热点地区，中国虽然不存在具有殖民意义的土著民族（indigenous people），但是中国至今仍然保存着众多少数民族社区，当地少数民族人民一直维持着自己民族的传统文化，保持着传统生产方式和生活方式，因此，可以将我国一些民族地区等同地视为国际概念上的"土著和地方社区"（薛达元等 2009），并系统地研究当地人民和地方社区的传统知识概念，研究其传统知识的传承、保护和变迁。中国的少数民族居住在复杂、多样且脆弱的自然环境和生态系统中，创造了与之密切相关的自然资源利用和生产生计方式。少数民族主要依赖自然资源而生存，与自然环境关系极为密切，受气候变化的影响最为直接和敏感，民间关于气候变化的认知也比较丰富多样。同时，少数民族的传统知识对于降低气候环境风险和应对气候危机等方面都能够起到重要作用。记载下来的少数民族应对环境和气候变化的风险危机的实践和传统知识是制定气候变化适应对策的重要基础。少数民族应对气候环境风险的传统知识包括：日常生活中的非正式教育、灾害的预防和准备、季节性迁移、生产方式多样化、社区集体应对、产品交换和与山地生态系统相适应的工程技术。近年来，气候变化及其灾害对生态环境和生计的影响尤为显著，特别是 2008 年以来中国西北和南方发生的特大雪灾，以及 2009 年中国西南诸省的特大旱灾等，这些极端气候灾害给当地少数民族的传统生活生产方式造成了严重影响，带来了极大的风险和挑战。值得庆幸的是，在我国政府制定的《中国生物多样性保护战略与行动计划》中，已经开始有涉及气候变化对生物多样性、遗传资源及相关传统知识的影响及其适应问题。但是，在我国政府制定的《中国应对气候变化的政策与行动》中还未提及气候变化与少数民族及其传统知识之间的关系。

1.3　气候的人类学研究动态

目前，自然科学界针对气候变化的研究已经有了许多成果，但是，针对气候变化和传统知识之间关系的研究还是凤毛麟角，鲜有人涉足。而以往气候变化的研究大多从自然科学的角度来探讨对当地自然环境的影响，而缺乏从传统知识的视角出发探讨对少数民族地区影响的研究，特别是对少数民族生计方

式、生物多样性资源及其相关传统知识所受影响的研究，如气候变化对传统生计方式的影响，对生态环境和生物多样性的影响；当地少数民族与此相关的传统知识发生了什么样的改变以适应气候变化；等等。

因此有充分的理由认为，针对气候变化和传统知识之间关系的研究和实践是非常必要的，这将为进一步理解气候变化对人类社会和自然环境的影响提供新的视角，同时也将了解气候变化对少数民族地区所形成的威胁、挑战和机遇，并在此基础上协助当地少数民族适应气候变化带来的影响。

由于少数民族生存的生态环境和采用的生计方式直接产生了相关的传统知识，所以研究动态和文献回顾重点放在与气候变化相关的传统知识、气候变化对传统知识的影响、对气候变化影响的适应等三个领域的研究。

气候变化的影响不仅体现在温度变化、降水、海平面和极端气候等自然现象上，而且也体现在生态、社会和经济等层面。传统知识是一种传统的技术，并且基于这种技术可以寻找到应对气候变化影响的解决方法，这种技术将帮助人类社会更充分地应对正在和即将到来的变化，从而实现可持续发展（Salick and Byg 2007）。人们如何应对气候变化的影响不仅与气候变化本身有关系，而且还与他们所处的生态、社会和经济环境有关系（Adger *et al.* 1999，Mendelsohn *et al.* 2006）。人们对气候变化的适应能力取决于很多因素，包括在环境改变中各种国家和个人的有效资源（Lambin 2005）。因此气候变化就如同"社会生态系统"，在这一系统中来自不同领域的因素在不同的空间和时间尺度上相互作用（Holling 2001，Berkes 2002）。如果仅仅依靠自然科学，社会生态系统不能被完全理解（Aalst *et al.* 2008）。不仅因为这些系统相当复杂，有着巨大的不确定性，要建立足够的模型是不可能的（Kloprogge *et al.* 2006）；并且这种系统是与人们的喜好和决策错综复杂地联系在一起的。在这一背景下，传统知识可以增进人们对气候变化及其影响的理解。与处于系统外而不给予其影响，并且假装保持一个中立观察者角色的实证科学相比，当地人的观察是在当地文化和社会环境下自己形成的，对当地环境的变化有着非常重要的影响（Laidler 2006）。此外，当地人的观察往往来自于当地具体环境、实践和经验，而这恰恰是科学研究和模型中所缺乏的（Berkes 2002）。地方层面发生的变化影响着全球层面发生的变化，反之亦然（Wilbanks *et al.* 1999）。因此，地方传统知识可以为更好地理解气候变化做出有价值的贡献，并且可以提供往往被科学所忽视的当地信息，以修正针对气候变化的实证研究。

记录气候变化的传统知识是很重要的，因为传统知识反映着当地人对气候变化影响的关注，传统知识基于当地的环境条件和现象，往往不能被科学模型所模拟和评估（Danielsen *et al.* 2005）。此外，传统知识影响着当地人应对气候变化的决策，体现在两个层面：首先是能否采取措施，其次是针对短期和长期影响采取什么样不同的适应措施（Berkes *et al.* 2001）。因此，在对气候变化及其影响的理解、适应和减缓过程中，传统知识应当得到应有的考虑。生态系统变化的后果对于利用、保护和管理野生生物、渔业和森林等资源有着重要的意义，在文化和经济层面影响着对重要物种和资源的习惯利用方式。气候变化不仅仅影响着土著民族适应和应变的能力，也影响着他们和动植物种群的迁徙。无论是当前还是未来，这种迁徙意味着土著民族与自然环境之间密切关系的丧失，这种密切的关系不仅是土著民族基本和丰富的世界观，而且包括土著民族对当地自然环境的治理和维护。在很多情况下，迁徙将导致土著民族神话象征、气候和物候标志甚至其文化核心部分的动植物图腾丧失（Crate and Nuttall 2009）。

1.3.1　传统文化视角下的气候变化

关于气候变化的科学解释主要集中在温室气体排放，而土著民族或少数民族的传统文化则更加多样化，涵盖面也更广，对气候变化的观察和理解更具本土性和实际性。科学解释是否能够融入本土文化中，要看科学知识在本土文化中所处位置及土著民族对科学知识获得了解的途径，其中传媒的影响也很大。在一些地方，传媒影响及其对气候变化问题的报道主导着当地居民对气候变化的理解，但是很少有媒体报道气候变化在农事活动、狩猎、捕鱼和资源采集及这些活动时间安排方面的影响。

尽管人们对气候变化的影响有着切身的体会，但对气候变化还是会感觉到无所适从，或是找不到该由谁承担责任。例如在澳大利亚的西部地区，当地居民观察到气候变化的许多案例，如被风吹倒的大树、越来越多的干旱和降雪减少，但是对于导致气候变化原因的信息则主要依靠媒体，并觉得自己与气候变化的原因及其问题解决没有多大的关联。与此相反，在媒体发挥较小作用的地方，对于气候变化则依靠当地人自己的观察本土文化下的解释。许多本土的诠释包括了很强的道德因素在里面，体现在人们的宇宙观或是价值观中，这些解释不是基于科学技术，而是扎根于传统文化对气候和天气现象超出生物物理自然科学的解释。

在全世界的许多地方，人们的传统信仰中对气候变化及其灾难事件进行了多种描述，认为是对人类所做坏事的惩罚，或者是由于制约人类残暴、自私和贪婪的习俗和规定被违反，因而受到惩罚。例如，在西藏和婆罗洲（加里曼丹岛）暴风雪和冰雹表达了当地神灵对人类行为的愤怒，在某个时段和地点狩猎、采集植物或是吃了某种食物，被认为是人类触犯了宗教戒律的惩罚；在不列颠、哥伦比亚火山爆发，是人类残忍暴行的报应。这些信仰或是精神方面的解释与气候变化的科学解释形成对比：科学观点认为气候变化是由人类贪婪和自私下的超额消费导致温室气体排放造成的，而本土解释则更多与环境、文化和社会问题交织在一起。

同时许多土著民族或少数民族认为气候变化也会对当地的神灵产生威胁。例如在西藏，当地虽然对如干旱、暴雨等某些气候现象有传统的解释，但对于如冰雪融化和冰川缩减等其他现象却没有先例，因此当地藏人认为神灵在通过雪山显灵，他们担心随着气候变暖神灵会随着冰雪融化而离开神山。

传统文化和气候变化的研究，具有重要的民族生态学理论和实践意义，显示出了传统文化与生态环境之间的关系。对于这一关系的研究，有的学者认为传统文化——特别是非西方族群的传统文化——是基于自然并与自然和谐相处的，这些族群的世界观和价值观基于一个环境友好的生活模式，如中国汉民族文化中"天人合一"的状态，他们的传统社会与自然环境不是对立的，并且他们的传统文化很好地保护和治理了当地的自然环境。在今天以西方工业文明为基础的人类发展模式面临诸如气候变化等环境和社会危机的时候，有必要重新看待非西方族群的传统文化，研究其与自然环境的"和谐"关系，从新的视角和价值观审视人类的发展方向和道路（Momaday 1976，Dwivedi 1990，Izzi 1990，Swain 1990，尹绍亭 2008）。有的学者认为，所谓非西方族群与自然"和谐相处"的生活模式，以及其传统文化对自然环境的"保护"，恰恰是基于现代西方科学思维概念和逻辑的观点，这样的认识在某种程度上或许是本质主义的，即把现代的价值取向附会到传统文化上，并没有基于传统社会本身的世界观。因为在非西方族群的传统社会和文化中，并没完全等同于西方文化中"自然"（Nature）、"环境"（Environment）或者"生态"（Ecology）等的词汇和概念，在传统社会的世界观中并没有明显地区分人类社会和自然环境，更没有把人类放在自然的对立面，不会产生诸如人类社会及其传统文化"征服"和"利用"自然环境的观点，因此也不会有传统文化主动"保护"自然环境的关系存在。诚然，传统文化在客观上对生态保护和资源利用是有一定作用的，但这并不是其本身的世界观和主观的目的所在（Huber and Pedersen 1997）。

总之，土著民族或少数民族传统文化视角下的气候变化观念比较多样，能够帮助人们更好地理解气候变化。

1.3.2　气候的传统知识

虽然气候模型能够制作气候变化的宏观景象，并且可以估计人类未来发展的不同趋势和后果，但对于区域的气候变化却无法提供准确的信息。近年来，越来越多的人们意识到土著民族的传统知识恰恰是这一信息的珍贵来源渠道。目前，很多土著民族对气候变化观察的研究报告是基于北极地区的，因为这一区域科学家与土著民族之间有着紧密的合作，并开展了相关研究。然而，并不仅仅是北极地区的土著民族观察到了气候变化，从岛屿到沙漠、从雨林到高山，当地的土著民族都注意到了气候变化的现象。这些现象包括：

——温度变化。在关注温度升高的人们之间有个共识，那就是温度升高的程度各不相同，在某些情况下温度升高主要出现在某些特定季节。

——降雨和降雪的变化。降水的模型和记录主要集中在气候变化改变降水量上。相比之下，土著民族还强调规律性的变化，包括长度、强度和降水时间等。过去，降水通常间隔发生在季节鲜明的雨季或雪季，如今降水的季节是不鲜明的或者时间是不同的。在其他地区，以往的降水通常是规律性的，现在有可能发生在不同时段的干旱期，或者在较短的时间内激烈降雨。

——季节和物候的变化。大多数土著民族都有明显的物候标志来标记季节的变化。可能体现在某些鸟类的出现、动物的交配或者某些植物开花等现象。由于气候变化，很多这样的物候现象提前发生，或者在原来习惯发生的季节和天气消失。

——风、浪和风暴的变化。今天在很多地方人们都感觉到风越来越强，并且伴随着更多的雷暴和闪电。世界各地发生飓风和台风的数量和强度都在不断增加。伴随而来的风暴潮，往往与海啸有相同的破坏力，是居住在岛屿和沿海地带的人们的最大威胁。

——年度气候的变化。除了特别的变化，很多地方都出现了越来越明显的年度气候变化，体现在某些年份不正常的干旱、降雨、酷热和严寒比往年频发。年度气候不稳定并难以预测，变化比以往更为极端。

——冰川、雪盖、冰、河流和湖泊的变化。在某些地方冰川萎缩非常明显，雪盖和冰盖在消融，并且越来越严重。由于每个特定区域冰川融化、降水和温度的变化是不一样的，因此对河流和湖泊的影响也是不稳定的。

——物种的变化。在某些地方人们注意到丰富的物种正在消失或者减少，特别是一些珍贵的品种。同时，出现了一些新的、迄今未知的品种。这些也许构成了新的资源，但也可能是有害的。

生活在极低、山区、沙漠、热带雨林、岛屿、温带地区的土著民族主要从温度、降雨和降雪、季节和物候、风、浪和风暴、年度气候、冰川、雪盖、冰、河流和湖泊及物种等方面来认知气候变化（Salick and Byg 2007）。居住在西伯利亚东北部的萨卡人对气候变化的认知包括更多降雪的暖冬和更多降雨的寒冷夏季（Susan 2009）。加拿大北极地区居住的因纽特人观察到了海冰的大量消失（Anne 2009）。瑞士阿尔卑斯山脉的山地居民观察到了冰川的逐年消失（Sarab *et al.* 2009）。孟加拉国居住在三角洲地带的居民对气候变化的认知则包括海平面和洪水的变化（Timothy 2009）。美国西北部哥伦比亚河谷的内兹皮斯人从哥伦比亚河流中的主要物种和生态环境的变化来观察气候变化（Benedict *et al.* 2009）。在太平洋岛屿上居住的人们则从海平面的上升和岛屿的淹没观察到了气候的变化（Donna *et al.* 2009）。秘鲁安第斯山脉居住的雀查人对气候变化的认知包括缺水和冰川的快速融化（Inge 2009）。南太平洋岛国的图瓦努人对气候变化的认知包括海平面上升、海洋面积扩大、地表下温度、海水变酸、珊瑚变白、海岸侵蚀、暴雨增加、季节性降雨减少、极端气候灾害干旱的规律性增加等（Heather 2009）。居住在南部非洲博茨瓦纳的桑人观察到了缺水、季节性变化的不确定性等自然现象，同时他们并不完全认同气候变暖，因为有一部分地区气温变得更冷（Robert 2009）。中国云南省西北部德钦县东喜马拉雅—横断山脉地区的藏族对气候变化的认知包括气温升高、降雪减少、冰川萎缩、降雨和降雪的不稳定、雪灾等极端气候灾害（Byg and Salick 2009），这些认识与印度西北部喜马拉雅地区山地民族的地方性知识及他们对气候变化的地方性解释非常类似（Neeraj 2006）。

1.3.3　气候变化与传统生计方式

气候影响着种植业和畜牧业等传统生计方式，空气中的二氧化碳、温度、降雨量和土壤湿度，无论是单独改变还是一起改变，都会改变农作物的生长。有大量的方式可以减缓气候变化对农作物种植的负面影响：首先，是潜在的农业举措以适应气候变化。例如为了应对气候变化，农民可以种植不同的适应气候的作物，使用杀虫剂，或者改变种植、收获和浇灌的时间。这些适应举措可以减小气候变化对农田的影响。其次，增加大气中的二氧化碳同样可以减少气候变化对农业的影响。大气中二氧化碳的高含量可以刺激光合作用和作物的成长——被称为二氧化碳化肥效应。但是，这种效应的量值还在调查中（John 2003）。第三，白天和夜晚有差别的升温可以减少气候变化对农作物的影响。对于很多农作物而言，在生长季节明显增加白天的温度将减少光合作用并增加蒸散，导致产量减少。但是，近期的研究显示，白天和夜晚是有差别的升温，夜晚升温要明显高于白天。如果升温首先发生在夜晚而不是白天，这样就可以大大减少气候变化对农作物种植的负面影响（Dhakhwa et al. 1998）。气候同样影响了畜牧业，间接的影响包括气候导致牧场饲草和农田饲料的可用性和价格发生变化。极端酷热可以影响牲畜的健康，例如热浪可以杀死家禽和降低奶牛的产奶量。同样，气候控制牲畜害虫和疾病的分布（Rotter et al. 1999）。

反过来农业和林业也影响着气候，例如森林是地球上主要的二氧化碳吸收者和储存者（碳汇），但面积大量减少而成为农业用地。现代农业依赖于化石燃料能源并且排放温室气体。全球温室气体的产生一部分是受到农业的影响。

林地开垦很多是用于农业，农业是仅次于化石燃料使用的第二大二氧化碳排放来源，占全球 10%~30% 的二氧化碳排放量（Rosenzweig *et al.* 1998）。森林、草原和土壤可以吸收大量的二氧化碳。森林每个单位面积可以比相同面积的农作物多吸收 20~40 倍的二氧化碳，当这些森林被开垦为农地时，大部分二氧化碳将再释放到空气中。陆地生态系统转变为农业用地后，释放二氧化碳的平均估计值为原来的 21%~46%（Schlesinger 1986）。一些农业还会排放甲烷——温室气体的第二大重要组成部分。未来随着稻米种植面积的扩张，甲烷排放也将持续增长。牲畜养殖所排放的甲烷占了全球甲烷排放量的 15%。牛羊等反刍动物在胃里消化草料然后排放出甲烷到空气中。氧化亚氮也是温室气体中另外一个和农业活动有紧密关系的排放气体。和二氧化碳一样，由于林地开垦，吸收在植被和土壤中的氧化亚氮被释放到空气当中。氮化肥也被用于农作物种植，同样增加了氧化亚氮的排放（Rosenzweig *et al.* 1998）。

农作物生产与气候变化有着非常紧密的关系，未来在世界的很多地方，面对气候变化的挑战，粮食增产将变得更加困难。许多农业气候学家对气候变化对世界农业的影响持非常悲观的态度，但是部分科学家仍然相信人类能够也将会通过农业实践来适应气候变化，气候变化的影响将被最小化甚至是有益的（John 2003）。

中国的少数民族众多，大多分布在复杂、多样且脆弱的自然环境和生态系统中，因此少数民族地区受气候变化及其灾害的影响也更为显著。近年来，气候变化及其灾害对少数民族地区生态环境和生计的影响尤为显著，气候变化与极端气候灾害给当地少数民族的传统生活生产方式造成了严重威胁，带来极大的风险和挑战。居住在中国湘、鄂、渝、黔边界武陵山区的土家族有着气候灾害预警的农业生产谚语，这种农谚主要有三种：节气型、时令型和物候型（张伟权 2010）。中国湖北侗族在应对山地气候的过程中，不断提高对气候规律的认识，调试自己的农耕及生活方式，并创造了相关民俗文化（葛政委 2010）。云南大理地区的白族是以农耕为主要生计模式的民族，关于历法与天象的认知在白族传统知识体系中占据了重要的位置，气候变化带来的农事历与节气的改变，影响着白族的相关传统生计知识（杨文辉 2010）。

由于土著民族传统生计知识与生计的资源和利用方式有着密切的关系，因此气候变化对生计资源和利用方式的改变都直接影响着传统生计知识。

1.3.3.1　气候变化和生计资源

气候变化与生计资源之间关系的研究，主要从淡水资源、陆地生态系统资源两方面进行回顾。

——淡水资源

在淡水资源方面，气候变化导致降雨降雪、地表径流、土壤水分等的变化很可能将对自然系统和人类产生深刻的影响。无论是陆地还是河流湖泊中的生命，其生存都依靠着淡水。由于水资源对生命系统有着最基本的重要性，水资源可利用性的变化是温室气体变暖所带来的潜在严重的后果之一。全球变暖可能会给已经面临供水问题的地区带来新的挑战。根据 SRES A2 模型的基准计算，2071—2100 年 30 年的年平均降雨量将比 1961—1990 年增加 3.9%（值域＝1.3% ~ 6.8%）（Cubasch and Meehl 2001）。全球变暖将加速海洋蒸发量从而在总体上增加全球的降雨降雪。但是，区域的和季节的变化是非常重要的，并且和全球的趋势有着很大的不同。潮湿的空气将在高纬度地区扩散从而引起降雨降雪、地表径流、土壤水分等的大量增加，夏季除外。同时，在低纬度 5° ~ 30°之间的地区，降雨降雪将减少。气候变化将改变水资源的可利用性、需求和水质（John 2003）。针对气候变化对水资源影响的大量研究，美国环境保护署进行了总结，21 世纪气候变化将导致以下结果：

首先是降水量和蒸发量的全球和区域性变化，具体有以下几个方面：

（1）高纬度地区降水量的增加将导致同一地区冬春季节地表径流量和洪水的增加；

（2）在低纬度地区降雨量减少同时增加干旱发生的频率；

（3）在中高纬度地区的夏季增加蒸发量同时减少地表径流量和土壤湿度；

（4）在某些地区减低湖泊水位；

（5）改变居住在湿地的社区；

（6）减少按照水资源利用计算的资本，特别对于处于低纬度的、有着较高人口增长率的国家。

其次是在湖泊、径流、地下水水源地的高温：

（1）减缓氧气的溶解；

（2）改变在淡水中生存的无脊椎动物和鱼类的种类。

第三是继续和可能促使雪和冰覆盖面积的萎缩：

（1）在极低海洋和部分湖泊，冰雪覆盖在春季提早融化；

（2）增加较暗地区的日光照射量，同时明确地降低了反射率，促使未来气候变暖；在高山地区，春季融雪的水提前溢流（Smith and Tirpak 1990）。

对实测资料进行分析和研究表明，气候变化在过去几十年中已经引起了云南省水资源的变化。近年来，云南省河流的年径流量变化也主要表现为偏大趋势，而雪线和冰川却表现为退缩趋势。首先是气候变化对流域径流的影响，以澜沧江流域为例，夏季跨境径流量变化在 20 世纪 60 年代中期至 80 年代末期为显著减少时段，而从 90 年代初期以来则表现出了一种显著增多的演变趋势；夏季澜沧江跨境径流量变化与较低层东西风分量变化的相关性不显著，与较高层东西风分量变化的相关性显著；夏季澜沧江跨境径流量变化中低层和较高层南北风分量变化的相关性都是显著的，与 OLR（射出长波辐射）场变化的负相关性也是显著的，表明澜沧江跨境径流量的变化是气候变化所引起的（尤卫红等 2005，2006，2007）。其次是气候变暖对冰川、雪线的影响，云南现代冰川主要分布在滇西北海拔 3200 米以上的高山上，冰川总面积为 84.88 平方千米。根据冰川发育的水热条件和冰种物理特征，云南的冰川属于季风海洋性现代冰川。据统计，云南省共有 57 条冰川，主要分布在澜沧江、长江、怒江 3 大流域。其中，澜沧江流域有 21 条冰川。冰川面积 68.13 平方千米，占全省的 80.3%，冰储量 58.5 亿立方米，折合储水量 52.04 立方米，占全省冰储量的 90.8%，是云南省冰川面积最大，冰储量、冰川储水量最多的流域。冰川的消融与温度有密切的关系，温度升高会导致雪线的上升。德钦县的明永冰川在梅里雪山主峰卡瓦格博下，是一条从海拔 5500 米延伸到海拔 2600 米的狭长形冰川，是低纬度热带季风海洋性现代冰川，山顶冰雪终年不化。由于受到气候变化的影响，明永冰川于 1999 年下半年起，前沿从海拔 2660 米的地方向上后退了约 200 米，冰舌目前正以每年 50 米的速度后退（伍立群等 2004）。

——陆地生态系统资源

气候，特别是温度和降雨量，决定了从沙漠到雨林的主要陆地生态系统（生物群落）的地理分布。地方和区域的不同土地类型、流域条件和太阳照射角度等因素影响着不同植物的生存。不管怎样，季节性的降雨和温度支配着一个地区优势植物地貌的种类——地貌指苔原、沙漠、草原、雨林等。每一种植物地貌有一个最佳的"气候空间"，是一个温度和降雨量的特定结合，能够让植物在最佳状态生存。森林和其他陆地生物群落为多样性的植物和动物提供了宜居地。如果森林被毁或者变化，宜居地的丧失可以危及生物有机体的生存。气候变化可以通过改变季节和温度直接影响很多植物和动物，并进一步引发生物圈的改变（John 2003）。

例如，未来在高纬度地区的气候变化也许将更加严重。在高纬度地区，一个温暖和湿润的气候将把植被从喜冷的苔藓演替为温带森林（Starfield and Chapin 1996）。苔藓、北方针叶林和温带森林系统都将向南北极移动（Monserud et al. 1993）。沙漠、大草原、森林等主要陆地生态系统的地理分布在很大程度上由温度和降雨量决定。气候变化似乎要对过去 50 年甚至更早所记录的发生在植物和动物身上的物候变化负责。未来气候变化将进一步导致诸如植物开花期、昆虫变态或者动物迁移等生命周期元素产生变化，从而导致陆地生态系统的改变（John 2003）。气候变化特别是气温升高而引起的物种北移由于山地的地理阻隔而很难发生，同时原有的山地生态系统的特有和多样性生境和物种栖息地将进一步破碎化，从而致使当地物种栖息地大大地缩小而导致物种的灭绝（Xu et al. 2009）。

在喜马拉雅山脉，气候变化导致了冰川的迅速消失及河流流量的变化，并且进一步影响到了当地的生态环境、生物多样性资源，同时也对当地山地民族的传统生产和生活方式及人们的健康产生了影响（Arun 2011）。云南省西北部位于东喜马拉雅山南延部分，气候对高山森林的影响主要表现为垂直自然带上限的变化。高山林线因其所处的特殊地理环境，成为植被与气候变化关系研究的理想场所。温暖指数是决定青藏高原东南部山地针叶林分布的主导因子，区域内垂直自然带上限变动幅度在 360～670 米（周跃等 2011）。云南西北部的干旱河谷地区，通过对有关干旱河谷植被的历史与现代资料和照片的比较，发现植被总体格局变化不大，但因气候变暖而引起冰川退缩，灌木种类入侵到高山草甸，林线海拔增加，大约每 10 年上移 8.5 米（Malmaeusa et al. 2006）。云南省西北部高原植被带的推移同时表现为水平自然带和垂直自然带上的变化。从目前的研究看，垂直自然带的变化是随气候变暖而向高海拔推移，水平自然带的变化则趋向于由半干旱型的高寒草原向半湿润型的高寒草甸扩张。

1.3.3.2 气候变化与生计条件

气候变化与生计条件之间关系的研究，主要从畜牧业的牧草生产力、牲畜病虫害和牧草物候期三方面进行回顾。

——牧草生产力：草原生态系统土壤有机碳含量下降与气候温暖化有密切联系，气候变化主要在两方面影响土壤碳的蓄积过程：一是温度、降水变化影响植物生产力速率和凋落速率；二是气候变化影响微生物活性，从而改变地表凋落物和土壤有机碳的分解速率。气候变化影响了物种组成、群落结构、植被带的推移，以及植被净初级生产力和生物量的变化，这必定影响植被碳库的改变。1980 年以来，在全球气候变化的大背景下，我国陆地植被净初级生产力表现出了一定的增长趋势。高海拔和高原植被净初级生产力的相对增加量最大，达 20% ~40%。这是因为高原植物生长受温度的胁迫，随温度的增加，植被净初级生产力增大。生物量是重要的植物群落数量特征，直接反映生态系统生产者的物质生产量。降水的年际变化影响生物量的年际变化，而积温的多少影响自然界可提供的能量，从而决定了生物量形成的能量基础。但是温度升高也可能减少生物产量（周跃等 2011）。通过模拟实验发现，4 ~9 月温度的升高使植物发育速率加快，导致草甸植物的成熟期提早，实际生长期缩短，限制了干物质积累，导致生物量减少。在冬季气温逐年升高的情况下，牧草年产量有所下降，与冬季升温后土壤水分散失、保墒能力减弱有关（李英年等 2004）。

——牲畜病虫害：气候变化所带来的重要影响之一就是出现和加剧包括动物在内的传染病虫害的传播（Khasnis and Nettleman 2005）。气候限制着传染病虫害的范围，而天气则影响着疾病爆发的时机和力度（Epstein 2004）。因此，气候因素的变化可能会影响传染病虫害的分布或范围，而水灾和旱灾等极端天气也改变着疾病暴发的频率和幅度（Santiago *et al.* 2009）。由于气候条件的适宜，一种新的病原体或者病媒进入到新的地区，可能会产生破坏性的影响。病原体在当地顺利传播，可能会持续地在新的生态系统中发展，并且产生新的疾病传播方式。而更频繁的干旱和洪水、降雨分布的变化、波动性较大的天气和热浪等极端气候，可以改变和增加各种疾病的发生和流行，并破坏物种——包括病原体、病媒和寄主——之间建立长期生态平衡（Rocque *et al.* 2008）。

气候变化对传统畜牧业生计方式的影响，往往是潜在的，并且与其他人为及环境改变因素相重叠，因此通过牲畜数量的变化来建立气候变化与畜牧业变化之间的因果关系是一件困难的事情。虽然如此，气候变化对畜牧业也有一些直接和显而易见的影响，例如牲畜疾病，因此可以对因为气候变化而引起的牲畜病虫害进行研究，从而研究气候变化对畜牧业的影响，目前的一些研究和分析已经确定气候变化是某些牲畜病虫害疾病产生的直接原因（Gajadhar *et al.* 2004，Patz *et al.* 2004，Chomel *et al.* 2007）。

——牧草物候期：植物通常在日平均温度上升到 5°C 的时候开始发育（竺可桢等 1980）。温度升高，可促进酶的活性，加快植物发育进程，反之亦然（韩小梅等 2008）。气候变化影响了温带和寒带地区大多数植物各个发育阶段的时间（Chmielewski and R. tzer T. 2001，Schwartz 1998，Parmesan 2007）。许多研究提供的证据表明，温度升高导致植物在春季的生长阶段提前。有研究表明，在 1971—2000 年间，欧洲的很多植物和动物都出现了物候提前的现象（Menzel *et al.* 2006）。例如对英国的 385 个植物物种第一次开花期的观察分析表明，四分之三的种类开花期在 1991—2000 年的十年间要比之前的四十年提前（Fitter and Fitter 2002）。最近几项对物候趋势的最新和较为全面的分析研究都支持了大多数物种春季物候期在提前的观点（Parmesan 2007）。在中国开展的一些研究也表明，气候变化对植物的物候期产生了影响，例如近 40 年中国的木本植物春季物候期普遍提前（郑景云等 2003）。与此同时，中国南北的各个地方也开展了一些局部区域的具体研究，例如近 30 年来，华北地区及北京物候春季有明显提早来临的趋势（韩超等 2007），山东地区木本植物春季物候期普遍提前（臧海佳 2011），河南省木本植物春季平均物候期也表现出明显提前的趋势（陈彬彬 2007），贵阳木本植物的春季物候期也均呈现出提前趋势（白洁等 2009），造成上述变化的主要因素是，这些地区近 40 年来冬春季气温明显上升。

草原是由耐寒的旱生多年生草本植物为主组成的植物群落，草原生态系统是全球范围内分布最广的生态系统之一。在草原地区也开展了一些针对草本植物的物候期研究。在内蒙古地区，根据近30年来的物候期数据和同期气象数据，在分析年平均气温、年降水量和牧草物候期各指标线性趋势的基础上，研究了气候变化对荒漠化草原优势牧草返青、开花和黄枯日期早晚的影响，结果表明植物物候期总体呈提前趋势，大部分牧草发育期呈提早趋势，优势牧草的开花期总体呈提早趋势（吴瑞芬等2009，顾润源等2012，李夏子等2013）。在藏北高原，相关研究选取高寒灌丛草甸、高寒草甸、高寒草原和高寒荒漠4种典型植被类型，分析典型植被物候在近10年对关键气候因子的响应特征，研究显示近10年的年平均气温及春、夏、冬三个季度的平均气温均呈显著升高的趋势，当地典型植被均表现出返青提前和生长季延长的趋势（宋春桥等2012）。气候变化对青藏高原牧草物候影响的研究主要集中在青海省，通过对青南牧区牧草返青（黄枯）期气温回升（降低）速度进行分析，发现青南牧区牧草返青期气温回升速度在逐年减缓，而牧草黄枯期气温降低速度在逐年增大（张国胜等1999）。这迫使青南地区牧草返青期推迟，黄枯期提前，生长期缩短，影响了牧草的发育（祁如英等2006）。通过对青海省草本植物物候期观测分析发现，随着平均气温的升高，全省草本平均返青期和黄枯期都出现提早的现象（邱丹等2000）。牧草返青期除决定于温度之外，降水量对其也有明显的影响（汪青春1998）。因地形复杂而各地气候条件不同，草本植物的物候存在明显的地域性（邱丹等2000，祁如英2006）。物候期与地理位置的关系模式也因气候变化而呈现不稳定的特点（郑景云等2002）。不同地区气温和降水对天然牧草的生长发育影响程度不同。

云南省的农业对气候变化有很大的依赖性，对气候变化非常敏感，适应能力有限，对气候变化的脆弱性较高，其脆弱性主要体现在自然环境、气候、自然灾害和经济因素等方面。气候变暖影响气候资源的时空分布，导致云南气候带发生变化，气候带的变化对云南农业的影响首先表现在农业种植制度上，云南主要作物品种的布局也将发生变化，同时也影响了作物的生长发育、产量、品质、农作物病虫草害、农业气象灾害、农业用地等方面（云南省气象局科技减灾处2009）。云南是一个气候灾害频繁的省份，尤以旱涝灾害最为严重。干旱对云南粮食产量的波动影响很大，1950—1995年云南全省受旱面积达到

1087.2 万公顷，占气象灾害总面积的 41%。成灾面积 511.49 万公顷。全省每年平均有 50 多个县市受到轻重不同程度的干旱影响，较为严重的旱年，全省受灾面积可达作物播种面积的 50% 以上。霜冻、低温是云南仅次于旱、涝灾害的主要气象灾害，在 1950 年至 1995 年之间的 46 年中，全省农作物霜冻低温灾害受灾面积达 348.2 万公顷，占各类气象灾害受灾面积的 15%，成灾面积 197.9 万顷，占气象灾害受灾总面积的 19%（王宇 2009）。云南是一个受气候变化影响的敏感省份，自 1950 年以来，在全球气候变化的背景下，云南省的降水量、气温等气候要素都发生了变化，使云南省的气候带向高纬度和高海拔地区扩展，这不仅影响到农业的种植区、种植制度、作物的品种和品质，还影响到政府对农业的管理和当地居民的生存（周跃等 2011）。利用 1961—2009 年云南省 117 个台站年平均气温、降水量资料和 Thornthwaite Memorial 模型计算分析云南省气候生产潜力（T_{SPV}）的分布及年际变化特征，模拟未来气候变化情景下气候生产潜力的变化。结果表明：云南多年平均 T_{SPV} 值为 1439.2g·m^{-2}·a^{-1}，滇西北和滇东北最低，滇西南和滇东南最高；近 49 年云南全省及各站的平均 T_{SPV} 变化的年际变化不显著；云南 T_{SPV} 利用率较低，实际粮食产量平均只占气候生产潜力的 19%。在云南气温明显上升、降水略减少、年际波动大的气候变化趋势背景下，T_{SPV} 与降水的相关系数（$P < 0.01$）大于气温，说明降水是当地 T_{SPV} 的主要限制因素；敏感性分析显示，未来如果出现"暖湿型"气候对作物生长最为有利，出现"冷干型"对作物生长最为不利。而趋势分析表明，未来云南易出现"暖干型"气候，这不利于当地的农业生产（李蒙等 2010）。

1.3.4　传统知识与气候变化的适应

目前，全球关于气候变化的讨论已越来越多地转向适应，并把其作为研究和政策制定的优先考虑事项。不同的土著民族对气候变化的观察是不一样的，因此他们用来减缓气候变化负面影响的方式，以及适应气候变化的能力也是不一样的（Crate and Nuttall 2009）。

土著民族和少数民族不仅是气候变化的主要观察者，而且还积极地适应着周围环境的变化。在一些案例中，当地居民利用现有机制对付像旱灾或是洪灾的短期气候变化。对于这些回应，有的已长期融入到人们传统的日常生活中，有的则是应对恶劣气候变化的应急反应。总的来看，人们对气候变化的回应存在一定的等级划分。当环境条件恶化时，外在的自然和生物回应就会增加，而相应的社会和政治联系也会变得更加重要，以便提供基本资源支持应对气候变化。以下是来自全球不同地方传统和创新地应对气候变化的案例。

——多样化的资源库：为了减小收获失败的风险，人们通常会种植许多不同作物和品种（这些不同品种对干旱和洪灾有不同的敏感性），同时还进行狩猎、捕鱼及采集野菜作为补给。作物品种和食物资源的多样化通常也反映在人们不同的农田布局上。有的农田易于应对洪灾，有的则应对旱灾，这样在恶劣天气情况下，有的田地仍然可以收获农作物。在靠近市场的地方，人们还可以通过出售多余农作物、手工艺品、林产品或是提供劳动力等来补给生计。

——作物品种的多样化和创新：人们传统上通过种植多种作物和不同品种应对气候变化，一次危机足以促使人们发现新的作物或是品种来应对气候变化。在南非，为了应对突发气候变化，当地人已将传统的靠雨水种植转变成人工灌溉的庭园种植。畜牧业也从养牛变成养羊。

——生产活动时间安排的调整：收割农作物、采集野菜、狩猎和捕鱼要根据种植季节和动物迁徙和繁殖的时间进行调整。在利用不同资源时，当某些活动与其他生产活动的时间产生冲突时，要根据时间安排进行调整。例如，高海拔水位利于航运，晴朗的天气则利于晾晒收获的植物和肉类。如果天气条件不能按照人们的需求进行改变，人们的利益会受到损害，要么人们必须做出调整以适应气候变化。

——生产技术的改变：在有些地方，当气候条件的转变使得人们不能再利用传统技术进行生产，如利用自然阳光晾晒食物，人们必须运用新的技术。例如在不列颠、哥伦比亚的基塔，因为非季节性的潮湿天气影响，人们不能利用季节性的自然阳光晾晒食物，而不得不将食物进行冰冻或是在屋内晾干，直到有太阳的天气到来。同样，农业技术也在发生改变，比如人们用人工灌溉技术替代传统的雨水种植。

——生产位置改变：极端气候变化和更多的长期气候转变会影响人们农业生产活动及相应的安置点，这些安置点对于气候变化的敏感性要更小些。圭亚那的马库什，人们在干旱季节会把他们的家从热带草原搬迁至森林中，以便种植他们的主要农作物——木薯。而在潮湿的洪涝地区是不适合种植该作物的。随着气温上升，生活在山区的人们可以在更高海拔地区种植农作物。在婆罗洲的肯亚，受厄尔尼诺现象的影响，在干旱季节当地人在逐渐干枯的河床上种植玉米。

——资源和生活方式的改变：许多种植农作物的人们在干旱和洪水季节越来越依靠野生生物。例如：在亚马孙河地区，2005 年的干旱季节，人们不得不转为依靠捕鱼为生。

——对外交流：除了利用当地野生资源应对气候变化外，人们还通过其他渠道获得食物和其他生活必需品。这些资源是通过对外交换、实物交易和买卖获得的。同时，人们还通过国家和非政府组织的紧急援助获得物资。

——资源管理：稀有的和对气候变化较敏感的资源将通过传统管理技术得以增加。在马绍尔群岛，人们通过传统办法保护了赖以生存的淡水资源。通过在淡水周边养殖珊瑚以形成岸堤防止海水（咸水）的倾入。同样，在热带雨林地区土著民族通过在有用的农作物周边种植、杂交和除草以增加物种多样性。在北非的沙漠地区，灌溉技术创造了完整的农业生态系统。但是，如果当地居民迁移到其他地方，或是当地居民活动受政治、经济和地理限制，传统管理也存在表面性。

传统知识不仅是土著民族和少数民族应对气候变化的基础，也关系到他们自然资源治理和生计发展的可持续性、社会的延续和传统文化价值观的传承。在土著民族和气候变化的相关探讨中，其中一个重要层面是传统知识和实践经验可能对设计和实施有关缓解和适应气候变化的行动和政策起到的积极作用。2008 年 2 月在哥本哈根举行的土著民族和气候变化国际会议报告中，与会者总结了土著民族和少数民族的关注："国际专家似乎经常忽视土著民族（少数民族）的基本权益，以及在全球寻求解决气候变化方法及策略的过程中，也常常忽视了基于土著民族传统知识、创新和实践的有价值的潜在贡献。"（European Commission 2008）到目前为止，相关的气候变化文献中鲜有提及土著民族和少数民族自发的、基于传统知识的应变策略。然而，土著民族和少数民族的贡献却是不可低估的：首先，他们最先受到气候变化的负面影响，因而

积累了一定的适应性经验；另外，基于他们掌握的传统知识及相关技术方法，他们在解读和应变气候变化这一问题上也变现出了强大的创造力（Salick and Byg 2007）。

随着气候变化的日益明显，世界各地的土著民族和少数民族开始基于自己的传统知识来适应和应对这一变化所带来的影响。例如在太平洋岛屿上居住的人们开始用传统环境知识（Traditional Environmental Knowledge）来适应气候变化带来的影响，这些岛屿上的居民尽量不在低洼地带建房，并且开始在新建的房子四个角加上柱子以远离地面（Green and Waters 2009）。非洲博茨瓦纳的桑人通过生计方式的多样化、结合水资源管理技术、加强社区之间的互助等方式来应对气候变化（Robert 2009）。中国湘、鄂、渝、黔边界武陵山区的各民族应对气候变化的传统方式主要有两种方式：一是利用自然天象和自身感受来预测天气；二是采取"养山"和"保山"的若干措施来优化环境、调节气候，以减少或减轻因气候造成的灾害（彭林绪 2010）。广西龙脊壮族应对气候变化和灾变的传统生态知识主要有采取复合型取食策略应对气候灾变带来的饥荒，实行有效的水资源利用模式来保障梯田生产安全进行，利用乡规民约来抑制乡民对生态环境的破坏等举措（付广华 2010）。内蒙古蒙古族牧民长期采取的灵活多变的迁移行为，就是为了在最适宜的气候时机最大限度地利用环境资源，同时在保护草场的循环利用、保护畜群之间寻找最佳平衡而付诸的劳动，具体包括对不同时间和空间内气候变化的应对、以畜种选择对气候的应对、对极端恶劣气候的应对三个方面（乌尼尔 2010）。贵州黄岗侗族应对气候环境的传统方式包括提高气温和截取浓雾、露滴的生态技能，以及糯稻种植与森林生态系统的镶嵌（罗康智 2010）。

云南山地民族的传统知识对于降低气候环境风险和应对气候危机等方面都能够起到重要的作用。山地民族祖祖辈辈记载下来的关于应对环境和气候变化风险危机的实践和传统知识是制定气候变化适应对策的重要基础。云南民族应对气候环境风险的传统知识包括：日常生活中的非正式教育、灾害的预防和准备、季节性迁移、生产方式多样化、社区集体应对、产品交换和山地生态系统相适应的工程技术。非正式传承教育包括通过故事、歌曲、谚语及诗歌的形式传承的有关本民族资源和环境管理传统知识和民族知识等。灾害的预防和准备包括为应对气候风险做出有效的反应而事先采取的各种活动和措施，包括适应山地环境建筑结构、粮食的存储、种子的安全保存、有效的提前预警、灾害信息的传播，以及人群和财产从危险地区临时撤离。季节性迁移和社区互助是居民对环境长期适应的例子。多样化应对风险主要通过家庭或者集体共有财产来实现。社区共同应对风险是指社区共同拥有财产、资源；共同劳动；共同分享财富和收入，在困难时期通过家庭分工或者动用共有资源来应对危机。以物换物可能是所有对环境风险适应方式中包含内容最多的一个，这种方式往往需要高水平的特化和制度化的交换关系，可以看作是为应对作物歉收而购买的保险。山地工程技术是指原住民为抵御和降低风险而总结出来的技术工程措施和工程设计知识（周跃等 2011）。云南德昂族应对气候变化的传统知识包括谷物崇拜和物候历法、水崇拜和水资源保护、树木崇拜和土地保护、茶崇拜和健康保健等（杨兰芳等 2008）。云南德钦的藏族通过传统半农半牧生计方式的改变，开展藏医药种植和生态旅游等生计方式的多样化和创新，并结合现代农业生产技术开展温室大棚种植、修建引水渠道规避气候灾害等方式来应对气候变化（尹仑 2010）。

1.3.5　气候变化与传统知识的学科研究

通过气候变化与传统知识的研究，为民族生态学和生态人类学基础理论的发展拓展了空间。由于处于研究的起步阶段，要对气候变化和传统知识研究的理论流派进行系统梳理，目前还有些困难。为此，本章只初步对民族生态学和生态人类学研究进行梳理。

民族生态学和生态人类学在气候变化和传统知识的研究上有着各自的偏重。对于民族生态学而言，传统知识可与新技术相结合，并且基于这种技术可以寻找到应对气候变化影响的解决方法，这种技术将帮助人类社会更充分地应对正在和即将到来的变化，从而实现可持续发展（Salick and Byg 2007）；对于生态人类学而言，则更为强调传统知识的文化含义，认为气候变化的终极影响在于文化，传统知识的改变直接影响着文化的延续和土著民族的权益（Crate and Nuttall 2009）。

1.3.5.1 民族生态学的研究

民族生态学认为气候变化的影响不仅体现在温度变化、降水、海平面和极端气候等自然现象上，而且也体现在生态、社会和经济等层面。目前这一理论流派的代表人物是美国民族植物学家 Jan Salick 和 Anja Byg 等人，他们从民族生态学的视角出发，在宏观和具体案例两个层面对气候变化和土著民族传统知识进行了研究，并逐步构建了民族生态学的理论。

人们如何应对气候变化的影响不仅与气候变化本身有关系，而且还与他们所处的生态、社会和经济环境有关系（Adger and Kelly 1999，Mendelsohn *et al.* 2006）。人们对气候变化的适应能力取决于很多因素，包括在环境改变中各种国家和个人的有效资源（Adger and Kelly 1999，Lambin 2005）。因此气候变化就如同"社会生态系统"，在这一系统中来自不同领域的因素在不同的空间和时间尺度上相互作用（Holling 2001，Berkes 2002）。如果仅仅依靠自然科学，社会生态系统不能被完全理解（Berkes 2002，Kloprogge and Sluijs 2006，Laidler 2006，Aalst 2008）。不仅因为这些系统相当复杂，固有着巨大的不确定性，要建立足够的模型是不可能的（Kloprogge and Sluijs 2006）；并且这种系统是与人们的喜好和决策错综复杂地联系在一起的。在这一背景下，传统知识可以增进人们对气候变化及其影响的理解。与处于系统外而不给予其影响，并且假装保持一个中立观察者角色的实证科学相比，当地人的观察是在当地文化和社会环境下自己形成的，对当地环境的变化有着非常重要的影响（Laidler 2006）。此外，当地人的观察往往来自当地具体环境、实践和经验，而这恰恰是科学研究和模型中所缺乏的（Wilbanks and Kates 1999，Berkes 2002，Laidler 2006，Aalst 2008）。地方层面发生的变化影响着全球层面发生的变化，反之亦然（Wilbanks and Kates 1999）。因此，地方传统知识可以为更好地理解气候变化做出有价值的贡献，并且可以提供往往被科学所忽视的当地信息，以修正针对气候变化的实证研究（Kloprogge and Sluijs 2006）。

从政策的角度来看，记录气候变化的传统知识是很重要的，因为传统知识反映着地方的关注（Danielsen *et al.* 2005），关注着气候变化对当地人生活的实际影响（Laidler 2006），同时基于当地的条件和现象，这些往往不能被科学模型所模拟和评估（Aalst 2008）。此外，传统知识影响着当地人应对气候变化的决策，体现在两个层面：首先是能否采取措施，其次是针对短期和长期影响采取什么样不同的适应措施（Berk *et al.* 2001）。因此，在对气候变化及其影响的理解、适应和减缓过程中，传统知识应当得到应有的考虑（Byg and Salick 2009）。

1.3.5.2　生态人类学的研究

生态人类学认为气候变化最终是文化的议题，因为随着气候变化，越来越多的人与环境之间的亲密关系将逐步消失，而这些关系是世界文化多样性的重要组成部分。目前这一理论流派的代表人物是美国生态人类学家 Susan A. Crate 和 Mark Nuttall 等人，他们从生态人类学的视角出发，通过具体的田野案例调查和研究，对气候变化与土著民族传统知识进行了研究，并逐步构建了生态人类学的理论。

对于土著民族而言，气候变化不是一个即将来临或者未来才会发生的事情，而是当前他们正在努力理解、沟通和应对的紧要现实。对于全世界的土著民族而言，气候变化带来了诸多的风险和挑战，威胁着土著民族文化的延续和他们的权益。生态系统变化的后果对于利用、保护和管理野生生物、渔业和森林等资源有着重要的意义，在文化和经济层面影响着对重要物种和资源的习惯利用方式。气候变化带来的影响不仅仅是当土著民族面对这一前所未有的变化时他们所具备的适应和应变能力，气候变化也是人类和动植物种群的迁徙以调节和应对其带来的影响。这种迁徙，无论是目前的还是未来的，意味着人与自然环境密切关系的丧失，这种密切的关系不仅是土著民族基本和丰富的世界观，而且包括土著民族对当地自然环境的治理和维护。在很多情况下，迁徙将导致土著民族神话象征、气候和物候标志甚至其文化核心部分的动植物图腾丧失。

人类的存在贯穿于社会发展的各个时空，社会的沟通交流是通过人类的文字和语言符号完成的，这是放之四海而皆准的（Basso and Keith H. 1996），那么人们需要应对气候变化在何种程度上对这些空间、符号形式和位置的改变（Crate 2008）。随之而来的是人类智慧、世界观和宇宙观、人类与环境的相互作用的大量丧失，而这些恰恰是文化的核心（Netting 1968、1993，Steward 1955）。气候变化让我们思索文化和环境外在和内涵的转变，以及未来难以预

测的变化。生态人类学需要关注全球变暖及其带来影响的文化内涵（Crate and Nuttall 2009）。

尽管研究重点有所不同，但无论是民族生态学还是生态人类学，它们对气候变化和土著民族传统知识的研究都属于相互交叉的跨学科领域研究。因此，在未来需要构建起民族生态学和生态人类学的交叉研究理论，并构建社会科学和生态科学交叉的方法论，这将为未来包括生态学、人类学、地理学、环境科学、公共政策、经济等学科进行全面应对气候变化的多学科对话奠定了基础。

气候变化已经不仅是个研究或者政策的主题，而且更是一个需要采取实际行动应对的挑战。在民族生态学和生态人类学对气候变化及土著民族传统知识开展研究和理论构建的同时，应用人类学和发展学开始了应对气候变化的实践。这些实践以土著民族社区为基础，协助其在利用传统知识的基础上，与现代科技知识相结合，以共同应对和适应气候变化。

1.3.6　气候变化与传统知识关联研究的趋势

气候变化与土著民族传统知识的关联研究在民族生态学和生态人类学领域中的发展是自然科学家和社会科学家重视跨学科研究的结果。一直以来，气候变化研究中重自然科学而忽视社会科学、重科学技术而忽视传统知识、重现代社会而忽视土著民族的现象在学术界和政策决策者中普遍存在。另一方面，民族生态学家和生态人类学家也通过自己孜孜不倦的努力使跨学科研究在气候变化的研究中得到应有的位置。目前，越来越多的国际组织和国家有关气候变化的高端会议和政策框架制定都有跨学科科学家和土著民族代表参与。

从现阶段成果来看，气候变化和土著民族传统知识研究形成了以下几个特点：第一，以生态学和人类学为主的自然科学和社会科学共享调查方法、研究相同或者相似的问题是气候变化和土著民族传统知识研究的总趋势。民族生态学与生态人类学在研究内容和重点上的相同性、在理论和方法上的相似性，显示出跨学科研究在气候变化和土著民族传统知识研究问题上广泛的一致性。第二，气候变化和土著民族传统知识的跨学科研究领域不断得到发展，涉及的影响层面越来越多，探讨的问题越来越深刻。跨学科科学家对气候变化和土著民族传统知识的关注，从原来的自然现象发展到了生态、社会、文化和人权领域，从最初的零散式探讨发展到了综合的系统研究，气候变化影响的界定和研究领域正在不断扩大，学科边缘将变得越来越模糊。也有一些学者提出了不同见解，认为气候变化和土著民族传统知识很难在自然科学领域获得认可，除非传统知识可以被量化或者通过模型获得检验并得到多数人的认同。然而，正是传统知识的复杂性吸引了跨学科的科学家对气候变化和土著民族传统知识进行探索，除了进行相当系统的田野调查和研究以外，也开始进行量化研究的尝试，并对相关研究方法进行了总结（Salick and Byg 2007）。同时对气候变化和土著民族传统知识的跨学科理论和方法进行了深入分析，并以个案为例说明了传统知识在特定区域气候变化影响背景下的理论和实际问题（Byg and Salick 2009）。第三，气候变化和土著民族传统知识的跨学科研究，在学科研究上不断得到丰富和发展。学者们逐步开始对特定区域的气候变化和传统知识进行系统研究的基础上，对学科研究进行总结，试图构建跨学科的理论和方法论。美国民族植物学家 Jan Salick 和 Anja Byg 和生态人类学家 Susan A. Crate，和 Mark Nuttall 等人在此方面有杰出的贡献。

中国跨学科科学家对气候变化和少数民族传统知识的研究在实践中尚处于起步阶段。民族生态学家和生态人类学家走在了中国气候变化和少数民族传统知识研究的最前沿，除了理论和案例研究以外，还有基于少数民族社区的实践。在近几年极端气候灾害大量发生之后，与少数民族传统知识相关的气候研究开始出现，多为个案研究。

可以预见的是，在世界范围内无论是自然科学还是社会科学，对气候变化影响的认识不再仅仅停留在自然现象层面，而是逐步深入到一个综合的社会问题范畴，包括生态、文化、政治、经济和人权等方面，涉及了不同的学科和研究领域。各个学科根据自身的研究兴趣、学科特点、资料收集方法、田野调查方法、理论和实践上所要回答的问题等方面进行具体研究，最终在气候变化和传统知识领域，形成多学科交叉和对话、跨学科研究的发展局面。

1.4 气候人类学研究中的核心概念

1.4.1 气候变化

气候变化是当今国际社会普遍关注的全球性问题。20 世纪 80 年代，国际社会认识到气候变化问题的严重性并采取了相应对策。1988 年 11 月，联合国环境规划署与世界气象组织联合成立了"政府间气候变化专门委员会（IPCC）"，自 1990 年以来至今，IPCC 对气候变化的科学规律、社会经济影响及适应和减缓对策进行了四次科学评估报告。这些气候变化科学评估报告为国际社会应对气候变化及为《联合国气候变化框架公约》的谈判提供了重要的科学咨询意见。1992 年 5 月 22 日联合国政府间谈判委员会就气候变化问题达成《联合国气候变化框架公约》，于 1992 年 6 月 4 日在巴西里约热内卢举行的联合国环发大会（地球首脑会议）上通过。《联合国气候变化框架公约》是世界上第一个为全面控制二氧化碳等温室气体排放，以应对全球气候变暖给人类经济和社会带来不利影响的国际公约，也是国际社会在对付全球气候变化问题上进行国际合作的一个基本框架。

政府间气候变化专门委员会把"气候变化"定义为"气候状态的变化，这种变化可以通过其特征的平均值和/或变率的变化予以判别（如通过统计检验），这种变化将持续一段时间，通常为几十年或更长的时间。气候变化的原因可能是由于自然的内部过程或外部强迫，或是由于大气成分和土地利用中持续的人为变化"（IPCC 2001 a–b）。《联合国气候变化框架公约》则把"气候变化"定义为"在可比时期内所观测到的在自然气候变率之外的直接或间接归因于人类活动改变全球大气成分所导致的气候变化"（UN 1992）。因此，前者的定义包括了"人为气候变化"和"自然气候变率"，而后者的定义只涉及"人为气候变化"（第二次气候变化国家评估报告编写委员会 2011）。

同时，气候变化的定义也同样包括极端气候现象和气候变异性，"气候变化指气候在时间上发生了变化，包括地区和全球的温度变化和极端气候现象的大量增加。气候变化的现象、结果和影响包括冰川和永久冻土层的融化、海平面上升、森林火灾、致命热带气旋、长期干旱、水资源短缺、沙漠化、土壤侵蚀、不稳定降雨、强气流、飓风和洪水"（www. pewclimate. org）。因此，气候变化除了指温度、降水等气候因子平均值的变化外，还包括极端气候事件和灾害（extreme weather and disaster）的发生和气候变异性（climate variability）（Smit *et al.* 2001）。

气候变化和极端气候与某种天气气候现象的概率发生和分布有关。当天气气候的状态严重偏离其平均状态时，就可以认为是不易发生的现象，不容易发生的或者是罕见的现象，在统计学上就可以称为小概率现象，即极端现象。极端气候现象是指发生的概率非常小的天气气候现象，即在某　特定时期内发生在统计分布之外的罕见天气气候现象，具有灾害性和突发性的特点。2007 年联合国政府间气候变化专门委员会（IPCC）的评估报告显示，过去 50 年中，极端气候现象特别是强降水、高温热浪等，呈现不断增多增强的趋势，预计未来这种极端现象的发生将更加频繁。极端气候现象的频繁发生将成为人类应对全球气候变化的新挑战。

无论是干旱、暴雨或暴雪，或者洪水、泥石流、滑坡和崩塌，气候变化与极端气候都首先是一种现象，只有当这些现象对人类社会产生了负面的影响，并造成了生命和财产等的损失，才成为灾害。

气候灾害是指自然或人为因素造成的极端气候现象对人类社会造成的危害和损失。这类灾害突发性强，能在瞬间或短期内集聚暴发，造成巨大破坏，如旱灾、水灾、洪灾、风灾、冰雹灾、雪灾等。由气候灾害所引发的其他灾害称为次生气候灾害，如泥石流、滑坡、崩塌、虫灾、瘟疫等。极端气候现象的出现，往往都会伴随气候灾害的发生，它们之间有着必然的联系，如暴雨和洪灾往往会在局部地区同时出现，暴雨引发洪灾，洪灾会引发滑坡和泥石流等灾害，上述灾害进一步持续和加重时，会引发农作物病虫灾害、人类瘟疫和传染病，甚至社会动荡。

在本研究中，对气候变化的理解不仅仅局限于气候因素变化及其所引起的生态和自然现象变化，而是更进一步在传统知识、生计方式和生物多样性的层面上研究和理解气候变化，研究的目的和意义在于揭示气候变化与传统知识之间的关系。

1.4.2 传统知识

当今人类社会在环境、资源和发展等诸多领域面临着越来越大的压力，随着气候变化、粮食安全、生物多样性资源消失和环境破坏等挑战的出现，为了人类社会的健康和可持续发展，在运用科学技术知识解决上述问题的同时，人们也把眼光重新投向了传统知识，传统知识越来越受到重视和关注，并在具体的工作实践中，运用传统知识以弥补科学技术知识的不足，以达到环境保护、生物多样性资源利用、自然资源管理和生计可持续发展等目的，于是在某种意义上，传统知识获得了"新生"。

传统知识根据不同的侧重和不同的运用背景有着不同的称谓，而在英文中的不同用词也直接影响到了中文关于传统知识的称谓。侧重于实用技术而言，习惯称之为"知识"，如 Traditional Knowledge（传统知识），Traditional Ecological Knowledge（传统生态知识），Indigenous Knowledge（土著知识）和 Local Knowledge（乡土知识）；侧重于文化方面，则习惯称之为"遗产"，如 Indigenous Heritage（土著遗产）和 Intangible（Cultural）Heritage（非物质（文化）遗产）。

关于传统知识及其相关的概念已经有很多学者和专家从不用角度和领域下了定义，但至今没有一个统一和公认的共识。目前，至少有 3 个联合国机构及其国际公约涉及传统知识的问题。第一是联合国环境规划署（UNEP）下的《生物多样性公约》（CBD），该公约最先提出传统知识的保护及惠益分享；第二是世界知识产权组织（WIPO）及其相关公约，讨论传统知识的地位和知识产权保护问题；第三是世界贸易组织（WTO）下的《与贸易有关的知识产权协定》（TRIPs）。后两者都是因应协调与《生物多样性公约》的关系而涉及传统知识议题。各公约在传统知识概念方面各有侧重。

根据《生物多样性公约》的理解，传统知识是从长期的经验发展而来，并且适应了当地文化和环境的知识、创新与实践，属于集体所有，可通过文字，但多半是以口头形式代代相传。其表现形式除了文字记载，还有故事、歌曲、传说、谚语、文化价值观、信仰、仪式、习惯法、土著语言等方式。传统知识也包括培育农作物品种和家畜品系的农业实践等，因此，传统知识更是一门实践科学，尤其是在农业、渔业、医药、园艺、林业及环境管理等领域（http：//www. cbd. int/traditional/）。生物多样性公约不仅将传统知识视为一种知识、创新和实践科学，同时更将其看作一种资源，特别是与生物资源及遗传资源相关的一种特殊资源，是经过长期积累和发展、世代相传的具有现实或者潜在价值的认识、经验、创新或者做法。

世界知识产权组织认为传统知识应当具有以下特征：（1）在传统或世代相传的背景下产生、保存和传递；（2）与世代保存和传递传统知识的本地社区和人民有特殊联系；（3）与被承认具有这一知识的本土或传统社区、个人的文化特性相一致（http：//www. wipo. int/edocs/mdocs/tk/zh/wipo_ grtkf_ ic_ 7/wipo_ grtkf_ ic_ 7_ 5 - annex1. doc）。在此基础上，世界知识产权组织进一步将"传统知识"定义为：传统的或基于传统的文学、艺术和科学作品、表演、发明、科学发现、外观设计、商标、商号及标记、未公开的信，以及其他一切来自工业、科学、文学艺术领域里的智力活动所产生的基于传统的革新和创造。由此可见，世界知识产权组织定义的传统知识范围很广，不仅仅局限于与生物资源相关，也包括了传统的文学、艺术、表演、商标等，更强调了传统文化的内涵。

世界贸易组织近年来在《与贸易有关的知识产权协定》下开展了许多有关遗传资源和传统知识的讨论，其焦点在于遗传资源及相关传统知识来源的披露要求是否具有专利法意义上的强制力。在传统知识的概念方面，由于协定第27 条主要涉及生物材料可否申请专利问题，以及申请专利时是否要求披露遗传资源和传统知识的来源及相关惠益分享安排，而民间文学和艺术的传统知识并不是其主要内容，因此，《与贸易有关的知识产权协定》下的传统知识接近于《生物多样性公约》下的传统知识概念，主要是指与生物资源及遗传资源相关的传统知识（薛达元等 2009）。

有学者从传统知识的拥有者和价值方面定义，认为传统知识是"受社会生态环境影响，土著或地方社区集体拥有的，与传统资源和领土、地方经济、基因、物种和生态系统多样性、文化和精神价值，以及传统法密切相关的知识、创新和实践"（Swiderska 2006）。有的认为传统知识意味着在传统文脉中智力活动所带来的实质性或物质性的知识。传统知识的概念不仅包括原住民

知识在社区、国家和人民范围内的利用，在传统文脉上也要适用于其他形式的知识的发展（Tobias 2006）。有的认为传统知识是一个过程，而不是内容，这才是应该去研究的，学者们已经浪费了太多的时间和精力在科学和传统知识的辩论上，应该对其有一个重新的构架，开展科学与传统知识对话和合作（Berkes 2009）。

中国历史悠久、民族众多，各族人民在数千年的生产和生活实践中，创造了丰富的保护和持续利用生物多样性的传统知识、革新和实践，这些与生物资源保护和持续利用相关的传统知识可分为以下 5 类：（1）传统利用农业生物及遗传资源的知识；（2）传统利用药用生物资源的知识；（3）生物资源利用的传统技术创新和传统生产生活方式；（4）与生物资源保护与利用相关的传统文化和习惯法；（5）传统地理标志产品（薛达元等 2009）。

1.4.3　生物多样性

生物多样性这一概念由美国野生生物学家和保育学家雷蒙德（Ramond. F. Dasman）1968 年在其通俗读物《一个不同类型的国度》（*A different kind of country*）一书中首先使用的，是 Biology 和 Diversity 的组合，即 Biological diversity。此后的十多年，这个词并没有得到广泛的认可和传播，直到 20 世纪 80 年代，"生物多样性"（Biodiversity）的缩写形式由罗森（W. G. Rosen）在 1985 年第一次使用，并于 1986 年第一次出现在公开出版物上，由此"生物多样性"才在科学和环境领域得到广泛传播和使用。

根据联合国《生物多样性公约》的定义，生物多样性是指所有来源的活的生物体中的变异性，这些来源包括陆地、海洋和其他水生生态系统及其所构成的生态综合体；这包括物种内、物种之间和生态系统的多样性。联合国《生物多样性公约》将生物多样性划分为三个层次，即生物系统多样性、物种多样性和遗传多样性。

中国是世界公认的生物多样性最丰富的国家之一，也是世界上最重要的农业遗传资源起源中心之一。物种和遗传资源的拥有量是衡量一个国家经济和社会发展能力的重要指标之一，也是衡量一个国家基础国力的重要指标之一。中国民族地区幅员辽阔，自然条件复杂多样，孕育着极其丰富的植物、动物和微生物资源。大部分民族地区都是世界生物多样性的热点地区❶，以及中国生物多样性优先保护区域❷。其中，中国的西南山地民族地区也是全世界 34 个生物多样性热点地区之一，该地区约占中国地理面积的 10%，却拥有约占全国 50% 的鸟类和哺乳动物及 30% 以上的高等植物。西南山地民族地区生态环境的保护成效直接影响着中国的环境生态状况。许多实例表明，一个物种、一个品种乃至一个基因都可能是繁荣国家经济的源泉，我国杂交水稻就是成功地利用了云南西双版纳等地区野生稻中的不育基因（薛达元 2005）。

　　然而，由于气候变化和极端气候现象等因素，使中国的生物多样性和遗传资源的保护面临严峻的挑战。特别在民族地区，加之环境保护与经济发展的矛盾日趋尖锐，野生动植物栖息地及作物野生亲缘种的自然生境不断缩小，加上环境污染加剧，导致生物多样性遭受严重威胁，生物遗传资源大量丧失，威胁了国家的根本利益。

1.4.4　适应

　　"适应"这一词汇最早起源于生态学，用于定义对一定范围的环境偶发事件，能够通过适当改变适应新情况以保证种群生存和延续的一种能力（方修琦等 2007）。后由人类学和文化生态学家将这一概念运用于人类系统，并进一步产生了"文化适应"的概念（Butzer 1989）。在灾害学领域，一些学者强调适应包括风险认知、调整和灾害管理（Burton *et al.* 1978）。

　　在气候变化领域，1992 年之前"适应"一词在有关气候变化的科学讨论

---

❶　热点地区概念在 1988 年首先被英国科学家诺曼·麦尔提出，他认识到这些热点生态系统在很小的地域面积内包含了极其丰富的物种多样性。这个概念后来被麦尔和保护国际在 2000 年又进一步发展和定义。现在评估热点地区的标准主要是两个方面：特有物种的数量和所受威胁的程度。

❷　《中国生物多样性保护与行动战略（2011—2030）》中划定了 35 个生物多样性优先保护区域，其中陆地生物多样性优先保护区域包括：1. 大兴安岭区；2. 小兴安岭区；3. 呼伦贝尔区；4. 三江平原区；5. 长白山区；6. 松嫩平原区；7. 阿尔泰山区；8. 天山—准噶尔盆地西南边缘区；9. 塔里木河流域区；10. 祁连山区；11. 库姆塔格区；12. 西鄂尔多斯—贺兰山—阴山区；13. 锡林郭勒草原区；14. 六盘山—子午岭区；15. 太行山区；16. 三江源—羌塘区；17. 喜马拉雅山东南区；18. 横断山南段区；19. 岷山—横断山北段区；20. 秦岭区；21. 武陵山区；22. 大巴山区；23. 桂西黔南石灰岩区；24. 黄山—怀玉山区；25. 大别山区；26. 武夷山区；27. 南岭区；28. 洞庭湖区；29. 鄱阳湖区；30. 海南岛中南部区；31. 西双版纳区；32. 桂西南山地区。

中只是偶尔出现。1992 年，联合国气候变化框架等决定引入两个不同的战略以应对气候变化：减缓和适应。"减缓"即减少温室气体排放，以使大气中的温室气体浓度达到了某一稳定值，而且该值可以避免人为干扰气体系统造成危险后果（UNFCC 1992）。"适应"一词虽在公约的多个条款里均有提及，但是文中没有准确定义。随着"适应"一词的进一步运用，产生了很多不相同的定义（Smit 2006）。政府间气候变化专门委员会（IPCC）对适应的定义是："对自然和人类系统进行调整，以应对实际发生的或预计到的气候变化的各种因素和影响，从而减缓损害或者利用可受益的机会"（IPCC 2007）。这一定义是指通过在过程、实践和结构上的改变以缓和潜在的危害，或者从气候变化带来的机会中受益。而有的学者则认为，调整和适应是不同的。调整是系统在不改变自身的前提下，应对干扰和压力时而进行的短期的和相对的系统微调。适应是系统应对干扰和压力时，能够有效地调整自身，有时甚至是将系统状态转换到一种新的状态下的表现（Kasperson *et al.* 2005）。有的学者则赋予适应更广泛的含义，他们认为适应是不同尺度系统中（家庭、社区、群体、区域、国家）的一个过程、一种行动或者结果，当面对气候变化、压力、灾害及风险或者机遇时，系统能更好地应对、管理或调整（Smit 2006）。适应具有预见性，这种预见性取决于人们的目标和计划（Fankhauser *et al.* 1999，Smit *et al.* 2000）。

当前，全球针对气候变化的讨论越来越把适应作为研究和政策的首要问题。为了尽可能降低气候变化带来的脆弱性，人们必须关注适应能力的建设，而这对土著民族和少数民族显得更为重要。同时，很多例子显示土著民族和少数民族的传统知识和实践可以增强其适应气候变化的能力，因此有必要建立以传统知识为基础的气候变化适应策略。

在很长一段时间内，传统知识对气候变化的缓解和适应功能在相关政策的表述和执行中没有得到重视，只是在近期的气候变化讨论中开始被提及。生活在偏远地区及生计方式严重依赖自然资源的少数民族群体是最容易受气候变化影响的群体之一。由于历史、社会、政治和经济排斥的原因，许多少数民族被强迫迁移到最贫瘠和最破碎的土地。另一方面，生活在偏远地区的人们长期以来饱受各种环境变化的干扰，因此形成了处理这些事件的策略。他们有适应气候变化的有价值的知识，但是未来威胁的广度可能超过他们的适应能力，特别是在当前社会剧烈变革的情况下。因此在将来这些人群可能不得不提供有价值的传统知识来适应和缓解气候变化。

影响社会经济脆弱性的另一个重要方面是担当适应气候可变性和变化的多样化土地利用体系的维系。多样化的生计模式允许地方社区利用多样的食物和收入来源，而这种做法会加深气候变化脆弱性的风险。作为潜在影响气候变化的不利因素，生物多样性丧失将通过许多不同途径影响地方社区，例如剥夺他们重要的食物资源，以及降低他们利用药用植物处理害虫和疾病的能力。

多样化的作物和品种降低了农业歉收的风险。设立在秘鲁的国际马铃薯中心（CIP）已经鉴定了大约 3800 份传统安第斯地区培育的马铃薯品种。如此多数量的马铃薯品种是由农民经过数世纪培育而成的，允许他们选择不同品种适应不同环境条件，包括土壤品质、气温、坡度、方位和光照。这些具备多样化生计模式的社区将极大程度地降低气候变化的脆弱性，相对而言，将要比其他群体更为成功地应对未来的气候变化（薛达元等 2009）。

在本节中，适应是指以少数民族社区的传统知识、能力、自然资源和需求等为基础的，可以增强人们应对气候变化影响的能力。这种适应是一个结合传统知识和创新策略的综合方法和过程，通过培养和建设适应性能力来应对气候变化的脆弱性和挑战。

1.5　生物资源保护与持续利用相关传统知识的分类体系和框架

近年来，传统知识受到国际国内的广泛关注，特别是与生物资源相关的传统知识保护问题在《生物多样性公约》等国际论坛已成为焦点议题。然而，传统知识尚没有统一的定义。在上述背景下，薛达元教授在分析相关国际公约有关传统知识的概念的基础上，结合其过去几年在中国民族地区的相关研究工作，提出与生物资源保护和持续利用相关的传统知识可分为以下 5 类：（1）传统利用农业生物及遗传资源的知识；（2）传统利用药用生物资源的知

识；（3）生物资源利用的传统技术创新和传统生产生活方式；（4）与生物资源保护和利用相关的传统文化和习惯法；（5）传统地理标志产品。在上述分类体系下，进一步开展了传统知识调查、整理、编目、继承、发展、保护和推广应用的各项措施，并提出建立国家法规制度，以确保公平公正地与地方社区和土著居民分享因利用传统知识而产生的惠益（薛达元等 2009）。传统知识的分类框架如图 1 - 1 所示。

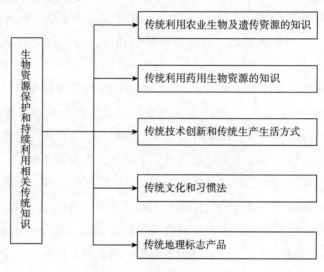

图 1 - 1　传统知识的分类框架

1.6　气候灾害的人类学研究理论与发展

当前，随着全球气候变化的日益加剧，不仅使得世界各地的降雨和温度发生了明显的变化，而且也改变了一些极端天气事件发生的频率和强度。相关的科学研究显示，地球历史上缓慢而渐进的气候变化今天正在发生着越来越多的气候突变，即在短期内爆发突然性的强降水、严寒、酷热等极端天气事件（Bharara 1986）。政府间气候变化组织报告显示，水文和气象危害在过去的一段时间内急剧增加（IPCC 2003）。联合国人居署的报告也显示，从 20 世纪 50 年代至 90 年代与气候变化相关的极端天气事件上升了 50%（IDS 2004）。这种在相对较短时间内频繁发生的气候变化、危害和极端事件将进一步导致和引发剧烈的气候灾害，诸如干旱、洪水、台风、强降雨和泥石流等的气候灾害及其次生灾害已经对世界各地的生态系统和人类社会造成了严重影响，带来了巨大的风险和损失（Fisher 1997）。在上述背景下，气候灾害不仅受到了自然科学界的关注，也逐渐引起了包括人类学在内的社会科学界的重视。近年来人类学开展了针对气候灾害的专门研究，在理论和实践中取得了初步的成绩。在国际上，人类学家已经参与了对非洲和印度尼西亚干旱、太平洋地区的厄尔尼诺现象等气候灾害的研究。因此，在气候变化背景下，从人类学的视角对气候灾害进行的研究已经成为一个前沿和新兴的科研领域。

由于人类学是全面研究人及其文化的学科，整体性和综合性极强。从这门学科创始至今，人类学家们一直努力从各个方面探索和研究人类社会的普遍规律和原则，并对人类行为和文化展开比较和交叉学科的研究。因此，当前人类学对气候灾害的研究虽然刚刚起步，但从一开始就几乎触碰到了生态、经济、政治和权利等各个方面，涉及了广泛的知识领域，社会科学和自然科学的许多学科都被纳入其研究的视野当中，使得这一研究具备了很大的发展前景，也为人类学基础理论的发展拓展了空间。

本节通过对以往相关研究的回顾和整理，评述人类学对气候灾害的研究，并结合笔者的思考，对气候灾害的人类学研究重点和发展趋势进行探索。目的是通过对气候灾害的人类学研究来理解全球气候变化对人类环境、社会和文化的影响，从而对气候变化进行文化构建，并促进气候变化的人类学研究的理论和方法发展。

1.6.1 气候和灾害的人类学研究[1]概述

人类从文化视角关注气候和灾害的历史由来已久，早在古希腊时代希波克拉底等一批学者就开始关注气候在社会的形成中所发挥的作用，不同的气候条

---

[1] 气候和灾害的人类学研究（anthropological research on climate and disasters）和气候灾害的人类学（anthropological research on climate disasters）是两个概念，前者指人类学一直以来对气候和灾害的相关研究，后者指在全球气候变化背景下，人类学开始针对气候灾害的专门研究。在英文中气候灾害的表述非常明确：Climate Disaster，这一术语在西方文献中已经常出现。本章认为，气候和灾害的人类学研究形成了当前气候灾害人类学研究的基础。

件和季节因素如何影响人们的行为举动（Harris 1986）。在长期不断应对各种气候现象和气候灾害的过程中，古代中国也有着丰富的对气候变化和灾害、人与气候之间关系的思索，并基于此产生了诸如"天""天人合一"等的思想观念（牛忠保、刘鸿玉等 2011）。这些传统的思考、解释和阐述，为现代社会科学对气候及其灾害的研究打下了基础。20 世纪初期现代社会科学开始关注气候及其灾害：人文地理学认为，气候是解释人类社会形成不同的社会结构、居住方式和行为模式的独立变量，并最终影响了当今世界的经济发展格局（Huntington 1915）。在其之后，历史学也开始了气候和人类文明的研究，认为气候及其灾害影响着不同文明的发展和衰亡（Lambert 1975），例如认为旱灾是导致古希腊青铜时代晚期"迈锡尼文明"衰落的主要原因（Carpenter 1968）。农业考古学则针对气候与农业发展之间的关系，认为气候是农业等生计方式是否发达的决定因素（Biswas 1980）。上述这些观点逐步发展和形成了"气候决定论"，即把劳动效率和农业生产率的高低全部归因于气候的不同（Harrison 1979）。

对于人类学而言，在民族志的写作中通常都会详细叙述田野调查地点的气候及其灾害，包括年平均降雨、季节变化，以及洪水、干旱和飓风等异常天气现象，有些则部分提到了气候及其灾害对于当地农业等生计方式、经济和生存环境的影响。但是，这些叙述往往把气候及其灾害当作研究框架中一个不变的因素，并不是关注的焦点，没有进一步将其与社会、文化结合在一起进行综合研究。

近代以来，人类学分别从气候和灾害两个领域展开了与气候相关的灾害的研究：

首先是气候领域的研究。气候的人类学研究开始于 19 世纪，持环境决定论观点的人类学家开始基于气候的各异来解释人类体质和文化的不同，温度和季节等气候因素成为了解释人类形成诸如不同肤色、外貌、人口数量、居住方式和亲属关系等现象的主要原因（Brookfield 1964）。

但是，环境决定论的观点经常被种族主义和帝国主义引用以证明其合理性，上述原因及 19 世纪末期博厄斯文化人类学派的兴起，导致这种观点逐渐从人类学研究视野中消失。随着博厄斯的历史可能主义观点建立，主流人类学界摒弃了认为环境和气候是导致社会和文化出现不同发展倾向的唯一决定因素的观点，肯定了其他因素的影响（Ember 2007）。同时，文化人类学开始关注人类与气候在形成不同关系过程中文化的作用（McCullough 1973），例如以斯图尔德和怀特为代表的文化生态学派关注社会对包括气候在内的环境的适应，这为后来生态或者环境人类学学科的建立打下了基础（Moran 1982）。英国的结构功能主义学派不仅摒弃了环境决定论，而且也否定了文化生态学的解释，转而强调一个社会的结构。例如哈蒂夫 - 布朗和其他结构功能主义的人类学家关注人与自然的关系与特定社会结构的相互关系，即人和自然的关系如何成为特定社会结构的结果，反之又如何支持着这一结构（Harris 1968）。

　　由于历史上对环境决定论的否定，造成了人类学长期以来有意识地避免把气候作为一个研究主题。而重新开始这一研究的直接动因则是政治经济学的研究，以及人类学界在生态和灾害领域日益高涨的兴趣。政治经济学与兴起于 20 世纪 70 年代的结构马克思主义对政治、经济和社会之间关系的分析，对促进人类学参与包括环境与气候主题在内的研究有重要和持久的影响（Ortner 1993）。结构马克思主义认为生态关系属于社会关系和意识形态的附属，关注财富与权力如何影响人与包括气候在内的环境因素之间的关系（Netting 1996）。政治经济学在针对所谓"自然灾害"的研究中开始探讨诸如获取资源的不公平等社会关系会增加某些特定人群的风险和危害（Oliver 1996）。人类学借鉴和发展了这一观点，强调财富、权利和技术等因素在气候及其灾害应对过程中的社会影响（Agrawala 2002）。当代人类学关注气候及其灾害与政治、经济和社会等因素之间的相互影响，研究由于气候条件不同所造成的文化差异性或者相似性（Rhoades and Thompson 1975）。

　　其次是灾害领域的研究。人类学针对与气候相关灾害的系统研究开始于 20 世纪 60 年代的灾害人类学。灾害人类学致力于把人类学所有关于洪水、火山、地震、火灾和干旱的研究统一起来，明确提出了以灾害（Disasters）为重点的研究命题（Hoffman and Oliver 2002，Oliver 1996，Torry 1979）。灾害人类学认为由于人类学能够参与观察到灾害所涉及的所有生活领域中，因此基于这一学科优势人类学可以在灾害研究中发挥独特的作用（Oliver 1996）。同时，由于灾害是自然与社会之间相互作用的结果，人类学自身也非常愿意接受灾害成为本学科关注的焦点。文化生态学从生态和社会组织的视角进行灾害和自然

危害（Hazards）的研究，把研究的核心放在个人对环境变化的适应能力上（Vayda and McCay 1975）。

20世纪80年代以来，通过关注灾害的社会因素，人类学家进一步研究受灾人群的社会经验和情况。在这一背景下开展了灾害与风险（Risk）的研究（Hoffman and Oliver 2002），同时开始关注诸如脆弱性（Vulnerability）、弹性（Resilience）和适应性（Adaption）等概念，以作为理解灾害的社会基础的方式（Oliver 1996），最近关于脆弱性的研究强调把社会问题与自然因素分离开（Oliver 2002）。

综上所述，通过对气候的长期关注，人类学对气候及其灾害的研究由来已久并有着良好的学术基础，同时灾害人类学的研究有很大一部分涉及了与气候相关的灾害。但是，针对气候灾害的专门研究则是近年来随着气候变化的日益明显，以及极端天气事件对人类社会影响的日益重大，形成了较为严重的气候灾害，才逐渐被人类学界重视和关注，并开展了初步的探索。❶当前，全球气候变化所引起的气候灾害对人类社会和文化造成了巨大的影响，并形成了严重的挑战和威胁。这种威胁和挑战是气候变化对生态脆弱性和社会脆弱性共同作用的后果，是生态环境的弹性和社会文化的适应性无力应对气候变化时所产生的现象。同时，对于那些生活在生态系统脆弱、自然和社会环境相对边缘的传统民族社区而言，气候灾害发生的风险和带来的负面影响更为严重，他们基于有限的资源和条件来应对干旱、洪涝、雪灾、强降雨及其所引发的泥石流和滑坡等气候灾害和次生灾害所带来的压力。

在这一背景下，从20世纪90年代开始，人类学从传统意义上的气候和灾害研究逐渐转向了全球气候变化背景下针对气候灾害的专门研究。这一研究首先要解决的是气候灾害的定义问题，因此本章认为气候灾害既包括传统的气象灾害，更是指在气候变化背景下由极端天气事件所直接或者间接引发的灾害和

---

❶ 《联合国气候变化框架公约》（UNFCCC）第一款中，将"气候变化"定义为："在可比时期内所观测到的在自然气候变率之外的直接或间接归因于人类活动改变全球大气成分所导致的气候变化。当前，全球气候变化的趋势是气温升高、降水分配在时间和空间格局上的变化，以及极端天气气候现象。"在这一定义中，气候变化已经不再是纯粹的自然现象，而成为人类社会发展和人类行为所产生的后果。新的定义，揭示了当代"气候变化及其灾害"的实质，打破了其传统单一自然科学属性的界限，赋予了其社会科学的属性。

次生灾害。❶ 基于这一定义，气候灾害的人类学研究是指在全球气候变化的背景下，从文化的视角来研究气候灾害与人类之间的相互关系。目前，这一研究以传统民族社区的民族志调研为基础，从早期强调气候灾害的地方预知经验和认识，逐渐发展成为理解传统知识与气候灾害之间的关系，最终形成了对气候灾害的综合研究。

1.6.2　气候灾害的人类学研究流派

目前气候灾害的人类学研究还处于起步阶段，相关民族志田野资料和理论还不充分，尽管如此已经有不同的人类学分支学科涉及了这一新兴领域的研究，本章对这些人类学理论流派进行回顾和整理。

除了灾害人类学以外，认知人类学较早开展了有关气候灾害的研究。气候灾害在世界各地以不同的形式出现，同时由于自然环境和地理位置的不同，这些灾害对当地传统民族所造成的影响也不一样，在这一背景下认知人类学家首先开始关注传统民族对气候灾害的认识和理解。例如通过对喜马拉雅山藏民族的民族志田野调查，研究气候灾害与宗教之间的关系（Toni and Poul 1997）；阿拉斯加因纽特人对气候灾害的理解和认知（Elizabeth and Peter 2009）；尼日利亚土著民族对气候灾害的观察（Ishaya and Abaje 2008）；印度部落族群对气候灾害的预测（Aparna and Trivedi 2011）；等等。

通过上述世界不同地方的个案研究，人类学家们逐渐发现传统知识在协助当地民族应对气候灾害过程中的作用和价值，于是生态人类学开始了传统知识和气候灾害的研究。传统知识是当地民族在长期生产生活过程中经过不断实践和发展而形成的知识体系。在长期的历史发展进程中，当地民族一直依赖他们的传统知识来观察环境并应对自然灾害。特别是住在自然灾害频繁发生地区的民族，积累了大量有关灾害预防和减缓、提前预警、准备和应对和灾后重建的知识，这些传统知识通过观察和学习获得，通常建立在世代传承的累积经验上

---

❶　极端天气气候现象（Extreme Weather Events）是指发生概率较小的大气现象，主要包括异常高（低）温、异常强降水、干旱，以及热带气旋和沙尘暴等可产生严重影响的天气气候过程。极端天气气候现象是潜在的气候危害（Climate Hazards），当极端天气气候现象对人类社会产生直接和间接的影响时才形成气候灾害。

（Grenier 1998）。传统知识成为环境保护和灾害治理的重要工具（Briggs 2005）。于是人类学家开展了传统知识与气候灾害之间关系的研究，例如传统知识如何减缓气候灾害的风险（Rajib and Anshu *et al.* 2009），以及如何基于传统知识应对气候灾害等（Salick and Byg 2007）。人类学家通过上述民族志研究发现，传统知识可以降低灾害发生的风险和减轻灾害产生的影响，传统知识可以在传统民族地区灾害教育、风险预警和危机应急，以及制定减少灾害风险和应对突发灾害的政策过程中发挥至关重要的作用。

气候灾害对不同自然环境和人类社会的影响是不相同的，在面对气候变化和极端气候灾害时，那些拥有最少资源和最少适应能力的人们，是最为脆弱的（Houghton 2001）。因此气候灾害将进一步破坏传统民族地区本已经脆弱的环境、经济和社会基础，并加剧与其他地区综合发展的差距，同时给传统民族的可持续发展和生活安全构成威胁。环境脆弱性理论关注应对气候变化的制度灵活性问题，把气候的变异性、脆弱性、不确定性与风险结合在一起进行案例研究（de Loe and Kreutzwiser 2000，Eakin 2000，Reilly and Schimmelpfennig 2000）。在气候变化的研究中运用脆弱性的概念，结合地方传统知识、经验和全球气候变化现象，以应对气候灾害的风险（Magistro and Roncoli 2001，Vasquez 2002，Susan 2009）。

文化人类学从文化的视角来研究气候灾害。人与环境之间的互动关系是世界文化多样性的重要组成部分，气候灾害将破坏这些关系。当前，传统民族社区正在重新努力认识、适应和应对气候灾害及其带来的诸多风险和挑战，气候灾害不仅会影响传统生计方式，还威胁着传统民族的文化延续和权益，并导致宗教和信仰等文化核心部分变化甚至丧失。气候灾害威胁着传统文化的延续，因此人类学家应该关注气候灾害对传统文化内涵的影响（Susan and Mark 2009）。

应用人类学把气候灾害看作一个需要采取实际行动应对的挑战。在对气候灾害开展研究的同时，应用人类学开展针对气候灾害的实践行动。应用人类学以传统民族社区为基础，通过促进传统知识与现代科技知识的结合，减缓气候灾害的风险，同时应对和治理气候灾害（Hannah and Terry *et al.* 2009）。

1.6.3　气候灾害的人类学研究重点

目前，气候灾害的人类学研究正在发展成为综合性的研究，有的针对灾害
发生之前的风险防控和减缓研究，有的针对灾害发生过程中的治理研究，由于
人类学对气候灾害的研究归根结底是一个文化的问题，因此气候灾害对人类社
会与文化产生的影响也是研究的重点。

首先，以气候灾害的风险诠释和行动（Risk interpretation and action）为研
究重点。这一领域的研究认为降低包括气候灾害在内的所有灾害的风险关键在
于理解人类在面对风险时的决策制定。自然危害带来的风险不仅决定于环境条
件，而且与人类的行动、脆弱性、决策和文化等因素有着密切的关系，例如很
多灾难后果的严重程度都取决于有多少人选择、或是他们别无选择地生活和工
作在高风险地区（ICSU 2008）。这一研究关注人们在自身经验、知觉、价值
观、信仰和其他社会因素背景下形成的对风险的诠释，认为这种诠释和基于诠
释所采取的行动是降低灾害风险的最有效策略，因此有必要研究和关注风险诠
释和决策制定两者之间的关系（Richard 2012）。

其次，以传统知识和气候灾害治理为研究重点。在灾害治理研究的过程
中，地方性和传统知识的价值被逐渐发现和重视（McAdoo and Moore *et al.*
2009）。基于当地环境和社会的传统知识能够对自然危害及其可能引发的灾害
做出判断。长期以来，很多地方的族群和社区基于他们的传统知识建立了应对
灾害的机制，在一些重大灾害之后，传统知识在第一时间最为有效地保护了灾
害地区生命和财产的安全。传统知识可以在气候灾害治理的三个阶段发挥其重
要作用：灾害之前的预告和准备，灾害过程中的救护和避险，灾害之后恢复和
应对。当前，尽管传统知识在灾害治理中的重要性日益被认可，但是还有必要
进行更为深入和细致的研究（Rajib and Anshu *et al.* 2009）。

第三，以气候灾害与文化的关系为研究重点。人类学的核心理论认为文化
形成了人们观察、理解、经验和回应所处世界各种重要现象的方式。这一理论
框架建立在人与自然互动的过程和关系及其产生的意义之上，奠定了人类学对
气候灾害研究的基础。个人和集体的应对策略形成于人们的共同观念和文化模
式。在对气候灾害的研究过程中，人类学要通过结构访谈和定量指标来对文

意义和社会实践展开描述和分析，这是气候灾害人类学研究的价值和意义。人类学关于气候灾害和文化的研究包括四个方面：通过文化视角形成对气候灾害的观念；在思想模式和社会实践基础上所形成的对气候灾害的理解和知识；关于气候灾害的观念和知识在文化模式中的价值；基于这种价值和意义的个人和集体对气候灾害的应对。同时，田野调查是人类学区别于其他学科而进行气候灾害和文化研究的独特方式（Carla and Todd *et al.* 2009）。

1.6.4 气候灾害的人类学研究发展趋势

气候灾害的人类学研究发展是全球气候变化背景下的结果，也是人类更全面地理解这一变化的要求。从早期广泛的气候和灾害的研究发展成为当前专门针对气候灾害的研究，虽然研究历史不长，但在这一过程中人类学不断借鉴和吸收其他学科的理论和方法，逐渐形成了跨学科的综合研究和结合实践的应用研究两大趋势，未来气候灾害的人类学研究将继续沿着这两个趋势发展。

首先，跨学科的综合研究是发展方向。人类学在建立气候灾害跨学科的综合研究中要起到核心的作用，在此基础上应该进行三个研究层面的构建：第一，依据研究针对的具体问题，以打破学科界限在社会科学内部建立多学科合作的机制；第二，与包括自然科学、工程学和医学在内的其他领域的学科进行合作，建立跨学科研究机制；第三，在不同国家和地区间的学者之间通过学术交流与合作，开展比较研究。

其次，结合实践的应用研究是发展目的。气候灾害的人类学研究应当也必须是以解决实际问题为导向的研究，在此目标下需要开展两个层面的行动：第一，推进政策制定者、学术科研机构、非政府组织和地方社区等不同利益群体之间的交流合作，在不同知识和话语体系间共同设计、开展和倡导气候灾害的研究，建立知识转型机制，以使得学术科研成果能够转化为具体应用的实践，从而影响气候灾害的政策制定和应对举措。第二，把人类学的田野调查推动成为以地方社区为基础的研究，特别是在传统民族地区要进行包括当地人在内的参与式研究，有条件的还要开展社区主导的行动研究，以协助当地社区应对气候灾害，并把当地的风险与需求结合到气候灾害的政策制定中。没有当地人的参与和认可，任何针对气候灾害的科研成果和政策制定都很难在实践中得到有效的运用。

在中国随着极端气候事件及其引发的气候灾害日益增多，对少数民族地区的社会、经济和文化产生了尤为重大的影响和威胁，因此有关气候灾害的人类学研究逐渐引起了重视和关注。2014 年在北京举行的"灾害风险综合科学：可持续发展的途径"国际研讨会设立了"风险解释和行动"和"土著民族、传统知识和气候灾害治理"两个分会场和相关主题发言，显示了气候灾害的人类学研究在中国已经有了良好的基础，有些方面还处于国际领先学术水平。

1.6.5 气候灾害的人类学研究意义

笔者认为，气候灾害的人类学研究具有以下一些意义和价值。

第一，气候灾害的发生和应对过程不单是一个自然的过程，而更是一个与社会文化、人类行为、知识和经验等密切联系的过程。尽管气候灾害的起因是自然因素，但是其本身更多地包括了很多的社会因素和人类系统的结构特征。

第二，气候灾害是导致包括传统民族地区在内的社会变迁和传统生活方式改变的一个主要因素，人类学家应该对此进行长期的关注。气候灾害的发生使当地民族的社会、文化和生存受到挑战，它的发生过程和后果对传统生活方式将产生巨大压力，突发性和大规模的气候灾害也会使传统民族的社会和生态环境及其适应能力遭到巨大破坏，在这样的情况下，气候灾害的人类学研究可以发挥作用，以协助传统民族社会应对气候灾害的负面影响。

第三，气候灾害的人类学研究是一个需要政府、科研机构、传统民族社区和民间组织等各利益相关者的共同努力与合作、不同学科和知识体系之间相互对话、结合和创新的过程。

第四，气候灾害的人类学研究应当是以解决方案为导向的研究（solutions-oriented research），在这一过程中传统知识的价值应该得到理解和重视。未来国家和地方制定与执行关于气候灾害相关政策和法规过程中，应当进一步借鉴、吸收和运用传统知识，并在应对气候灾害的过程中发挥传统知识的重要作用；同时，应当从人类学的视角出发，研究和建立基于传统知识的应对策略，以影响气候灾害相关政策和法规的制定和执行。

总之，气候灾害的人类学研究，从文化的视角来研究气候灾害和人类社会——特别是位于环境脆弱和偏远地区的传统民族社区——之间的互动关系，可以协助人类更好地理解和应对当前和未来气候灾害带来的威胁和挑战。

1.6.6　小结

气候灾害的人类学研究必须以"人"为主要研究对象，而不应该像很多自然科学者那样，见物见事不见人，把人这一与气候灾害相互影响的主体撇在一旁，而一味单纯地去考察气候灾害对生态系统的影响。那样的研究成果，显然不能获得全面、正确的结果。另一方面，以人为中心考察气候灾害，就必须重视人类的社会文化属性，将其摆在重要位置。社会文化是联系人与自然、人类社会与生态系统的纽带，气候灾害的人类学研究所反映的人与气候灾害之间的关系，其实是通过社会文化来表现的，气候灾害的产生、减缓和应对过程，也就是人类社会文化与自然生态环境相互作用、相互影响的过程。因此，气候灾害的人类学研究方法的基本原则必须以人为中心，同时应该紧紧抓住社会文化这个关键。

人类学的核心是对人类文化的研究，当前随着极端气候事件和气候灾害的日趋增多，对人类文化的影响也越来越广泛和深刻，人们对气候灾害的议题也越来越关注，因此未来需要人类学家进一步从人类学的视角去研究气候灾害，形成和构建正确而清晰的理论与方法。从表面上看，从人类学视角思考气候灾害的问题似乎不能像自然科学那样及时并有针对性地解决具体问题，其实不然，人类学的视角不仅能够同样及时有效地应对气候及其变化给人类社会带来的短期和长期的挑战和机遇，而且可以使人类从文化的层面深入思考人与气候的关系。

区别于其他社会科学，人类学的重要学科特点就是对传统民族社会的研究及田野的调查。对于那些仍然依赖于自然资源和传统生计方式而生活的民族而言，气候灾害既不是数字与模型，也不是假设和预测，而是现实的危机和挑战。气候灾害带来了不同的风险和机遇，改变了他们赖以生存的生态环境，他们的自然资源管理方式与传统生计方式也正在改变，这些也威胁着建立在上述基础之上的传统文化的延续和传承，因此他们必须去理解、认识和应对气候灾害给当地带来的政治、经济、社会、文化乃至精神层面的具体影响。而作为人类学家，在田野调查过程中不可避免地与当地人共同经历着气候灾害的发生，因此人类学更有必要和责任进行深入的研究，以协助所调查的传统民族社区应对气候灾害所带来的后果。

1.7　气候变化的社会性别研究理论与发展

气候变化的社会性别研究是近年来在国内外逐渐被多个学科关注的新问题，是对气候变化与人类——尤其是女性——之间关系的理解，也是研究气候变化与人类环境、社会和文化之间相互关系的重要组成部分。

今天人类社会在生存和可持续发展进程中，面临着气候变化的巨大挑战，并且这种挑战带来的风险和危机的严峻性是人类历史上前所未有的。人类从政治、经济、科技和文化等领域为应对气候变化开始做出种种努力。在学术界，以自然科学为主的气候变化研究，为人类了解、减缓和适应气候变化做出了重要贡献，但要使人类真正理解和应对气候变化，社会科学的介入是必要的。时至今日，逐渐有一些从社会科学视角出发的关于气候变化的思考和研究，如可持续发展、气候正义、社会和文化影响等，在这一发展趋势下，气候变化的社会性别研究也开始逐步被人们关注。社会性别和气候变化的研究看起来似乎是牵强的，然而在一个依赖自然资源的社区里，男性和女性有着不同的角色和责任，因而造成了在面对气候变化时不同的脆弱性和后果（CDMP 2009）。气候变化对女性的影响不仅直接反应在环境方面，而且还影响着她们与经济、生计、健康和社会财富之间的关系（Masum 2009）。

随着气候变化给人类社会带来的挑战和风险日益严峻，气候变化的社会性别研究必将成为一个新兴的、具有广阔前景的科学领域，成为人类研究气候变化的重要组成部分。因此，气候变化的社会性别研究也急切呼唤着理论的支撑和构建。为什么要进行气候变化的社会性别研究？理论、方法和所要探索的相关问题是什么？在中国，气候变化的社会性别研究目标和前景是什么及研究的途径是什么？这些问题需要从理论上进行深入的探索。本章结合气候变化的社会性别研究在国际层面上的研究现状，探讨这一研究的定义、内涵和理论结

构，及其主要研究的重点和内容，以及未来的发展趋势等问题。

1.7.1 气候变化与社会性别相关研究的述评

近十年来，逐渐有部分政府间和国际组织开始关注和研究气候变化的社会性别。2007 年，联合国政府间气候变化专门委员会（IPCC）在报告中指出，穷人和弱势群体可能将承担气候变化的更为严重的影响，因为他们减缓和适应这一变化环境的能力都极为有限。这一报告虽然没有专门提及性别问题，但在全球贫困人口中，女性占着非常大的比例。2007 年，世界自然保护联盟（IU-CN）发布了"性别与气候变化"报告。2008 年，世界自然保护联盟（IUCN）与女性环境和发展组织（WEDO）发布了"性别平等与适应"的联合报告。2009 年，联合国开发计划署（UNDP）发布了"性别与气候变化资源指南"报告。同年，联合国人口活动基金会（UNFPA）与女性环境和发展组织（WEDO）发布了"气候变化、性别与人口"的联合报告。2010 年，世界自然保护联盟（IUCN）与联合国开发计划署（UNDP）联合发布了"性别与气候变化培训"报告。上述报告的陆续发布，标志着政府间和国际组织在国际层面上对性别与气候变化的研究、建设和发展的逐步重视。

与此同时，近几年来部分国外学者也开始从性别视角展开了对气候变化的研究。这些研究大致从七个方面涉及了气候变化的社会性别研究问题：第一，由于女性的社会角色和分工与男性的不同，气候变化对女性造成的影响要更为严重；第二，以市场为导向的气候变化减缓政策损害女性、土著民族和缺乏土地的人们等弱势群体的利益；第三，女性对于气候变化有着不同于男性的视角，应对影响的方式也不相同；第四，女性和男性导致气候变化的程度不相同；第五，女性面临气候变化带来的健康问题更为严重；第六，在气候变化造成的自然灾害及对自然资源的争夺面前，女性和孩子面临更为严重的危险；第七，由于女性的参与程度很低而造成了在气候政策制定过程中缺乏性别的视角（Brody and Demetriades *et al.* 2008，Esplen and Demetriades 2008，Seema 2011，Sandra 2010，Rodenberg 2009，Chinwe 2011）。尽管迄今为止的资料和探索的问题是有限和零散的，系统性的理论还没有形成，但毫无疑问这些研究为未来的学科建设打下了基础。

在中国，气候变化的社会性别研究和学术活动也有了逐步的发展，在一些重要的全国性学术会议上，有相关气候变化的社会性别研究成果，出现了学术研究的领军人物。如 2013 年 9 月中国妇女研究会在上海召开的"全面建成小康社会与性别平等"研讨会上，首次出现了专门针对气候变化的社会性别研究成果，并且基于具体的田野资料和实证调查（尹仑、薛达元等 2012）。这一切都标志着气候变化的社会性别研究在中国的逐步发展。

然而客观而言，无论在国际层面还是在中国，气候变化的社会性别研究作为一门学科或者一个专门的研究领域，都还处于起步阶段。在国际上，气候变化的社会性别研究虽然已经有了一定的基础，但由于大多数研究基于传统社会性别的视角，涉及视野狭隘、领域狭窄和方法单一；同时，作为一门学科，其定义和理论含义还不是十分明确。在中国，气候变化的社会性别研究是近一两年来才开始被逐步涉猎，虽然时间不长，但由于有着具备生态学和人类学学科背景的学者介入，并融合了社会性别研究的视角和方法，因此这一研究在中国诞生之日起，就有着深厚的跨学科研究基础，这也是中国在这一研究领域上相较于国外而言所具备的优势。

1.7.2　气候变化的社会性别研究之内涵和结构

什么是气候变化的社会性别研究？气候是影响包括女性在内的人类生存和发展的重要因素，在人类生存的每一刻都要与气候发生联系，人类生存的历史事实上也是一部人类被气候影响、应对气候、适应气候和利用气候的历史。人类历史上的很多重大事件，诸如文明的兴衰、国家的兴亡、生产和生活方式的形成、技术和知识的发展、战争的成败等等，都与气候及其变化有着直接和间接的关系。因此气候不仅是制约人类生存的条件，也是基础和资源，影响着人类社会发展的进程。在这一过程中，女性不可避免地也受到气候及其变化的影响，也在主动应对和适应着这类影响，与此同时，在与气候的互动过程中，女性关于气候及其变化的理解和观念、习俗和制度、技术与知识也得以形成，这些构成了气候变化的社会性别研究的基础。

因此，气候变化的社会性别研究是指从性别分析的视角来研究气候变化与女性之间的相互关系，这一研究包括两个层面：第一，由于性别分工和性别不平等，所以气候变化对男性和女性的影响是不同的，女性在面对气候变化时比男性更具脆弱性，因而相较于男性而言，气候及其变化对女性的影响更为明显，女性在社会生活、生计方式和身体健康等方面往往面临更大的风险和挑战，气候变化进一步加剧了性别的不平等。第二，在应对气候变化的过程中，男性和女性扮演着不同的角色，女性在应对气候变化的过程中拥有着独具特色的制度、技术和知识，发挥着男性无法替代的重要价值和作用。

性别分析提供了一个理解气候及其变化对性别产生不同影响的研究视角和方法，揭示了女性和男性所受气候变化影响的差距。性别分析侧重于理解男女之间的关系、家庭中的性别关系，以及在各个层面决策过程中男性和女性的赋权、知情、掌握和参与情况（Meena 1992，Iipinge 2000）。性别关系是社会中女性和男性之间的社会结构和权力关系。这一关系决定了女性和男性如何从自然资源中受益（Watson 2006）。而另一方面，两性在社会中不同的角色和责任导致了气候变化对男性和女性的不同影响（Banda 2005）。正因为如此，气候及其变化与性别及其脆弱性之间存在着重要的关联。要理解性别和气候变化之间的关系，就必须首先理解男性和女性不同的社会关系、角色和责任，他们获取资源和从事生产活动的能力，以及在上述情况下气候变化如何对男性和女性产生不同的影响和风险。

气候变化的性别分析，体现在男性和女性如何运用他们不同的资源、知识和经验来应对气候变化的影响，同时他们的社会地位、机制和过程如何制约或者促进其应对气候变化影响的能力，如何降低和弥补这种制约（Chinwe 2011）。由于女性和男性在日常社会生活和生计方式中的地位和角色不同，因此他们应对气候及其变化的态度、观点、知识和方式也是不同的。

气候变化的社会性别研究，从性别分析的视角来研究气候及其变化与女性——特别是广大环境脆弱和偏远地区的少数民族女性——之间的互动关系，不仅为女性应对气候变化的提供了理论和方向，而且并在更广的意义上对人类减缓和适应气候变化有着重要的理论和现实指导意义。

气候变化的社会性别研究之结构和属性。作为自然环境与人类文化相互关系研究的一种类型，气候变化的社会性别研究有其理论结构和属性。其结构基于气候变化和女性在长期生产生活过程中所形成的关系，本章认为，气候变化的社会性别理论结构由以下三个层面构成：

第一，价值观。包括女性对于气候及其变化的认识、观念和崇拜，由于气候而形成的文化认同，以及通过宗教、文学艺术等方式表达出来的对气候及其变化的理解。

第二，习俗和制度。包括女性受到气候影响所产生的应对气候及其变化的相关习俗、制度和规范。

第三，行为和知识。包括女性适应和利用气候及其变化的行为和知识。

以上三个方面构成了气候变化的社会性别研究的结构，有了理论结构的组成和定义，就可以明确气候变化的社会性别研究范畴。

气候变化的社会性别研究具有普遍意义上的理论框架，同时又具有地域性、国家性、民族性和不同文化背景等特征。由于气候变化的社会性别研究基于气候与女性所形成的长期影响关系，存在于世界上不同环境、国家、民族及文化背景的人群中，必然产生不同的差异性，因此气候变化的社会性别研究具有以下属性：

环境性。由于生存环境的不同，因此在不同的气候条件下，女性也依据各自不同的气候条件来获得持续生存的资源，或者在适应气候变化的过程中加强了自身的生存能力和质量。因此不同的气候条件影响也必然形成气候变化的社会性别研究的多样性，使得这一研究具有鲜明的环境特征，例如生活在平原、高原、海岛、绿洲和沙漠等不同气候条件的女性，她们所受到的气候及其变化的影响和应对方式完全不同，在这些具体地方开展气候变化的社会性别研究就会有较大的差异性。同时随着社会的发展，城市和乡村的女性所面对的气候及其变化的影响也不相同，因此城市和乡村的气候变化的社会性别研究也有较大的差异。

国家性。不同国家——尤其是发达国家和发展中国家——的女性所受气候及其变化的影响是不同的，在应对气候变化过程中所持的态度和角色、所掌握的资源、所采取的方式和措施也是不同的，因此气候变化的社会性别研究具有强烈的国家性。例如发展中国家的女性所受到的气候变化及其灾害的影响程度比这些国家的男性要大得多，而发达国家女性生活方式的碳足迹则要比这些国家的男性更为低。

民族性。不同民族的女性对气候的观念、认识、理解和行为等是不同的，因此气候变化的社会性别研究表现出了强烈的民族性。例如美洲土著民族、澳洲原住民、非洲部族及中国少数民族等世界各地不同族群的女性，对气候及其变化的传统认知、应对和利用不同气候的方式和知识，都具有较大的差异性。

文化性。在不同的文化背景下，特别是不同的信仰和宗教背景下，气候变化的社会性别研究呈现出不同的特征。例如对于气候及其变化的认识，印度文化、阿拉伯文化、欧洲文化和中国文化背景下的女性就不一样。即使是在中国内部，不同民族的文化对气候的认识也不相同，例如藏族文化中，神山在气候及其变化中扮演着重要角色，蒙古族文化中的长生天信仰与气候变化有着密切的联系，汉族"天人合一"的哲学思想左右着气候变化的观念，维吾尔族的气候观念则受伊斯兰教的影响较大，这些文化背景下的女性，对气候及其变化的理解和认识也是不一样的。

综上所述，气候变化的社会性别研究具有价值观、习俗和制度、行为和知识三个层面的理论结构，同时具有环境、国家、民族和文化等多样性的属性和特征，使其具备了作为一个跨学科研究领域的理论和属性，这就可以将未来气候变化的社会性别研究纳入到一个既统一又多元的范畴，使这一研究能够规范化地发展。

1.7.3　气候变化的社会性别研究之重点和内容

社会性别介入气候变化的研究，并不是一蹴而就的，本章认为关于气候变化的社会性别研究，大致有三个重点和内容：首先关注的是气候变化对女性的影响，例如气候异常加剧了"贫困的女性化"、气候灾害中的女性死亡率要高于男性等性别不平等的现象；其次是关注女性与气候的关系，认为相较于男性而言，女性与包括气候在内的环境更为友好，女性的生活方式更为低碳和环保，这是生态女性主义在气候变化的社会性别研究中的延伸；第三开始关注女性和应对气候变化，认为女性——特别是传统社会中的女性——的社会角色及其所掌握的传统知识，可以在人类减缓和适应气候变化过程中发挥重要的作用，这方面的研究结合了民族生态学和生态人类学的理论和方法。

气候变化对女性影响的研究。由于社会分工的不同和所存在的性别歧视，女性和男性在面对气候变化影响时并不是平等的。在世界的很多地方，由于持续的旱灾和洪涝灾害，当地自然资源正在变得越来越稀缺，这种稀缺将使女性面临相比男性更为严重的生存压力。在这一背景下，女性所受到的社会不公平对待将更为加剧，女性在面对气候变化的影响时显得更为脆弱（Hemmati 2007）。目前，全球居住在贫困线下的 13 亿人中有 70% 是女性（Denton 2002，RÖhr 2006）。

同时由于社会文化的限制，女性往往很难参与社会公众事务，当极端气候造成自然灾害时，她们获取天气预报和灾害预警的信息渠道受到限制。这些经济和社会领域所存在的男性与女性的不平等现象，导致了在自然灾害中有更多的女性受害。在自然灾害中，女性和儿童的死亡人数是男性的 14 倍（Brody and Demetriades et al. 2008）。例如在 2004 年印度尼西亚海啸灾难中，死亡人数的 65% 是女性（RÖhr 2006，Demetriades and Esplen 2008）。

女性与气候关系的研究。不同性别与气候之间存在着不同的关系。部分观点认为，相对于男性而言，女性与包括气候在内的环境之间有着更为友好的关系，这种观点更多地存在于发达国家关于性别与气候的研究中，其基础建立在性别与发展的讨论和生态女性主义之上。

有的研究认为，相较于男性而言，女性对风险更为敏感，并更加提前准备好了行为上的改变，以应对这种危机，也更可能支持严厉的气候变化应对政策和措施。按照这种性别研究的模式来看，造成环境污染和气候变化的首先是男性，不论是穷人还是富人，因此男性首先要为此承担责任。例如基于对交通的性别研究显示，男人更多地使用汽车和进行长途旅行，因此排放更多的碳到大气中。而与此形成对比的是，女性更多进行短距离的旅行并经常使用公共交通工具、自行车或步行，更倾向做出环保和理性的选择；基于对肉食消费的性别研究显示，男人的肉类消费量超过了女性，由于牲畜饲养占所有温室气体消耗量的 18%，因此男性往往更污染，研究还表明，女性的消费比男性更可持续的（Oldrup and Breengaard 2009）。然而人们往往忽视这一点，目前应对气候变化的往往是由专业技术人员组成的技术团队，这些团队成员往往是男性，他们被看作是气候变化问题的主要解决者，但是这些专家团队却缺乏女性的参与和性别的视角，女性的观点没有被充分体现（Johnsson 2007）。因此，女性的

生活方式比男性更可持续，留下相对较小的生态足迹，造成更少的气候变化。

女性应对气候变化的研究。在应对气候变化的时候不同性别也扮演着不同的角色。女性通常被认为在减缓和适应的举措中发挥着重要的作用（Rodenberg 2009，IUCN 2007，UNDP 2009，UNFPA 2009），特别是在发展中国家，尤其是在诸如土著民族、原住民和中国的少数民族等传统社会中，女性在适应策略中往往处于特殊的地位并发挥着显著的作用。

在传统社会中，很多地方的女性已经适应气候变化带来的结果，并且知道她们和她们家庭的需求（BRIDGE 2008）。例如女性在确保家庭粮食安全方面有着特殊的重要作用，她们承担着生计活动的主要责任，对家庭事务有更多的决策权，对身处的周边自然环境有着丰富的传统知识，因此可以根据气候和其他环境的变迁来保存和选择作物的品种（IUCN 2009），并决定在农业生产中种植和更新。这样做可以增加农业的产量，确保粮食安全，剩余产品可以在市场交易从而最终形成家庭收入的来源，从而增强社区和家庭应对气候变化的弹性和能力。

减缓策略中女性的作用也不应该被低估。例如为家庭提供能源往往是女性的工作，在家庭层面使用有效的能源系统（特别是做饭用的灶和炉）可以降低排放并把女性潜在的作用与减缓气候变化的方法联系起来。女性同样参与到了自然资源和森林的保护过程中，森林不仅为女性提供了薪柴，而且还为她的家庭提供了生活的必需品和收入来源，如食物、药用植物等（IUCN 2009）。女性通过植树和恢复植被等对森林的保护活动避免了由于森林砍伐而带来的排放，并且极大地降低了大气中温室气体的含量。因此女性直接为减缓气候变化做出了贡献。由于女性在减缓和适应气候变化的努力过程中有着重要的作用，因此需要她们参与到相关的行动中来（Sandra 2010）。

1.7.4 气候变化的社会性别研究之发展趋势

随着气候变化对人类社会影响的日益加剧，人类不能仅仅依靠技术和工程的手段去应对目前的气候危机，而必须通过建立人类对气候的科学的价值观、制度和规范、行为和知识，通过文化与科技相结合的途径，去应对气候变化带来的风险和挑战，在这一进程中，女性将发挥巨大的作用。

　　女性在历史上已经形成了与气候这一自然现象之间的紧密关系，不能把女性与气候之间的关系简单地看作是一种影响和被影响的关系，而更应该看作一种文化关系，这就是气候变化的社会性别研究在当代的价值所在。未来气候变化的社会性别研究将在跨学科的理论研究和实践两个层面得到发展。

　　跨学科的理论研究。基于气候变化的社会性别之理论特征，这一研究包括了女性对气候的认识和价值观、行为和知识、关于气候的规范和风俗习惯等多个层面，以及环境、国家、民族和文化的属性特征。因此，气候变化的社会性别研究可以成为一个独立的学科领域，人们可以从不同的视角，不同的学科进入气候变化的社会性别研究。气候变化的社会性别研究的核心是研究女性与气候之间的文化关系，这种文化关系包括上述几个层面及不同属性特征之间的差异。

　　气候变化的社会性别研究产生和发展的价值在于，为不同学科进入这一领域提供了一个巨大的探索平台和广阔的交流空间。社会性别、人类学、气象学、生态学、哲学、社会学、历史学等不同学科都可以进入这一领域，从不同的学科背景和基础去研究女性与气候之间的文化关系。这样既可以取得跨学科研究的学术成果，也可以丰富既有的学科内容。例如可以基于生态人类学基础来研究文化、女性和气候变化之间的关系，也可以基于民族生态学开展生物多样性、女性的传统知识和气候变化之间的研究，同样可以从性别研究和哲学的视角来研究女性生态主义与气候变化等。

　　因此，上述这些特点也使得气候变化的社会性别研究不仅仅局限于某一学科，而是形成和具备了自然科学与社会科学相结合、进行跨学科交叉研究的学科发展趋势。

　　在中国进行气候变化的社会性别研究，则直接指向本文中所论述的内涵，即更加具备和拥有了多学科合作和跨学科研究的背景和基础，这种情况对中国进行气候变化的社会性别研究十分有利。在当代的国际学术环境中进行学科创新是十分困难的，单一学科的研究已经很难找到突破点，只有进行跨学科的合作和碰撞才能获得突破并产生创新。气候变化的社会性别研究所具备的跨学科交叉研究发展方向，为中国乃至国际学界创立气候变化的社会性别研究这一学术领域奠定了坚实的基础。因此，气候变化的社会性别研究不仅可以使中国的

妇女研究、社会性别研究和气候变化研究处于国际领先地位，而且可能成为中国在当代国际学术领域主导推动建设的一门新兴学科，有利于中国在国际学术层面的学术思想创新，这是中国学术界和思想界一个难得的机会。

结合实际的运用实践。对于气候变化的社会性别研究而言，一个重要的学科目标就是要积极把研究成果运用到实践中，这样做的意义在于可以增强包括女性在内的全人类对气候的理解与认识，进一步维护和改善气候环境，将社会性别作为一种视角和手段，使人们在建立和处理与气候及其变化的新型关系过程中更加具备性别视角和文化内涵，从而采取更为有效的措施来减缓和适应气候变化带来的挑战和机遇。

随着气候变化的日益加剧，女性的传统价值观、经验和知识等越来越在人们应对气候变化的过程中显现出其特殊和无法替代的作用和价值。特别是对包括土著民族、原住民和中国少数民族等在内的传统民族社会中的女性而言，与城市和发达地区的女性相比，她们一方面承受着气候变化及其灾害所带来的更为严重的风险和挑战，更具脆弱性；但同时在面对气候变化时，她们也有着自己的优势，那就是她们在长期依赖和利用包括气候在内的自然资源的过程中，所形成的传统知识，这些传统知识一直以来是她们生存的保障，现在和未来也将成为她们应对气候变化的最为有效的资源和基础。因此，传统社会女性的传统知识是气候变化的社会性别研究未来重要的研究方向和内容，研究成果能更好地运用到实践当中去，为她们应对气候变化做出实际的智力和行动贡献。

气候变化的社会性别研究有着其终极目标和责任，那就是实现女性对气候及其变化的应对，就是要使人类在减缓和适应气候变化的过程中更具有性别视角，要包括女性所拥有的丰富和多元的知识体系，最终使气候成为包括女性在内的全体人类可持续生存的保障，而不是威胁。要实现这一终极目标，就必须把相关研究成果运用到现实中去，接受实践的检验。

中国是一个多民族的国家，各少数民族的女性大都居住在复杂、多样且脆弱的自然环境和生态系统中，创造了与之密切相关的自然资源利用和生计方式。近年来，气候变化及其灾害对民族地区生态环境的影响尤为显著，少数民族女性受气候变化的影响最为直接，关于气候变化的传统知识也非常丰富多样。2008 年中国西北和南方发生的特大雪灾、2009 年至今中国西南诸省的特大旱灾，以及 2013 年在四川、云南等省由于短时间内强降雨所导致的洪灾和泥石流等，这些极端气候灾害给当地少数民族女性的生活生产造成了严重影响，并带来了极大的风险和挑战。因此，开展针对少数民族女性、传统知识与气候变化的研究是非常迫切和有实际应用价值的，并且可以为今后在民族地区应对气候变化及其灾害提供理论和对策依据。

1.7.5 小结

气候变化的社会性别研究基础建立在女性与气候长期形成的相互关系中，并在不同文明、不同文化的人类社会中广泛存在。在当代，这一研究是人们缓解和适应气候变化的重要因素，也是人们认识和理解气候、建设和维护气候环境的重要基石。这一研究既可以作为一种学科进行建设，也可以作为一种方法运用到应对气候变化的过程中去，未来应该大力彰显这一研究的价值，进一步推动学科建设和成果运用。

中国气候变化的社会性别研究虽然尚处于起步阶段，但已经显现出其潜在的优势和特点，那就是民族生态学、生态人类学和社会性别等学科的跨学科研究基础。这使得中国的研究从起步开始就走在了国际学界研究的最前沿，除了理论和案例研究以外，还有基于少数民族社区的实践，为中国学界在这一新兴学科及其研究的创建、创新和发展过程中打下了坚实的学科基础和学术地位。

未来可以预见的是，在国际学界，气候变化的社会性别研究将逐步深入到一个综合的文化问题范畴，包括生态、社会、政治和经济等方面，将进一步涉及不同的学科和研究领域。各个学科根据自身的研究兴趣、学科特点、资料收集方法、田野调查方法、理论和实践上所要回答的问题等方面进行具体研究，将最终在气候变化的社会性别研究领域，形成多学科交叉和对话、跨学科研究的发展局面。

总之，气候变化的社会性别研究可以使人类在面对气候变化时拥有更为科学的价值观、更为丰富的知识、更为友好的行为模式、更为完善的制度和规范，从而达到人类与气候的和谐，在当今世界和人类发展阶段实现真正的"天人合一"。

1.8　气候变化的民族生态权力研究理论与发展

1.8.1　国际相关民族生态权利的述评

国际上专门涉及土著民族地区生态权利问题的政策和法规开始于 20 世纪初期。早期的国际条约，如 1911 年的海豹公约、1931 年的《捕鲸管制公约》（CRW），以及 1946 年的《国际捕鲸管制公约》（ICRW），承认了土著民族在其所在国家的责任和义务。

1992 年《联合国里约宣言》宣布："由于其知识和传统习惯，土著民族和他们的社区及其他地方社区在环境管理和发展中起到了重要的作用。各国应承认并适当地支持他们的身份、文化和利益，以使他们能够有效地参与和实现可持续的发展。"同样，21 世纪议程也呼吁通过相应的手段赋予"土著民族和他们的社区"权利，如"认同他们的价值、传统知识和资源管理方法"和"传统和直接依赖的可再生资源和生态系统"，能力建设，加强他们在国家政策和法律制定过程中有效和积极地参与，加强他们在"资源管理和保护策略"中的参与（U. N 1992）。

十年后，在地球峰会上国际社会重申了对土著民族的承诺，并进一步超越了地球峰会的蓝图，制订了可持续发展的行动计划——约翰内斯堡行动计划（Johannesburg Plan of Implementation 或 JPoI）。该计划承认尊重文化的多样性，土著民族参与经济活动和获取自然资源，参与到资源管理和开发过程中，是土著民族消除贫困和实现可持续发展的基本前提。该计划也承认，应当在生物多样性保护和可持续利用中发挥土著民族的重要作用。虽然约翰内斯堡行动计划是不具有法律约束力的文件，但表明了国际层面上对制定土著民族生态政策的关注（UNDESA 2002）。

1994 年，被国际社会广泛采纳的《巴巴多斯行动纲领》（Barbados Programme of Action,BPoA）是第一个在全球层面明确提出土著民族参与可持续管理的国际条约（U. N. 1994）。《巴巴多斯行动纲领》和声明是目前国际层面最强有力的软法律文书之一，行动纲领和声明承认土著民族的需要、愿望和权利，号召建立土著民族参与资源管理的法律和制度。巴巴多斯行动关注传统知识的使用并且承认这样的知识需要得到保护（Declaration of Barbados，1994）。

由于土著民族居住地区保存了世界上大部分陆地生物多样性资源，生物多样性的丧失会对传统文化产生特别深刻的影响。在上述背景下，国际社会制定了生物多样性保护公约（CBD），并于 1993 年 12 月 29 日生效，它成为全球保护生物多样性的焦点，是目前国际上最受广泛认可的环境公约。CBD 的目标是"生物多样性的保护"，"可持续地使用其组成内容"和"公正和公平地分享来自遗传资源的利用效益"（CBD 1993）。CBD 开创了国际范围内保护土著民族地区生态环境和遗传资源的新纪元。

2004 年，生物多样性公约第 7 次缔约方大会上通过了《阿格维古自愿性准则》，要求对在土著和地方社区历来居住或使用的土地和水域上进行的、或可能对这些土地和水域产生影响的开发活动，进行综合的文化、环境和社会影响评估，以尽可能避免或减轻开发建设的不利影响。《阿格维古自愿性准则》的核心是促进开发建设活动中传统知识的保护，将文化、环境和社会影响评估综合为一个进程。作为一个自愿性的准则，它要求各缔约方根据自己国情，在国家和地方层面制定相应的政策和法规，以确保在建设项目的环境影响评价中充分尊重和保护当地民族与生物多样性相关的传统知识（CBD 2004）。

2001 年 10 月，生物多样性公约在德国波恩达成《关于获取遗传资源并公正和公平分享通过其利用所产生的惠益的波恩准则》（Bonn Guidelines on Access to Genetic Resources and Fair Equitable Sharing Benefits Arising out their Utilization，2001），该准则提供了一个透明的框架来促进遗传资源的获取和公平分享其利用所产生的惠益，并且帮助各缔约方建立保护土著和地方社区的知识、创新和实践的机制及获取和惠益分享（Access and Benefit Sharing，ABS）制度。波恩准则提出了两个关键程序："事先知情同意"（Prior Informed Consent，PIC）和"共同商定条件"（Mutually Agreed Terms，MAT）（成功、王程、薛达元 2012）。

2010 年 10 月，生物多样性公约第 10 次缔约方大会通过了《名古屋议定书》。《名古屋议定书》的重要内容是加强传统知识的地位和作用，包括获取遗传资源及相关传统知识的要求（事先知情同意程序）、"共同商定条件"下

公平分享因利用遗传资源和相关传统知识所产生的惠益等（薛达元 2011）。

1.8.2 气候变化与民族生态权利研究概说

土著民族的生产生活往往高度依赖生态环境和自然资源，他们与环境、土地、地域和资源形成的错综复杂的关系，是区别于其他人群的经济、社会、文化系统、生态知识和身份的基础（European Commission 2008 Programming Guide for Strategy Papers）。当前，气候变化已经对土著民族传统生活方式所依赖的生态环境和自然资源产生了明显的影响。联合国人权高级委员会的《气候变化与土著民族》报告指出的：最新的证据表明，对于居住在北美洲、欧洲、拉丁美洲、非洲、亚洲和大洋洲的 3.7 亿土著民族而言，他们的生计和文化已经面临着气候变化所带来的威胁（UN – OHCHR 2008）。气候变化的威胁对土著民族而言已经是个非常现实的问题，由于历史、社会、政治和经济造成的原因，土著民族选择或者被迫居住的地区往往偏僻和自然环境也相对严酷（Oviedo 2008），这些地区也是经济和政治的边缘地区，生态系统脆弱（Jan and Anja 2007）。因此，气候变化对土著民族造成的威胁和挑战相对于其他人群而言更为严重，这些负面影响分为直接和间接两个层面：

首先，气候变化导致的生境和生态系统变化直接对土著民族的生活方式造成了负面影响。例如易变和极端气候的增加、干旱期延长、洪水、强风及季节性气候——如雨季和旱季等——的推迟等。其结果，生态历法和传统作物种植周期的失效，导致农业歉收、牲畜减少，野生的动植物数量萎缩使得采集狩猎难度加大，疾病流行加速了人和动物健康恶化等（Baird 2008）。

其次，一些由于气候变化而带来的经济和开发行为也进一步间接威胁了土著民族的生活方式。尽管有很少的一些例子显示气候变化也许为土著民族提供了新的机遇。例如由气候变化而导致的气温等自然条件改变，北极地带的土著民族可能会有一些机会发展某种形式的可持续农业（UNEP 2008）；在碳交易的框架下，土著民族可以因为可持续森林管理而获得补偿等。但是，这些变化更多地带来的是不利因素：土著民族被排斥在经济与开发过程之外，造成其政治和经济的进一步边缘化，土地和自然资源也被侵占和滥用，并进一步导致人权被侵害、生计丧失，甚至传统文化消亡等，从而进一步加剧了土著民族的脆弱性（Baird 2008）。

气候变化对土著民族的直接和间接影响是多方面的，根据他们居住地、环境和社会经济背景的不同，这些影响也是多样性的。除了直接的影响外，由于气候变化而带来的经济和开发行为造成的影响更为严重，土著民族的经济和资源利用往往受到威胁，并进一步危害他们的社会生活、文化和传统知识（IW-GIA（undated）Indigenous Peoples and Climate Change）。失去祖先的土地和家园环境的破坏往往导致精神上的痛苦，因为土著民族的精神财富往往与土地相联系（The Independent 2009 Aborigines to bear brunt of climate change）。由于气候变化涉及面很广、影响面很大，加之社会政治体制层面的种种限制，这些都不利于土著民族充分自如地发挥其应变气候变化的能力，因此迫切需要通过法律、政治、技术、财务和其他手段支持土著民族的权利。基于上述原因，对土著民族而言气候变化不仅仅是一个环境和发展的问题，而更是一个权利的问题（European Parliament 2009）。然而目前的政策制定和学术研究经常忽视土著民族的基本权益（Jan and Anja 2007）。因此，要从根本上应对气候变化对土著民族所造成的这些直接和间接影响，其核心是必须重视和保障包括民族生态权力在内的土著民族权利，在气候变化与土著民族的相关政策制定及研究中建立以民族生态权力为基础的方法论。只有当土著民族的民族生态权利保障框架清晰及其实施措施明确以后，土著民族才能有效应对气候变化带来的威胁和挑战，在减缓和适应气候变化、资源开发和经济发展的过程中维护自己的真正利益，实现符合土著民族自身价值观的可持续发展。

1.8.3　气候变化与民族生态权利的现状

全球变暖和一些旨在减少和适应气候变化的政策的负面效应，具有人权方面的因素，因为其影响了人们权利的实现，尤其是那些已经处于脆弱地位的个人和人群。少数族群和边缘化群体的权利往往没有被很好的保护，他们缺乏有效的条件来消除这些影响。在这一背景下，国际政府间组织开始制定和发布关于气候变化和土著民族的政策，以维护土著民族的生存和发展权利（European Parliament 2009）。

在过去的几年里，这个问题已经在若干决策进程和会议中提出，特别是联合国土著问题常设论坛（UNPFII）。联合国土著问题常设论坛作为最为重要和影响广泛的联合国机构，为土著民族关注气候变化提供了一个场合。该论坛是联合国经济与社会委员会（ECOSOC）下属的一个咨询机构，讨论所有涉及土著民族的问题。在最近两年里，气候变化和土著民族权益成为了该论坛工作的主要内容。2007年在第六届论坛会议筹备的一个工作报告中认为，油棕榈树等其他经济林木的单一种植对土著民族的土地所有权、自然资源管理和生计造成了影响。报告特别关注诸如生物燃料、碳汇和碳排放交易等新兴问题，指出这些活动往往给土著民族造成了破坏性极大的影响。在2008年第七届论坛会议中，特别设立了"气候变化、生物文化多样性和生计：土著民族的角色和新的挑战"专题会议。为了准备这一会议，论坛发布了《气候变化综述报告》，联合国机构间支持组织（The United Nations Inter-Agency Support Group (IASG)）也发布了《土著民族和气候变化整理文件》，作为给各个联合国机构的工作指南。另外一个重要的报告是《气候变化减缓措施对土著民族及其土地和领地的影响》，这一报告做了一个全面的综述，并强调"减缓和适应的策略不能仅仅从生态的范畴考虑气候变化，还必须把人权、公平和环境正义考虑在内"。第七届论坛把气候变化确定为"一个对人权紧迫的和直接的威胁"，并与维护国际和平和安全有着重要的联系（ISHR 2008）。土著民族问题永久论坛进一步呼吁各国政府除了拨款给土著民族以作为其土地和资源带来的环境服务补偿以外，还要为土著民族自主开展减缓措施提供政策支持、资金、能力建设和技术协助，把资金支持的重点由高度集中的大型能源供应转移到土著民族能够在当地管理的可再生能源、低碳和分散的能源替代系统上面（ISHR 2008）。

传统上，气候变化争论的焦点集中在科学、环境和经济方面，但由于气候变化由于对人类生活的影响日益明显，因此关注重点也日益扩大到社会层面的影响，最近已经开始从人权的角度开展气候变化的讨论。在与联合国机构间支持组织合作完成的一个报告中，联合国人权高级委员会（UNOHCHR）认为，气候变化的相关影响已经被大多数人们所认识到，并在人权层面得到日益重视（UN-OHCHR 2009）。但是人权事务高级专员在人权和气候变化相关方面目前谈得还很少。尽管对这一问题的理解在日益加强，但联合国人权机制还没有特别地关注到气候变化与土著民族权利的联系。即使如此，联合国人权高级委员会下属的经济、社会和文化权利委员会（CESCR）已经承认气候变化的负面影响将剥夺土著民族的生存资源权利，打破他们与土地的共生关系，构成对人权的侵犯。2008 年 3 月，人权理事会（The Human Rights Council）通过理事会第 7/23 号决议要求人权事务高级专员办事处针对气候变化和人权之间的关系进行一个详细的研究。联合国人权事务高级专员办事处关于气候变化与人权关系的报告，综述了包括土著民族在内的气候变化和人权主题，以及《联合国土著民族人权宣言》（UNDRIP）在这一领域的相关举措。

《联合国土著民族人权宣言》是一个有助于理解支撑土著民族生存、发展及文化的条件和因素的框架，明确提出了关注土著民族与气候变化的最基本要求。由于气候变化加剧边缘人群的脆弱性，特别是土著民族，因此《联合国土著人民权利宣言》的规定变得尤为重要，因为其帮助识别减少脆弱性和加强土著民族应变和适应能力的要素。事实证明，不良自然现象导致的社会脆弱性与生计不安全和社区权利受到的潜在影响是成比例增长的。解决权利安全的主要内容，诸如土地、领土、资源、自决、传统体制、解决冲突的系统、社会政治组织、维护文化的完整性和多样性等，是建立和加强对气候变化影响的应变能力的重要组成部分，也很可能在相当大程度上把人们的生存至于风险之中（European Parliament 2009）。

1.8.4　气候变化与民族生态权利的发展趋势

尽管土著民族受到了非常明显的气候变化影响，然而直到最近，在学术界、政策和公众对气候变化的讨论中，土著民族仍然处于边缘地位（Jan and Anja 2007，Macchi and Mirjam *et al.* 2008）。在高端会议和报告中，很少提及土著民族，即使提及也仅仅把他们看作气候变化过程中没有希望的受害者，认为他们无法应对带来的影响，而且仅仅提及了部分地区的土著民族（United Nations 2007）。值得庆幸的是，在过去两年里，无论是国际政府间组织关于人道主义、发展和金融等领域的政策制定，还是国际非政府环保组织，整个国际社会对这一议题的关注都在不断地加强，相关国际公约和报告也开始提出和涉及土著民族权利和气候变化的内容。

首先，《生物多样性公约》（CBD）将成为未来土著民族开展民族生态权利运动的基础。气候变化一直以来都是生物多样性公约讨论和决策的重要部分，其中特别涉及了土著民族，土著民族的代表也长期参与了生物多样性公约的制定进程。2006年，生物多样性公约在决议Ⅷ/5B（para.6）中指出土著民族社区的特殊脆弱性和他们与气候变化相关的传统知识，影响着并需要未来进一步的研究。根据这一需求，生物多样性公约执行秘书处准备了一份关于气候变化进程中土著民族和地方社区的特殊脆弱性及其应对的报告，报告特别关注居住在北极、小岛屿国家和高海拔的土著民族，也包括其他地区的土著民族。《生物多样性公约》第Ⅷ/30号决定指出：促进生物多样性保护活动、减轻或适应气候变化和防治土地退化之间协同作用的指导原则，鼓励各方让土著民族参与到涉及气候变化对土著民族影响的相关调查和研究中，并请各缔约方特别关注居住在最脆弱地区的土著民族的需求，并给予额外支持（UNEP 2008）。联合国机构间支持组织和生物多样性公约秘书处的联合报告强调了土著民族的特殊脆弱性，以及在气候变化相关影响和措施背景下，土著民族的重要角色，及其充分并有效参与的重要性。

其次，《联合国气候变化框架公约》将成为未来土著民族在开展民族生态权利运动的依据。1998年以来，土著和传统民族的代表一直参与了联合国气候变化框架公约缔约方会议（Macchi and Mirjam et al. 2008）。2001年，土著民族组织已经被《联合国气候变化框架公约》秘书处在有关气候变化的谈判中确认为观察员身份，同时提供了诸如直接与秘书处联系、邀请参加对观察员开放的会议、根据非政府组织的议程为全会做出声明等的机会和特殊支持（UNFCCC 2004a，UNFCCC 2004b）。其他方面，在《联合国气候变化框架公约》实施过程中，逐渐呈现出一些新的对土著民族和传统知识认可的内容，例如"关于影响，脆弱性和适应气候变化的内罗毕工作方案"（2006年在第九届缔约方会议12日通过）承认了当地和土著知识的重要性，并建议采取适当行动和措施，对包括地方和土著知识在内的信息进行收集、分析和传播。此外，联合国气候变化框架公约建立了一个地方应对策略的数据库。

第三，联合国土著问题常设论坛将成为未来土著民族在开展民族生态权利运动的平台。在政府间国际组织中，联合国土著问题常设论坛作为最为重要和影响广泛的联合国机构，为土著民族关注气候变化提供了一个场合。近年来，气候变化和土著民族权益成为该论坛工作的主要内容。论坛强调气候变化的减缓和适应策略不能仅仅从生态的范畴考虑气候变化，还必须把人权、公平和环境正义考虑在内，气候变化是一个对人权紧迫的和直接的威胁，并与维护国际和平和安全有着重要的联系（ISHR 2008）。世界各地越来越多的土著民族已经参与了联合国土著问题常设论坛关于气候变化和土著民族权利的相关讨论，未来将以这一论坛为平台，进一步开展气候变化和土著民族生态权利的研究，以集合政策制定者、土著民族、科学家和民间环保主义者等各利益相关者的力量，共同开展民族生态权利运动。

由于气候变化涉及面很广，影响面很大，加之社会政治体制层面的种种限制，这些都不利于土著民族充分自如地发挥其应变气候变化的能力。因此迫切需要通过法律、政治、技术、财务和其他手段支持土著民族的权利。2008 年 2 月在哥本哈根举行的土著民族和气候变化国际会议报告中，总结了土著民族的关注："国际专家似乎经常忽视土著民族的基本权益，以及在全球寻求解决气候变化方法及策略的过程中，也常常忽视了基于土著民族传统知识、创新和实践的有价值的潜在贡献。"（Salick and Byg 2007）到目前为止，相关的气候变化文献中鲜有提及土著民族自发的、基于传统知识的应变策略。然而，土著民族的贡献确是不可低估的。首先，他们最先受到气候变化的负面影响，因而积累了一定的适应性经验。另外，基于他们掌握的传统知识及相关技术方法，他们在解读和应变气候变化这一问题也变现出了强大的创造力（European Commission 2008）。因此，土著民族和气候变化国际论坛（IFIPCC）提出以下建议：

（1）确保以权力为基础的方法论充分体现于气候变化政策及项目的实施中；尤其是把权力基础方法论贯穿、实施到《联合国土著民族人权宣言》（UNDRIP）的所有公约活动中，并使之主流化。

（2）确保自由的事先知情同意权利。

（3）通过与土著民族协商，开发出评估影响和脆弱性的方法和工具。

（4）在评估气候变化影响和实施相关适应性策略中要承认并应用传统知

识，并与现代科学知识有效地结合起来。

（5）在实施适应气候变化的相关技术过程中，要注重土著民族的能力培养。

（6）若在土著民族的基本权利没有得到充分保障的情况下，要即刻停止一切在土著民族驻地实施的砍伐森林以免森林退化导致温室气体排放（REDD）项目。

（7）要确保具备土著民族知识专长的专家参与到内罗毕项目的第二阶段实施中。

（8）建立有效的减灾策略和机制，以解决因在土著民族地区实施缓解气候变化政策而给他们造成的损失等负面影响（IFIPCC 2008）。

1.9 气候文化的研究理论与发展

气候变化现象在全球的日益加剧及气候灾害的频繁发生，对人类社会的可持续生存和发展提出了挑战。尽管人类为减缓气候变化、治理气候环境已经从技术和政策层面进行了诸多努力，但要适应气候变化，就应该认识、理解和重视人类与气候在长期相互影响中所形成的气候文化，让这一文化在应对气候变化的过程中发挥重要作用。

在学科研究领域，包括社会科学在内的多学科——特别是文化和生态人类学——开始对气候变化进行研究，并开始针对气候进行专门的气候人类学学科构建，由于人类学的研究本质是文化，要研究气候就必须以气候文化为基础，因此气候文化是气候人类学研究的核心命题。

气候文化的研究需要专门的理论和方法支持，有鉴于此，本章将回顾中国传统文化对气候的认识和理解、评述国内外学界对气候与文化的相关研究，在此基础上结合作者的思考，从内涵、性质、研究重点和方法等方面对气候文化进行探讨，目的是呈现气候文化对人类社会的意义，发掘气候文化在应对气候变化过程中的重要价值，推动气候文化的建设，促进气候文化研究理论和方法的构建和发展。

1.9.1　中国传统文化对气候的认识和理解

中国各民族在漫长历史长河中所创造的传统文化博大精深，其中与气候相关的传统文化更是厚重，传统文化对气候的认识和理解为气候文化的形成奠定了基础：气候时刻影响着各民族的生产生活，传统文化在其形成和发展过程中不可避免地要涉及对气候的认识和理解；同时，由于各民族分布的地理位置和自然环境各不相同，产生了适应当地气候的生活和生计方式，在此基础上所形成的传统文化对气候的认识和理解也是多元各异的。

中国汉民族对气候及其变化的关注由来已久，在长期以农耕为主的生活生产方式中，汉民族不断应对各种气候现象和气候灾害，形成了丰富和独特的传统气候文化，这些传统气候文化包含着汉民族先民对气候变化、人与气候之间关系的思索，并基于此产生了诸如"天""天人合一"等的思想观念。"天"是中国汉民族传统文化中的重要和独特的概念，对这一概念历来就有着纷繁复杂的解释和论述，本章认为"天"有着两个层面的含义："天象"和"天道"。

首先，汉民族早期的文人和思想家认为，"天象"是"天"的自然表现形式和客观存在。在《荀子·天论》中曾记载："列星随旋，日月递炤，四时代御，阴阳大化，风雨博施……夫是之谓天。"这段话认为日月星辰、四季、昼夜和风雨的更替和变化都是天象，而风雨的变化就属于气候变化现象，因此"天象"的观念中就包含着气象。同时《荀子·天论》还说："天行有常，不为尧存，不为桀亡。"从而进一步认为包括气象在内的天象是客观存在的、不以人的意志为转移的自然现象。其次，在"天象"的基础上，汉民族的文人和思想家进一步发展出了"天道"文化的概念。"道"的本意是道路，后更引申为方法、法则、规律和德行。因此"天道"是人们对天的主观认识及其发展出来的相关文化。《吕氏春秋·顺民》记载："昔者汤克夏而正天下。天大旱，五年不收，汤乃以身祷于桑林……以身为牺牲，用祈福于上帝。民乃甚说，雨乃大至。"从这一段话可以看出古代汉民族认为天是有意志的，降雨等气候的变化是天的意志的体现。在《春秋繁露·王道通三》中记载："春气爱，秋气严，夏气乐，冬气哀。爱气以生物，严气以成功，乐气以养生，哀气以丧终，天之志也。"明确提出了四季变化是天道意志转变的结果，四季的

春、夏、秋、冬分别对应天道的爱、严、乐、哀，并进一步将气候的变化归结为天道的变化（牛忠保，刘鸿玉等 2011）。

"天"的概念包含有气候及其变化的含义，是汉民族传统文化对气候的理解和认识。同时，"天"包含了"天象"和"天道"两个层面的文化内涵，反映了汉民族先民对气候的认识经历了从"自然"到"文化"的发展历程。

中国的各少数民族传统文化对气候也有着丰富的认识和理解，他们传统的生活生产与气候环境有着直接和密切的联系，气候变迁不仅改变着生计方式和策略，还影响着政治、经济、社会和文化等诸多方面。藏民族认为气候并不仅是纯粹自然的现象，而是包含了许多社会因素在内，这种观念基于一个和自然相关的特定知识和信仰体系。同时，藏民族对气候的"地方"观念首先是基于对众多神灵的尊重（Toni and Poul 1997）。例如生活在云南西北部的藏族，其传统的气候观念建立在神山信仰的基础上，气候是神山精神力量的表现方式。当地藏族以视觉、嗅觉和听觉等感觉为基础，通过对当地气候等自然条件的直接观察，举行相应的信仰仪式，实现人与神山的沟通（尹仑，薛达元 2013）。哈萨克族早在原始宗教信仰时期，其先民就有了萨满巫卜、观察天象预测天气阴晴的民间传统，关于天气预测的哈萨克民间谚语就有"日晕备铲，月晕备鞍""新旧月间，月面上仰将进冬天，月面下俯将进夏天""十月雷鸣，冬天像鞭把一样短""云风逆向行，阴天即降临""伏天越热，寒天越冷"等。哈萨克族的二十四节气记载了大量与气候有关的内容，在其有关节气由来的传说故事中，描述了一个个突如其来的天气灾变。如哈萨克人关于春天节气的传说故事，就反映了春季灾前偏暖，人们对灾害性天气的时间和量级估计不足，从而造成危害的事实（房若愚 2006）。对于以农耕为主的白族，雨水和一年四季的节气是生产生活中最为重要的事情，在其传统信仰和文化中有着对气候的认识，最为典型的就是"龙崇拜"。大理白族把太阳、刮风和下雨等气候现象都看作是龙的作用，因此对这些气候现象的利用就必须祈求龙的护佑，当地产生了很多诸如"早吹南，晚吹北""早雨不过巳时"等与龙崇拜有关的气候谚语（杨文辉 2010）。蒙古族的"长生天"信仰中也包含着对气候的认识，蒙语把长生天称为"腾格里"，在自然界中，日、月、星辰、风、雷、雾、闪电和乌云都各有其腾格里神，例如乌云中的闪电，被理解为是腾格王愤怒的表现；

暴风雨中的雷鸣，是天神腾格里胡奥代依·梅尔盖向地上不法势力进行射击；云遮雾盖、雨降雪落、风吹风息，是有古尔班·博罗恩·腾格里三天神在操纵（南文渊 2004）。

1.9.2　气候与文化研究的述评

人类关注气候与文化之间关系的历史由来已久，有着大量的思考、解释和阐述，例如早在古希腊时代希波克拉底等一批学者就开始研究气候在社会的形成中发挥怎样的作用，不同的气候条件和季节因素如何影响人们的行为举动（Harris 1968）。但是，真正从人文视角——特别是人类学的视角——进行的气候和文化的研究，则是近三十年来随着气候变化及其灾害的日益明显和加剧而开始的。

（一）西方学界对气候和文化的研究

20 世纪 80 年代，在二氧化碳减排和全球变暖的背景下，西方社会科学和自然科学的部分学者开始了针对气候的跨学科研究，在《社会科学研究与气候变化——跨学科的评论》这本论文集中，首次提出了文化是引导人类社会应对气候变化的选择条件之一（Richard 1983）。21 世纪初期，随着全球对气候变化日益关注，西方人类学界对气候和文化的研究表现出了强烈的兴趣，《天气，气候，文化》这本论文集的出版标志着这一研究的正式开始，这本书第一次以世界各地的 13 个民族志田野案例为基础，从人类学的视角阐述了人类文化的各个层面与天气、气候和气候变化之间的相互关系，提出了开展这一研究的重要性和意义（Sarah and Benjamin 2003）。近十年来，部分西方人类学者和民族生态学者通过个案开展气候和文化的研究，人类学者 Neeraj Vedwan以印度西北部喜马拉雅地区为例，通过对当地族群与气候变化相关的地方知识和观念的研究，探讨文化、气候和环境三者之间的关系（Neeraj Vedwan 2006），Jennifer Couzin 研究北极地区土著民族与气候相关的传统知识，以及这种知识在应对当地气候变化过程中可以发挥的作用（Neeraj Jennifer 2007），民族生态学者 Anja Byg 和 Jan Salick 在中国云南省西北部东喜马拉雅地区研究当地藏民族对气候变化的地方认知（Anja and Jan 2009），2009 年，人类学者 Susan A. Crate 和 Mark Nuttall 出版了论文集《人类学与气候变化——从遭遇到

行动》，在第一章"气候与文化"中通过四篇文章分别从考古学、文化人类学和灾害研究的角度探讨了人类文化与气候变化之间的关系，以及如何从人类学的理论层面进行气候变化的研究，第二章和第三章则以 20 个民族志田野个案为例，从具体的案例中研究不同民族和地区气候变化与文化之间的互动和影响（Susan 2009）。2012 年，著名的民族生态学家 Berkes F. 在其第三版的《Sacred Ecology》专著中，用一章的篇幅专门从传统知识的视角探讨气候变化与土著民族文化之间的关系，以及运用以社区为基础的研究方式（Berkes 2012）。

（二）中国学界对气候和文化的研究

中国学术界，对气候与文化的研究同时开始于自然和社会科学界。

在自然科学界，气象学较早开展了相关研究，并从"气象哲学"和"气象文化"的角度开展了气候和文化的研究。罗生洲探讨了气象文化的概念，并以青海为例，阐述了建设青海气象文化的意义和目的（罗生洲 2006）。牛忠保等人在《气象哲学概论》中讨论了中国古代哲学对气象的认识和论述，涉及了中国传统文化中有关气候的内容（牛忠保，刘鸿玉等 2011）。王万瑞以陕西为例，对中国传统气象文化及其发源地进行了研究（王万瑞 2012）。

在社会科学界，人类学率先从"传统知识"和"气候人类学"的领域进行了气候与文化的研究探索。在尹绍亭编著的《中国文化与环境》论文集一书中，通过专门的"气候与传统知识"的章节和 12 个民族志个案，研究了土家族、侗族、壮族、白族、傣族、德昂族和蒙古族等中国少数民族文化与气候之间的关系（尹绍亭 2010）。尹仑从气候人类学的角度，以云南省德钦县藏族神山信仰为田野个案，研究了藏族传统文化对气候变化的认识、理解和应对（尹仑，薛达元 2013）。刘春晖、薛达元论述了气候变化对传统知识的影响及其应对，以及少数民族及地方社区对气候变化的观察、理解及应对（刘春晖，薛达元等 2013）。

综上所述，无论是国外还是国内、自然科学还是社会科学，学界已经从各自的学科领域和角度开始关注气候与文化之间的关系。但是目前为止，还没有明确提出气候文化的概念，而且相关研究的观点多局限于单一学科，缺乏跨学科交叉的研究视角，因此有必要系统地构建气候文化的概念、理论和方法。

1.9.3　气候文化的内涵与特点

（一）气候文化的概念

气候是影响人类自身进化和人类社会发展的关键性因素之一，剧烈的气候变化往往在人类文明的兴起、发展、衰落和毁灭这一进程中起到了巨大的作用。可以说气候孕育了人类文明，也形成了人类历史。今天，随着气候变化的日益加剧及其对全球环境、国际政治、世界经济、国际贸易等问题的深远影响，气候变化问题早已不仅仅是个环境问题，而已经成为了一个人类继续生存和发展的复杂命题。因此，人类要面对这一命题，仅依靠某一学科的研究、某一技术的发展、某一政策的制定、某一条约的签订等是远远不够的，而更应该从文化的视角和高度去理解和思索气候、建设和发展气候文化。

气候文化是人类在长期历史和社会发展进程中，对气候的认识、利用和治理的相关文化，是人类对气候的理解和思索。气候文化既包括人类对气候的观念和信仰，也包括人类治理气候的知识和技术。气候文化体现在人类的宗教崇拜、文学艺术、制度法律、行为物质等诸多领域。

气候文化是人与气候互动的产物，它存在于不同自然环境、不同历史阶段、不同社会形态、不同地区国家的民族和族群之中，丰富而多元。气候文化包括以下两个层面：首先，气候对社会的发展和生产生活产生了影响，人类观察到了这些影响并且产生了对气候的认识、观念和信仰；其次，人类对气候开展利用和治理，在这一过程中产生了相关的传统知识、科学技术和制度规范。气候文化是人类对气候的思索、对人与气候之间关系的反思，是人类文化的重要组成部分，也是人类应对气候变化、建设生态文明的基础。

（二）气候文化的构成

气候文化作为一种独立的文化形态，具有丰富的内涵，按照历史唯物主义的观点，其理论体系可以分为四个层面。

思想意识层面

长期以来，人类在与气候的互动过程中，逐步有了对气候的认识和理解，并在此基础上形成了价值观念和思维方式，体现在宗教信仰和文学艺术等领域，指导着人类与气候相关的行为方式。

行为方式层面

气候影响着人类的生存环境和模式，但人类并不是被动地受制于气候条件，在这一过程中，特别对于局部气候环境，人类形成和掌握了治理和改善气候的知识和技术。

制度层面

人类在利用和治理气候的过程中，形成了相关的习俗、规范、约定和法律。为了维护良好的气候环境就必须进行制度建设，以规范和约束人类与气候相关的行为方式。

物质层面

人类在利用、治理和改善气候过程中，通过思想意识的指导、行为的实施与制度的规范，建设了相关的物质成果，发展了产业，并形成了具有文化内涵和象征的文化遗产。

（三）气候文化的特点

气候文化具有普遍意义上的理论构成，又具有人类共性和民族性、自然性和社会性、全球性和地域性、历史性和延续性等特点。

人类共性和民族性

气候文化是人类共同创造的文化，属于全人类，因此具有人类的共性，这就是为什么在很多传统文化中，气候都有着共同或者相似的象征，并被赋予了类似的文化含义。同时，不同民族居住的地方气候条件各异，他们对气候的观察、认知、理解及赋予的意义是不同的，利用和治理的方式也具有较大的差异性，因此气候文化又表现出了强烈的民族性。

自然性和社会性

气候文化是关于自然性的气候与社会性的人之间相互关系的文化，它与传统社会科学的人文文化和学科不同，是一种自然科学与社会科学相交叉的文化，因此同时具有自然性和文化性。不同的自然环境是产生不同气候文化的客观基础，不同的社会会孕育出有着各自特征的气候文化，在不同的文化、信仰和宗教背景下，气候文化呈现出不同的特征。

全球性和地域性

气候是一个全球现象，影响着所有生活在地球上的人类，因此气候文化具有全球性。同时，由于不同地域环境下气候条件的不同，也必然形成气候文化的地域性，平原、高原、海岛、绿洲和沙漠等不同气候的地域，那里人们所产生的气候文化就会有较大的差异性。随着社会的发展，城市与乡村所面对的气候及其变化的影响也不相同，因此所产生的气候文化也会有较大的差异。

时代性和延续性

在不同历史时代阶段和社会发展进程中，随着自然环境和社会政治、经济和文化的变迁，人们对气候的认识和理解、人与气候之间的关系、人类对气候的利用和治理方式等是不同的，所产生的气候文化也是不同的，因此气候文化具有时代性。但尽管不同时期的气候文化有着较大的差异性，气候文化也有着不可割裂的延续性，当今人类的现代气候文化必然是历史上不同时期、文化和民族等的传统气候文化的汇集和融合。

综上所述，气候文化具有思想意识、行为方式、制度和物质四个层面的理论结构，同时具有人类共性和民族性、自然性和社会性、全球性和地域性、时代性和延续性的属性和特征，未来可以将气候文化的研究界定为一个统一而又多元的范畴，使其能够规范化地发展。

1.9.4　气候文化的研究领域

基于气候文化的理论结构和属性，气候文化的研究大致有七个领域。

气候的非物质和物质文化

世界诸多古代文明中都有着丰富多彩的关于气候的传统文化，孕育出了人类有关气候的深邃的哲学思想、传统知识和技术、宗教信仰和崇拜、文学艺术等非物质文化，也产生了与气候相关的工程建筑、工具设施和仪器设备等物质文化。进行气候的非物质和物质文化研究，能够使人类对气候的认知、理解和观念进行自我反思和文化自觉，以协助人类应对和治理当前和未来的气候环境。

文化对气候的认识和理解

文化形成了人类对气候的观点态度和行为方式，不同的文化背景下，人们对气候的观念和行为是不一样的，所形成的人与气候的关系也是不同的：例如古代传统文化形成了人们对气候的敬畏和崇拜，促使人们通过宗教和信仰的行

为来处理与气候的关系；现代工业文化使得人们有信心对气候进行影响和驾驭，人们通过科学研究和技术手段改变和治理气候。研究不同的文化对气候的认识和理解，并把这些观念吸收到今天人们对气候的理解中，可以在人类与气候之间建立更为和谐的关系。

气候对文化的影响

气候影响着人类文化的类型特征和发展进程，不同的气候环境下，人类形成了不同类型的文化：例如严寒的极地和高原、干燥的温带和荒漠、湿润的热带和湖泊等不同气候地带促使人类产生了多元的文化；气候条件的改变和气候环境的恶劣，也影响着人类文化的发展进程：例如中美洲古代玛雅文化的消失与干旱有着直接的关系（Larry and Gerald 2005）；气候环境的不稳定性既促进了南美洲的古代安第斯文化的兴起和发展，也是这一文化最终衰落的重要原因之一（Michael and Alan 2005）；中国新疆古楼兰文化的衰亡则与气候灾害有着密切的关系（高玉山、桑琰云等 2004）；中国古代人类社会的发展历史进程也受到气候因素的影响（葛全胜 2010）。研究气候对人类文化的影响，可以对人类未来的发展起到前车之鉴的警示作用，避免或应对人为因素引发的气候灾害和突变，实现人类社会的可持续发展。

与气候相关的传统知识

与气候相关的传统知识是指某个特定区域的人们世代对当地气候和物候现象直接和间接的观察和理解，以及在此基础上形成的预测和应对气候变化及极端气候现象的知识，这一知识分为气候和物候两个部分：传统气候知识是人们通过对气象、自然和生活环境等现象及其变化的观察、理解和实践而直接形成和传承的有关气候的知识。传统物候知识是人们通过农作物和牲畜、农田和牧场环境等生计条件的变化及其与气候的相互关系而形成的有关气候的知识。物候知识与气候知识相似，都是有关气候的传统知识，所不同的是气候知识是人们对当地冷暖晴雨、风云变化的感知和观测而形成的知识，而物候知识则是在生计活动中，通过感知和观测一年中农作物的生长枯荣、牲畜的来往生育，从而了解气候变化对生计的影响。气候知识是观测当时当地的天气，而物候知识则不仅反映当时的天气，而且放映了过去一个时期内天气的积累。研究与气候相关的传统知识对于那些仍然依赖于生物多样性资源和传统生计方式的民族社

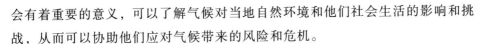

会有着重要的意义，可以了解气候对当地自然环境和他们社会生活的影响和挑战，从而可以协助他们应对气候带来的风险和危机。

气候文化和气候变化

当前，气候变化对地球生态环境和人类社会的各个领域都产生了重要的影响，已经成为国际社会的热点问题，涉及了科学、经济、政治和文化等各个领域。气候变化早已不再是一个单一的气象问题，而是一个人类无法回避的生存和发展命题，因此需要人类从文化的角度来思索。气候文化和气候变化的研究，具有重要的理论和实践意义，体现出了文化与生态之间的关系。在今天以工业文明为基础的人类发展模式面临诸如气候变化等环境和社会危机的时候，有必要重视气候文化，反思人类与包括气候在内的自然环境间的关系，从新的视角和价值观审视人类的发展方向和道路。在这一背景下，开展气候文化和气候变化的研究，可以从文化的视角看待气候变化，能够帮助人类更好地理解和应对气候变化，最终避免其给人类社会带来的危害。

气候文化和生态文明

人类日益意识到以污染环境和破坏生态为代价的工业文明正在给人类社会的可持续发展埋下危机和隐患，人类的发展和文明模式必须进行一次彻底的转型和变革，追求人与包括气候在内的自然环境因素建立和谐关系的命题提上了人类社会发展的议程，生态文明成为人类社会发展的目标。气候影响着地球生态环境和人类社会，气候变化及其灾害则直接改变了地球生态系统，给人类社会带来了前所未有的生态危机，因此生态文明无法回避气候问题，建设生态文明就要求人类必须有应对与治理气候及其变化的智慧和能力。气候文化是生态文明的重要组成部分，开展气候文化和生态文明的研究可以协助人类更好地理解和建设生态文明。

气候文化和中国梦

中国梦要实现中华民族的伟大复兴，要进行和实施政治、经济、文化、社会、生态文明五位一体建设。在中国梦的目标和要求下，气候文化显得尤为重要：首先，气候文化是中国传统文化中重要的组成部分，例如建立"天人合一"的气候与人类之间关系的观点，就体现出了中国传统文化的精髓，即人类社会与自然环境不是对立的，人类的文化可以很好地保护和治理自然环境。

其次，气候文化对保护和改善中国的气候条件和生态环境、避免和减缓气候灾害给人民的生命和财产造成的损失都有着重要的意义。生活在一个气候文化、气候环境宜居的中国是无数中国人的梦想，气候文化是中国梦的重要支撑，开展气候文化与中国梦之间关系的研究、建设气候文化对早日实现中国梦有着重要的意义。

1.9.5　气候文化的研究方法

气候文化的研究方法包含方法论和具体研究方法两个层面。

实证主义方法论和人文主义方法论是气候文化研究的两个最重要的方法论。由于气候文化具有自然学科与社会科学交叉学科的属性，决定了其一方面应该以具体观察和客观事实为基础，对文化现象进行定量研究和分析，从而得出经验性结论；另一方面强调以写文化的方式描述气候的文化呈现，进而理解和建构气候文化的经验世界。气候文化的实证主义方法论和人文主义方法论相互补充并有一致性，都要求对气候文化进行整体性的探究，采取的均是主位同客位二元对立的思维方式。

气候文化的具体研究方法包括田野研究、实验研究、文献研究和行动研究。田野研究是指研究者要深入调研地区的具体村寨或社区，通过问卷调查、结构和半结构访谈、参与观察等调查方式，对生活中的气候文化进行收集、记录和整理；实验研究是指建立和运用气候和文化的模型来计算和分析气候文化相关变量之间关系；文献研究主要针对已有的古籍档案、资料数据，对文献记载的气候文化现象进行归纳和研究；行动研究是指在田野、实验和文献研究的基础上，以调研社区为载体，恢复、传承和发展当地的气候文化，使气候文化不仅存在于学术论文、文献记载、研究机构或博物馆中，而是以活态的形式继续在当地得到延续和发扬。

气候文化建立在人类与气候长期形成的相互关系中，在不同历史阶段和文化类型的人类社会中广泛存在。气候文化不仅是人类认识、理解和维护气候环境的重要基础，也是应对和治理气候变化的核心。气候文化可以作为一种文化形态进行传承和发展，也可以是一个学科进行建设和研究，更可以作为一种方法运用到治理气候环境、应对气候变化的过程中去，因此有必要彰显气候文化的价值，推动文化研究、学科建设和成果运用。

目前，无论在国外还是国内的学术界，气候文化的研究是一个前沿的学术问题，尽管还处于初期阶段，但已经显现出其潜在的价值和重要性，未来还需要进一步进行理论和方法论的研究，进行大量基于田野社区的实践和行动研究，为气候文化及其研究打下了坚实的学科基础和学术地位。未来，气候文化将成为一个包含生态、社会、政治和经济等领域在内的综合文化体系，会涉及到包括自然科学和社会科学在内的不同学科和领域，形成多领域、多学科之间相互交叉、对话和研究的局面，有待学术界进行进一步的思索和研究。

气候文化蕴含着多元的价值观、丰富的知识体系、友好的行为方式，以及完善的制度和规范，这些可以帮助人类更好地治理气候环境、应对气候变化及其灾害，进而建立人与气候之间的和谐关系，实现现代意义上的"天人合一"。

第2章
气候人类学的研究方法

在当前全球气候变化的背景下，参与观察、问卷调查、文献资料收集和深度访谈等调查方法已经不能满足人类学针对气候变化与人类社会、文化之间相互关系的研究需求。气候人类学的研究方法需要在田野调查等传统人类学研究方法的基础上实现突破和超越，而转型知识研究（Transformative Knowledge Research）为此提供了一个新的思路和方向：建立传统知识的样方调查方法和定量分析模式，以及探索基于知识与实际相结合的具体实践。最后本章试图构建气候人类学研究方法论的基本原则，这一原则必须以人为中心，强调与社会文化之间的互动关系，同时应该紧紧抓住转型知识这个关键。

2.1 对传统民族志田野调查方法的反思

民族志田野调查是人类学最为基本和主要的研究方法，田野调查是一个观察、体验和理解的缓慢积累，通过这一过程人类学家可以洞悉当地人的世界观和文化内涵。通过在社区一段时间的居住和调研，对当地日常生活与社会关系进行参与观察，人类学的民族志田野调查可以实现对文化现实的场景式理解（contextual understanding），这种理解是单纯的结构访谈等方法难以获得的（Dewalt and DeWalt 2002）。因此，作为人类学的一个学科分支，民族志田野调查同样是气候人类学洞察气候与文化之间关系的独特方法。同时，在当前全球环境变化的脆弱性和适应性研究领域，田野调查方法已经超越了人类学的范畴，越来越广泛地被诸如社会学、文化地理学等其他社会科学所接受和运用（Carla and Todd *et al.* 2009）。

但是随着全球气候变化的日益加剧，对于传统民族社区而言，气候变化不仅是一个可以冷静或者客观研究的问题，更是一个现实的威胁和挑战，需要努力去理解和应对。在田野调查中人类学家与传统民族社区一起经历着气候变化及其灾害所带来的风险和危机，及其对当地社会、文化、经济和政治所造成的广泛影响。同时，当前针对气候变化的研究，对气候变化的适应已经成为优先和最重要的领域。在传统民族社区适应的气候变化的过程中，社会和生态的恢复力对当地的生计可持续发展和自然资源治理都有着重要的作用。但由于传统民族往往生活在社会和生态的边缘和脆弱地区，他们适应气候变化的能力往往受到限制。人类学家通过传统田野调查的方法在气候变化对传统民族社会的影响及气候变化的文化认识方面做了一定的研究，但是在适应领域的研究还远远不够，传统田野调查方法的局限性使得人类学家缺乏对社区构建适应能力的理解。

在对传统田野调查方法的反思过程中，人类学家面对着一系列直接关系到人类学的基础研究和实践应用的根本问题（Lassiter 2005）。在面对气候变化时，人类学家对所调研的田野社区的责任是什么？人类学家的角色是什么？人类学家可以从气候变化及其灾害的田野调查中获得什么成果，如何运用这些成果？当前人类学家所运用的田野调查方法面临什么样的挑战？人类学家如何理解气候变化与传统民族社会之间复杂的关系？人类学家如何把知识转换为行动，以协助传统民族社会应对气候变化带来的脆弱性？人类学家如何进行负责任的田野调查？

在全球气候变化及其灾害对人类社会的空前影响背景下，当前部分人类学家开始认为作为田野工作者有责任和义务将学术与实践结合在一起，重新认识和反思人类学家在田野调查中的角色，采用民族志、参与观察、合作研究（collaborative research）、社区基础研究（community-based research）、去殖民化研究（decolonizing methodology）和行动研究（Action Research）等多种研究方法，与传统民族社会共同应对气候变化的挑战（Susan 2009）。

在上述背景下，笔者认为参与观察、问卷调查、文献资料收集和深度访谈等调查方式已经不能满足研究的需求，气候人类学的研究方法需要在传统田野调查方法的基础上实现突破和超越，而转型知识研究（Transformative Knowledge Research）为此提供了一个新的思路和方向。

2.2　气候人类学的转型知识研究

转型知识（Transformative Knowledge）的概念来源于近 40 年来发展起来的"转型多元文化教育"（transformative multicultural education），这一理论体系挑战了以往在社会和学校等机构的传统制度化的主流学术知识范式和概念，体现了后现代主义对知识本质的观点（朱姝 2013）。转型知识反映了社会多样性的知识，扩宽了历史和文学等文化标准的理念、范式和观点。转型知识颠覆了以往主流学术界对知识的认识，否定知识的中立性和客观性，认为人类利益和价值观对知识的形成有着重要的影响，即知识是权力和社会关系在社会中的体现，因此促使社会进步、实现社会的公平和人性化是知识建构的重要目标（James 2006）。

在上述背景下，联合国教科文组织（UNESCO）的国际社会科学委员会（The International Social Science Council）于 2014 年 3 月开展了可持续发展转型计划（Transformations to Sustainability Programme），并提出了转型知识研究（Transformative Knowledge Research）的定义和具体准则。转型知识研究是由社会科学主导的、包括人文、自然、工程和医学等不同学科和领域的综合研究，是以解决实际问题为导向的、包括社会各利益群体参与的研究。转型知识研究的具体准则包括：（1）以可持续发展的社会转型为研究重点；（2）应用于具体的场景（Context），即研究必须针对在具体社会和生态环境中全球变化和可持续发展的具体问题，这些问题包括气候变化、水和粮食安全、生物多样性丧失、能源生产和消费、废物管理和城市化、持续贫困和社会不公正等；（3）社会科学与自然科学的跨学科综合研究，应当特别针对全球环境变化、贫困和发展；（4）以解决实际问题为导向的研究，倡导包括学术和非学术等的社会各利益相关者在实践中形成知识伙伴，共同进行知识的产生和传播。

通过笔者长期在民族地区进行的针对气候变化和传统知识的田野调查，以及基于应用人类学的行动研究所开展的应对气候变化具体实践，逐步探索和形成了气候人类学的转型知识研究方法，包括以下两个方面。

2.2.1　以传统知识为核心的跨学科综合研究

21 世纪初以来，随着气候变化对传统民族社会的影响日益加剧，以及在应对气候变化过程中传统知识显示出了其独特的价值，人类学界出现了越来越多针对传统知识和气候变化的田野民族志研究。由于极地地区较早出现了气候变化对环境的明显影响，因此这一研究也最早出现在北极因纽特人社区（Krupnik and Jolly 2002），在随后至今的十多年里，这一研究迅速扩展到了世界各地传统民族社会，特别是那些居住在生态环境脆弱和生物多样性丰富地区的传统民族，例如安第斯山地区土著民族对冰川积雪融化的观察（Inge 2009），澳大利亚的原住民对海平面上升和水资源利用的认识（Donna *et al.* 2009），印度少数民族对气候变化及其灾害的知识和预测（Aparna and Trivedi 2011），以及南太平洋岛屿民族对气候变化的治理知识等（Heather 2009）。在中国的东喜马拉雅 – 横断山脉地区，也开展了少数民族对气候变化的认知（尹绍亭 2010），针对以藏民族为主的传统知识应对气候变化的研究和实践（尹仑 2011）。通过上述田野民族志研究，人类学家与传统民族社会共同发展和积累了不同的研究方法和实践举措。在针对这些研究方法的讨论中，人类学家最关注的问题就是如何产生新的变化，如何运用这种变化（Susan 2009）。

传统知识并不仅仅是对气候和气候变化的认知内容，而更是一种过程，一种人们世代相传的、与环境之间形成的观察、学习和适应的相互作用（Berkes 2012）。气候变化和传统知识的研究方法在观念上要有两个变化：

首先，关于传统知识的科学定位。传统知识与科学知识的冲突涉及知识的权威性这一重要问题。根据西方实证主义的传统，只存在一种科学，即西方科学，任何源于这一西方科学体系之外的知识和观点都是难以被接受的，甚至因此遭到否定。但是，传统知识是在当地文化和社会环境下自己形成的，来自于当地具体环境、实践和经验，而这恰恰是科学知识和技术中所缺乏的。因此，针对传统知识的研究要求研究者反思关于知识的西方科学定义，基于多元文化

论（pluralism）的立场采用去殖民化的研究方法（decolonizing methodology），以严肃的学术态度对待传统知识。

其次，关于传统知识与科学知识的关系。传统知识与科学知识并不是对立的，相反两者之间存在着潜在的互补关系，传统知识可以在时间和空间领域扩展和丰富针对气候变化的研究。地方层面发生的气候变化影响着全球层面的变化，因此传统知识可以为更好地理解气候变化做出有价值的贡献，并且可以提供被科学研究所忽视的当地信息，以修正针对气候变化的实证研究。例如虽然基于科学知识的气候模型能够制作气候变化的宏观景象，可以估计人类未来发展的不同趋势和后果，但对于区域的气候变化却无法提供准确的信息，而传统知识恰恰可以提供这一信息以补充科学知识的不足。

但是，由于传统知识主要基于相对的和地方的经验，缺乏科学的基准和衡量尺度，所以长期以来如何在研究中实现对传统知识的定量分析和研究一直是一个学术问题和难点，并由此引起了科学界对传统知识可信度和价值的质疑。由于传统知识与生物多样性有着密切的关系，因此笔者在研究中首先通过对传统知识的分类，然后借鉴民族植物学和生态学的研究方法，探索建立传统知识的样方调查方式，实现传统知识的指标化和数据化，建立传统知识定量分析模式和研究的框架。

1. 传统知识的分类

在气候变化的背景下，笔者认为传统知识可以分为：（1）与气候及其变化相关的传统知识，这一知识是指某个特定区域的人们世代对当地气候和物候现象直接和间接的观察和理解，以及在此基础上形成的预测和应对气候变化及极端气候现象的知识，这一知识分为气候和物候两个部分；（2）与生物资源保护和持续利用相关的传统知识，生物多样性可以间接地作为衡量气候变化对传统知识影响的指标。

2. 传统知识的定量分析

在对与气候及其变化相关的传统知识的研究中，笔者采用了定量分析的模式。这一模式首先要确定传统天气预测知识的种类，在气候和物候两个部分传统知识的基础上可以具体分为四类：气象条件知识、自然环境知识、生活环境知识和动植物知识。接着在此基础上分别调查每一类知识的具体数量，并排序记录。最后以天气预测知识的种类和数量为横坐标，以气温、季节、降雨、降雪和其他物候现象为纵坐标，以村庄数量、海拔位置、村民人数为参数，建立传统知识的定量分析模式。这种分析模式以数据为基础，可以把传统知识量化并直观地观测到传统知识在气候变化过程中所发生的时间和空间上的变化，并分析造成这种变化的原因。

3. 传统知识的样方调查

由于传统知识与生物多样性之间存在着紧密的联系，因此可以借鉴生态学和植物学的方法，对与生物资源保护和持续利用相关的传统知识进行样方调查。与生物资源保护和持续利用相关的传统知识可分为以下 5 类：（1）传统利用农业生物及遗传资源的知识；（2）传统利用药用生物资源的知识；（3）生物资源利用的传统技术创新和传统生产生活方式；（4）与生物资源保护和利用相关的传统文化和习惯法；（5）传统地理标志产品（薛达元、郭泺2009）。在上述分类的基础上要对每一类的知识进行定性和定量的统计，确定动植物、海拔、位置、时间和仪式等传统知识的载体并将其形成衡量指标，然后依据不同指标划定样方进行长时间的对比观测和调查，以发现和评估传统知识的变化趋势。

随着当前学科之间交叉的加强，以及所涉及科研问题的复杂性，跨学科研究日益成为科学研究的趋势。跨学科研究的兴起也促使学界开始探索、建立和发展相关的研究方法论。与气候变化相关的传统知识分类和量化、定量分析模式和样方调查框架的建立，是对传统知识研究进行的创新和尝试，一定程度上增强了传统知识的可信度和价值，为传统知识的指标化和数据化提供了一个可供参考的模式。基于文化多元论和跨学科方法的传统知识研究可以扩展气候人类学的研究思路和方法。

2.2.2　以解决实际问题为导向的社区研究

近十年来，随着世界土著民族权力运动的发展和多元文化和知识体系观念的逐步形成，人类学家开始反思传统的参与观察等田野调查研究方式，认为这些基于西方知识体系的研究方式割裂了土著民族与他们自身历史、环境、社会关系和语言，以及他们思索和感觉世界方式之间的关系（Tuhiwai 1999）。在上述背景下，在研究气候变化的过程中，很多人类学家开始借鉴和运用参与式研究方法（Participatory research methodologies），通过参与式研究方法的建立，土著民族不再仅仅是研究对象，而成为了人类学家的合作研究伙伴（Krupnik and Jolly 2002）。参与式研究方法包括传统的参与观察、日常记录和深度访谈等方式，也运用了小组讨论、参与式农村评估和快速农村评估和行动研究等方法。参与式研究方法的运用可以更为公正地对待传统知识和科学知识，从而构建人类学家与传统民族的合作研究模式（Davidson and Flaherty 2007）。

同时，人类学家提出了以协助土著民族解决实际问题为导向的研究方式，认为人类学家不应该通过传统的调查研究方法去"攫取"土著民族的传统知识，而是应该与土著民族分享知识，建立科学知识与传统知识的对话和交流平台，在这一基础上协助土著民族应对包括气候变化在内的问题（Leduc 2011）。

但是在参与式研究方法中，传统民族社区村民的角色依然是参与，而且有很多是依赖于外来科研或项目实施的被动参与，无法发挥社区村民主导和积极的作用，因此这样的研究方式在多大程度上能够反映传统民族社会面临的问题，也是值得怀疑的。由于研究方法的问题归根结底是社区村民在其中的角色、地位和作用，因此笔者在研究中基于以往的研究方法，探索运用社区基础研究的方式，激发社区村民的主动性和积极性，并针对具体问题采取行动实践研究的方式，以协助社区村民应对气候变化及其灾害的风险和危机。

1. 社区基础研究

在针对气候变化的人类学研究方法中，虽然关注气候与文化之间的关系，但一直以来都忽视了当地社区村民自身对这一问题的思考和认识，他们所掌握的相关传统知识及其创新，以及在此基础上应对气候变化的举措。这一忽视造成了气候人类学的研究方法缺乏从传统民族社会自身视角出发的观点和思路。因此，近年来人类学家们提出了社区基础研究这一基于传统民族社会自身的世界观和价值观的研究方式（Berkes 2012）。通过在田野实践中的发展和运用，笔者认为社区基础研究要通过组织传统民族社会的社区村民，依据其价值观和文化对气候变化进行思索和学习，自己甄别面临的主要挑战和威胁并作为研究的问题，基于传统知识的创新和运用过程，提高自身治理和使用自然资源方面的能力，以应对气候变化及其灾害。同时，社区基础研究还是一个赋权的机制，社区村民的角色发生改变，即不仅让当地社区村民参与到研究过程中来，而且是作为研究的主导者，人类学家则是协助者。人类学家不仅要协助传统民族社会开展对气候变化的研究，还要发挥媒介的作用，用研究成果影响政府、科研部门和民间组织等各相关利益群体。

2. 行动实践研究

行动实践研究探索以解决实际问题为导向、基于知识与实际相结合的具体实践。笔者认为人类学家不能仅仅通过田野调查而进行"客观"的研究，当人类学家进入田野以后也就成为了社区的一分子，与社区村民共同面对着气候变化及其灾害带来的挑战和威胁，因此有责任运用行动实践研究的方式来协助当地社区应对气候变化；而随着气候变化及其灾害的日益加剧，传统民族社会也需要基于社区的实际应对举措。同时，社区实践研究方法能够使人类学家的角色发生改变，人类学家不仅是传统民族社会的参与和观察者，而且在某种程度上成为了生活者，更深入地融入到了当地社区，可以理解和研究参与和观察等传统研究方法所无法触及的深层次问题。

以解决实际问题为导向的社区研究改变了传统的人类学研究方法：首先，传统民族社会可以通过社区基础研究甄别面临的挑战，并选择和确定研究针对的问题，而不是像传统研究方法那样由人类学家自己带着问题和假设来到社区；其次，传统民族社会和人类学家在研究进程中的角色发生了改变，社区村民从被研究的对象转变成为了研究主导者，人类学家也从参与和观察者转变成为生活者；第三，知识与实践相结合的研究方式，不仅可以促进人类学研究成果的实际运用，而且可以在实践中检验和发展人类学的研究理论和方法。

2.3　气候人类学研究方法的意义

在全球气候变化的背景下，人类学家在调查过程中和当地村民共同面对着气候变化及其灾害的威胁和挑战，所以气候人类学的田野方法不仅仅是人类学家为了完成自己的调查报告或论文著作而开展的单纯调查，而更应该是人类学家与社区村民之间的相互学习和相互影响，以此协助当地社区应对气候变化及其灾害的实践。因此，气候人类学的研究方法不仅是传统的田野调查，而是在

不同知识体系之间实现相互交流、转换和发展的方法，是协助传统民族社会应对气候变化及其灾害的实践。这一研究方法有以下两方面的意义：

首先，以传统知识为核心的跨学科综合研究方法实现了不同知识体系之间的转换。传统人类学的调查方法往往只考虑到了调查者的观点，而忽视或者不注重被调查社区的需求。人类学家的田野调查工作实际上是在向当地社区索取知识并在此基础上进行研究的过程，在这一过程中除了应该站在当地人的角度来思考问题，以完成"他观"和"自观"的相互转换以外，更重要的是要把通过调查和研究所获得的知识成果回馈给社区，这种知识回馈形成了科研知识与传统知识相结合的机制和知识转换体系。

其次，以解决实际问题为导向的社区基础研究方法突出了传统民族社会的主体地位和作用。目前，人类学针对气候变化和传统民族社会的研究应当重视传统民族社会自身对气候变化及其灾害等问题的思考和认识，在研究方法中运用当地的观点和视角。以社区为主导的行动研究基于当地传统民族社会的文化和价值观，对气候变化在生活方式、环境和文化等方面造成的影响进行研究，人类学家通过这一研究方法强调社区自主的思索和基于这种思索的实践，协助传统民族社会探索出符合自身文化价值的应对气候变化的模式。

综上所述，气候人类学的研究方法不仅是学科性的，还具备着社会责任性。面对气候变化及其灾害对传统民族社会造成的风险和危害，人类学家不能仅仅采取"客观"甚至"冷漠"的态度对待田野研究点少数民族社区生活贫困、传统文化丧失和生态环境恶化等现实问题。诚然，传统意义上的人类学者只是"他者"文化的学习者和解释者，不能够把自己的意愿和选择强加给"他者"，也不可能去主导"他者"的文化变迁和社会发展的进程。然而在今天全球气候变化的背景下，针对传统民族社会所面临的不同挑战，人类学者应该肩负基本的社会责任，应该积极参与到传统民族社会应对气候变化及其灾害的实践中去。

无论是历史还是当前，气候变化都与人类文化之间存在着重要和直接的相互关系，气候变化对文化、生活方式和精神等领域产生着潜在的影响，人类学有着自己独特的方法论来研究这种关系和影响，这一方法论的基本原则必须以人为中心，强调与社会文化之间的互动关系，同时应该紧紧抓住转型知识这个关键。

首先，人类学认为气候、文化、环境和社会之间有着密不可分的关系，这与自然科学不考虑人类因素的研究方法形成了对比。气候人类学研究以"人"为主要研究对象，而不应该像很多自然科学者那样，见物见事不见人，把人这一与气候变化相互影响的主体撇在一旁，而一味单纯地去考察气候变化对生态系统的影响。那样的研究成果，显然是不能获得全面、正确的结果的。

其次，以人为中心考察气候变化，就必须重视人类的社会文化属性，将其摆在重要位置。社会文化是联系人与自然、人与气候的纽带，气候人类学研究所反映的人与气候之间的关系，其实是通过社会文化来表现的，气候变化的产生、减缓和适应过程，也就是人类社会文化与自然生态环境相互作用、相互影响的过程。

第三，气候人类学研究方法的关键在于转型知识。转型知识的研究方法提倡包括社会和自然科学知识、科学知识和传统知识等不同知识体系之间的借鉴、结合和转型。同时，转型知识的研究方法针对具体场景下实际问题的解决，强调知识与实践之间的相互结合。

气候人类学的研究方法论不能局限于理论的探讨，不能只在书斋里纸上谈兵，最重要的是必须扎根田野，积极行动，努力进行理论和实践的创新，以探索具有知识转换和实践应用的方式和途径，从而推动传统民族社会应对气候变化及其灾害。因此，气候人类学的研究方法并不仅仅是简单学科意义上的调查方式，它承载着人类学家的理想和责任。

2.4　研究区域

2.4.1　区域概况

本研究选取云南省西北部的德钦县作为具体的个案研究点。云南省西北部是世界生物多样性的热点地区之一，这一地区在自然区域上属于喜马拉雅山系东部的横断山脉纵谷区，既有低纬度同时又有较高的海拔，具有各种不同类型的植物的生存环境。这一地区属中国三大特有物种起源和分化中心区域，分布着丰富而多样化的基因资源和动植物类群，保存有大量古老的生物类群，是中国原生生态系统保留最完好、垂直生态系列最完整及全球温带生态系统最具代表性的地区之一。从山脚到山地植被类型依次为干旱或半干旱河谷稀树灌草丛，亚热带山地常绿阔叶林和常绿针叶林，湿性和寒性针叶林，高寒灌木丛和草甸，高山流石滩及冰缘植被。云南共有高等植物 16 000 种左右，这一地区就有近 7000 种，其种类是全省的 44%，这个地区的特有现象十分突出，中国特有植物种类 5079 种，横断山区的特有种有 2988 种，其中滇西北地区特有 910 种，其中中国特有属 72 个，占全国特有属的 28% 左右，地区特有属 12 个，占中国特有属的 16.22%。这一地区还有丰富的珍稀、濒危植物，各类列入国家保护的珍稀濒危植物就有 103 种（周跃等 2011）。云南省西北部也是文化多样性的热点地区之一，是一个多民族居住和生活的地区，按照在澜沧江流域居住着本民族人口 10% 以上的标准，主要分布着藏族、傈僳族、纳西族、白族、普米族、回族、彝族等 7 个主要少数民族和汉族，各个民族形成了自己的文化，特别是在长期适应多样性的生态环境、开发利用多样性的生物资源以求得生存和发展的过程中，创造了各具民族特色的文化。多样性的自然环境和多元的民族文化孕育了丰富的传统知识，这些传统知识与当地少数民族生存环境和生计方式存在着紧密的联系，并且有着类型划分，具备较强的地方性和适用性。

图 2 - 1　德钦县位置

德钦县位于云南省西北部、喜马拉雅 – 横断山脉东端、青藏高原南缘、澜沧江（湄公河）上游，西北部与西藏接壤，东部与四川交界，总面积为7504平方公里（见图 2 – 1）。德钦县地势北高南低，东有云岭山脉，西有怒山山脉，两列山脉呈南北走向，纵贯全县，其中梅里雪山、甲午雪山、白马雪山等山峰海拔都在 5000 米以上，全县最高处为卡瓦格博峰，海拔有 6740 米；德钦县东部为金沙江流域，西部为澜沧江流域，两江由北向南流经县域。金沙江在县境内流长为 250 千米，流域面积 4506 平方千米，占全县土地面积的 59.3%；澜沧江流长为 180 千米，流域面积 3090 平方公里，占全县土地面积的 40.7%。全县最低处在澜沧江南部江边，海拔为 1840.5 米。澜沧江穿行于怒山山脉和云岭山脉之间，两岸高山峻岭，江边到山巅海拔高差达 4720 米，形成了澜沧江大峡谷。德钦是世界生物多样性的热点地区之一，全县从南到北仅占 1.7 个纬度，却几乎包含了相当于北亚热带地区到北半球极地 70 个纬度的水平气候类型和生态类型，种子植物有 127 科、506 属、174 种，哺乳动物有 24 科、78 种，鸟类有 31 科、158 种，鱼类有 11 种（德钦县志 1997）。德钦县概况列于表 2 – 1。

表 2 – 1　德钦县概况

平均海拔	4270.2 米
年均温	4.7℃
年降雨量	633.7 毫米
年均蒸发量	1240.2 毫米
气候类型	寒温带山地季风性气候
藏族所占比重	80.31%
藏族类型	康巴藏族
当前生计方式	半农半牧
宗教信仰	藏传佛教、基督教

由于德钦的生态系统极其脆弱，近年来所受气候变化的影响也尤为明显，因此也给与自然环境密切相关的传统生计方式造成了影响和威胁，并带来了风险和挑战。同时，当地藏民族对于气候和气候变化的认知及其传统知识也比较丰富和多样，这些认知和传统知识是长期适应当地气候及其变化的积累和结

晶，同时也受到气候变化的影响，并且随着气候的变化而改变，反过来又适应不断变化的气候环境。

2.4.2 选点意义

本研究选取德钦县为研究区域有以下的意义：

（1）德钦县属于高原性寒温带山地季风气候，由于纬度低和垂直高差大的影响，气候垂直变化，立体气候特征突出。因此，这一局部地区的气候变化现象相较于其他地方而言更为复杂和多样。

（2）德钦县极端气候事件频繁，由于当地地质条件和生态环境脆弱，容易受气候灾害影响并引发次生灾害，如泥石流、洪涝和滑坡等。

（3）德钦县气候条件和生态环境多样，当地藏族在长期的生活和生产过程中，形成了适应于当地气候和环境的半农半牧生计方式，并积累了丰富的关于气候和物候的传统知识，这些知识在一定程度上帮助了当地村民预测、预防和应对气候变化及其灾害的影响。

（4）德钦县生物多样性资源和当地藏族传统文化资源丰富，其中包含了许多与生态环境和自然资源密切相关的世界观、信仰、技术和实践等传统知识，这些知识一直与自然环境变化和社会文化发展的保持互动，是一个不断创新的过程和机制，也是当地藏族适应气候变化的基础。

2.5 研究框架

2.5.1 研究目的和意义

本书针对气候变化和传统知识的跨学科研究具有以下的目的和意义。

本研究的目的在于：突破以往局限于自然科学领域对气候变化的研究，从民族生态学的视野出发，采取跨学科交叉的研究方法，以云南省西北部德钦县藏民族为具体案例，研究气候变化对与生物资源保护和持续利用相关传统知识的影响，探索建立气候变化和传统知识研究的理论，探索确立传统知识的定量分析和研究模式，探索基于传统知识适应局部地区气候变化及其灾害的实践方式。

本研究具有以下意义：第一，可以弥补我国该学术领域的不足，进行跨学科创新性的探索和研究；第二，促进各利益群体对少数民族传统知识的理解和重视，探索通过与国家政策、科学知识和环境保护理念相结合以适应气候变化的创新和实践；第三，有利于相关传统知识的记录和保护，可以为未来应对气候变化、防治气候灾害打下基础，从而降低生产生活的风险，提高其生计的安全性；第四，为未来政府相关政策和规划的制定提供建议和参考。

2.5.2　研究内容

主要研究内容包括三个方面：第一，当地藏民族所掌握的有关气候和气候变化的传统知识；第二，气候变化对与生物资源保护和持续利用相关传统知识的影响；第三，在对气候变化的适应过程中，传统知识可以发挥的作用。

2.5.2.1　气候和气候变化的传统知识

虽然气候模型能够制作气候变化的宏观景像，并且可以估计人类未来发展的不同趋势和后果，但对于区域的气候变化却无法提供准确的信息。近年来，越来越多的人们意识到土著民族或者少数民族有关气候和气候变化的传统知识，这些知识依据的是比仪器复杂得多的生物和环境，恰恰是区域气候变化信息的珍贵来源渠道。目前，关于气候变化原因的科学解释主要集中在温室气体排放，而土著民族或者少数民族的传统知识则更加多样化，涵盖面也更广，对气候变化的观察和理解更具本土性和实际性。传统知识认为气候变化不仅仅是一种自然现象，而是在环境和社会等因素交织影响下发生的，这些因素反过来也影响着人们形成对气候变化的知识。

德钦当地藏民族也有着气候和气候变化的传统知识，这些知识包括：
——温度的变化。
——降雨和降雪的变化。
——季节的变化。
——风的变化。
——年度气候的变化。

——冰川、雪盖、冰、河流和湖泊的变化。

——极端气候灾害的预测和应对。

德钦县藏民族对气候和气候变化的传统知识丰富而且多样，这些传统知识能够帮助人们更好理解气候变化。

2.5.2.2 气候变化对传统知识的影响

德钦的当地藏民族世世代代创造了与当地自然环境和生态系统相适应的资源利用和生计方式，并在此基础上积累了丰富的与生物资源保护和持续利用相关的传统知识，依据薛达元教授对传统知识的分类体系，德钦当地的这些知识在其分类系统中都有体现：

——传统利用牧草资源知识。

——藏医药药用生物资源知识。

——传统畜牧业生计方式。

——神山信仰。

——松茸产品。

德钦的藏族村民生活在复杂、立体且脆弱的气候条件、自然环境和生态系统中，与生物多样性相关的传统知识来源于当地的生态环境和当地人的生产生活实践，多样而丰富，近年来这些传统知识日益受到气候变化和极端灾害的影响。

2.5.2.3 传统知识与适应气候变化

目前，全球关于气候变化的讨论已越来越多地转向适应，并把其作为研究和政策制定的优先考虑事项。不同的人群对气候变化的观察和理解是不一样的，因此他们用来减缓气候变化负面影响的方式，以及适应气候变化的能力也是不一样的。

德钦藏民族不仅是气候变化的观察者和被影响者，而且还积极地适应着当地气候环境的变化，这些适应举措包括：

——经济作物种植的多样化和创新。

——生产活动时间安排的调整。

——生产技术的改变。

——资源和生活方式的改变。

——对外交流。

——传统知识和科学技术的结合。

2.5.3　研究拟解决的问题

2.5.3.1　气候变化和传统知识的研究理论

随着气候变化研究的日趋深入和广泛，跨学科的研究必将是未来的趋势。因此，本章试图在结合自然科学和社会科学的基础上，按照与生物资源保护和持续利用相关传统知识的分类体系，建立气候变化和传统知识的研究理论。

2.5.3.2　传统知识的定量分析和研究模式

传统知识是土著民族和少数民族认识生存环境的基础，理论上是可以被测量和评估的。因此，在研究中实现传统知识的指标化和数据化，建立传统知识的定量分析和研究模式，是本研究试图解决的一个关键科学问题。

2.5.3.3　气候变化对传统知识的影响

生计方式与当地生态环境和自然资源有着密切的关系，如放牧季节和转场时间，以及地点的决定、播种和收获时间的确定、饲养和种植品种的选择等都属于生计方式。影响生计方式的因素很多，其中涉及自然的、政策的、经济的、文化的、制度的甚至具体村庄环境和个人习惯等方面。同时，在德钦不同海拔区域的村落，这些因素的影响也存在着差异，就算是同一海拔地区，某个因素的影响会比较集中地反映在生计方式的某个或者多个具体行为上。因此，气候变化如何影响传统知识？怎样衡量和评估气候变化对传统知识的影响？传统知识如何适应这些影响？是本研究试图解决的关键科学问题。

2.5.4　研究方法

对于气候变化和传统知识的研究而言，多学科交叉和跨学科的研究及共享研究的问题和调查方法是其总的趋向。本研究在查阅相关文献、书籍、年鉴等资料的基础上，结合半结构访谈、关键人物访谈、问卷调查及样方法等野外调查等方法对研究点上气候变化和藏民族传统知识进行深入研究，利用统计分析软件对相关数据进行处理，对比气候变化的科学数据和传统知识，甄别适应气

候变化的传统知识，在此基础上探索建立气候变化和传统知识研究的思路和方法。具体技术路线框架如图 2 - 2 所示。

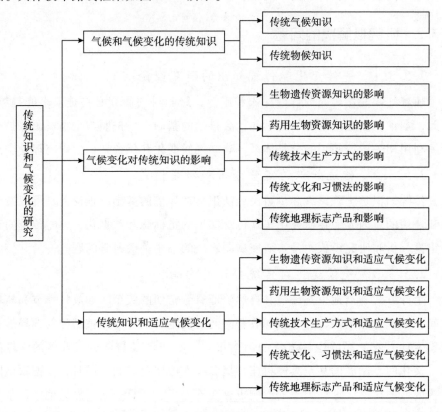

图 2 - 2　研究技术路线框架

1. 文献研究和回顾

首先回顾和总结当前国内外对气候变化和传统知识相关研究的进展和成果。其次查阅相关文献、书籍资料，收集和分析藏族传统知识和气候变化方面的研究现状。分析联合国机构、政府间组织、区域组织和国家针对气候变化和少数民族（土著民族）制定和签署的公约和政策。

2. 田野调查

田野调查主要围绕三个主题展开：

（1）当地藏族与气候相关的传统知识是什么？

（2）气候变化对与生物多样性相关的传统知识的影响是什么？

（3）传统知识与适应气候变化之间的关系是什么？

调查过程中首先运用参与观察了解调查村庄的基本气候和生态环境状况，然后甄别出拥有传统知识的乡土专家、年长者和村领导等进行关键人物访谈，同时按照性别和年龄在每个村分别举行小组讨论，并在六个村庄中的每个村选择 30 个村民（$n=30$）进行半结构访谈，再开展问卷调查。选择访谈和调查的村民年纪都在 40 岁以上，并尽量选择每家的户主来进行，这样选择的原因在于传统知识不是一般的知识，与一个人在当地生活的时间、所积累的自然环境经验及其社会文化背景有着密切的关系。同时，40 岁以上的村民才更能对过去和现在的气候环境变化做出有意义和价值的对比，也才可以基于长期环境经验和社会文化背景认识到传统知识的变异性。另外，在调查对象的选择上也注意性别的平等，以突出传统知识对气候变化认知的性别视角。调查语言用当地藏语和汉语方言进行，并有当地村民翻译的帮助。

围绕上述主题，本书选取德钦县云岭乡的果念和红坡两个行政村及其位于白马雪山的高山牧场为田野研究点，并于 2009 年至 2012 年间数次在当地展开田野调查，在这两个行政村中各选取三个自然村为具体研究地点。这六个村庄分布在澜沧江两岸的梅里雪山和白马雪山，海拔在 2100～3300 米，由于海拔不同，各个村庄的气候特征也不相同。六个村庄按照海拔高度分为三个类型：（1）海拔 2000 米左右的位于河谷的村庄，为干燥和温暖的气候特征；（2）海拔 2500 米左右的位于半山坡地带的村庄，为稍微湿润和凉爽的气候特征；（3）海拔 3000 米以上的村庄，为湿润和寒冷的气候特征。表 2-2、表 2-3 分别为红坡村、果念村各三个类型村庄的特征。

表 2-2　红坡村三个类型村庄的特征

村庄	类型	海拔（米）	家户（户）	人数（人）		气候特征
				男	女	
弄顶	高海拔	3230	33	73	64	湿润和寒冷
弄坡	中海拔	2800	42	87	93	湿润和凉爽
日嘴	低海拔	2130	47	97	94	干燥和温暖

表 2 - 3　果念村三个类型村庄的特征

村庄	类型	海拔（米）	家户（户）	人数（人）		气候特征
				男	女	
八里达	高海拔	3300	38	78	67	湿润和寒冷
佳碧	中海拔	2600	49	107	112	湿润和凉爽
果念	低海拔	2100	51	97	103	干燥和温暖

2.5.5　问卷设计

问卷的设计构架由被调查者的基本信息、与气候变化相关的传统知识问题，以及传统知识与适应气候变化的问题三大部分构成。问卷第一部分是基本信息，第二部分是气候变化和传统气候知识，第三部分是气候变化和传统物候知识，第四部分是适应气候变化的传统知识和创新策略。

第一部分是被调查者基本情况调查，包括姓名、年龄、性别、文化程度、家庭人数、联系方式等题目；第二部分是关于气候变化和传统气候知识的问题，主要涉及近 20 年以来人们对气候变化趋势、极端气候灾害的传统知识；第三部分是关于气候变化和传统物候知识的问题，以畜牧业为主的半农半牧生计方式为渠道，了解近 20 年以来人们对物候变化趋势、极端灾害的传统知识；第四部分是村民关于适应气候变化的传统知识和创新策略问题。其中第二部分和第三部分共分为 31 个问题，又细分为长期气候现象、极端气候灾害现象、长期物候现象和极端生计灾害现象四个具体部分。第四部分单独由 9 题构成，依序由 1～5 分代表非常不同意、不同意、普通、同意到非常同意，并用 1～5 分别为 5 种答案计分。最后将量表中各题得分累加后即可得出态度总分，从而反映村民对某适应方式的综合态度，量表总分越高，说明其对某适应方式的态度越积极。

2.5.6　数据收集和分析方法

2.5.6.1　数据的收集

由于本人之前在德钦从事环境保护工作，为本书的数据收集打下了一定的基础。从 2010 年至今的中央民族大学博士学习期间，在导师薛达元教授对生物资源保护和持续利用相关传统知识的分类体系指导下，在本人前期工作的基础之上，进一步开展了田野调研工作，进行数据的整理和收集。2010 年至 2011 年，作者在德钦县进行了 4 次系统的田野调查，详见表 2 - 4。

表 2 - 4　数据收集时间和工作量

时　间	季　节	工作次数	工作量
2011 年 2 月至 4 月	冬季—春季	第一阶段田野调查	对 6 个研究村寨进行调研，获得对神山信仰仪式、传统利用牧草资源知识、传统畜牧业生计方式的定性数据
2011 年 7 月至 8 月	夏季—秋季	第二阶段田野调查	对高山牧场进行调研，获得对轮牧区域数量、轮牧时间天数、传统品种数量、传统品种比例、转场日期等的定量数据
2011 年 9 月至 12 月		调查资料的整理	对神山信仰仪式、传统利用牧草资源知识、传统畜牧业生计方式的定性和定量数据进行整理
2012 年 2 月至 4 月	冬季—春季	第三阶段文献回顾	对 6 个研究村寨进行调研，获得对松茸产品和藏医药药用生物资源知识的定性数据
2012 年 7 月至 8 月	夏季—秋季	第四阶段田野调查	对高山森林进行调研，获得对松茸菌窝数量、采集松茸平均株数、药材采集地数量、药材采集株数的定量数据
2012 年 9 月至 12 月		调查资料的整理	对松茸产品和藏医药药用生物资源知识的定性和定量数据进行整理

需要指出的是，本书上述第一手资料和定性、定量数据的收集和获得，离不开当地乡土专家和村民的支持和协助。

2.5.6.2　数据的分析

本书收集的数据分为定性数据和定量数据。

德钦县 20 年来的气候数据由云南省气象局提供，分为气温、降水和湿度三部分。

德钦县 6 年来不同牧场样地牧草生产力的数据由德钦县农牧局提供，分为

每平方米重量、植被覆盖率和折合亩产三部分。

传统知识的定性数据和定量数据分析都按照"生物资源保护与持续利用相关传统知识的分类体系和框架"来进行。

传统知识的定性数据分析依据气候的传统知识、气候变化对传统知识的影响和传统知识对气候变化的适应三个主要议题进行。

传统知识的定量数据形成和分析是本书的一个创新点，在借鉴植物学、草学、物候学、畜牧学和人类学等学科的基础上，试图形成传统知识在民族生态学领域内的定量调查和分析方法。

对上述这些数据的比较分析则通过使用 Mirosoft Excel（2003）软件进行。

第3章

气候人类学的研究案例——云南省德钦县气候变化与藏族传统知识的关系

  德钦县的气候属寒温带山地季风性气候。气候受海拔的影响较大。纬度影响不甚明显。随着海拔的升高，气温降低，降水增大，大部分地区四季不分明，冬季长夏季短，正常年干湿两季分明，年平均降雨量为 633.7 毫米，5~10 月雨季的降水量占全年降水量的 77.5%，西北部年平均降水量在 660 毫米以下，东南部年平均降水量在 850 毫米左右。年平均气温为 4.7℃，日照时数为 1980.7 小时，日照百分率为 4.5%。平均初霜日在 9 月 30 日，终霜日在 5 月 23 日，最早初霜日为 8 月 28 日，最晚终霜日为 6 月 12 日。有霜期每年一般为 236 天，无霜期仅 129 天左右，旱象居多，长旱、短旱、插花旱、霜冻洪涝加冰雹和雪。

  已有研究通过使用德钦县气象站 1957 年以来实况逐年观测到的降雨、气温、空气相对湿度和日照资料，采用距平分析法、10 年滑动平均线性回归等分析方法，对德钦县 1957—2010 年共 53 年的气温、降雨、日照、相对湿度资料进行处理，对年平均、年平均最高、年平均最低、年极端最高、年极端最低等要素特征量进行统计分析，得到 53 年的气温变化征量。对年降水量、雨日和最大日降水量，对年平均空气相对湿度、年最小相对湿度及年日照时数逐年统计对比分析，得到上述气象要素气候变化的征量。

  德钦县 53 年气温变化特征如图 3-1 所示。

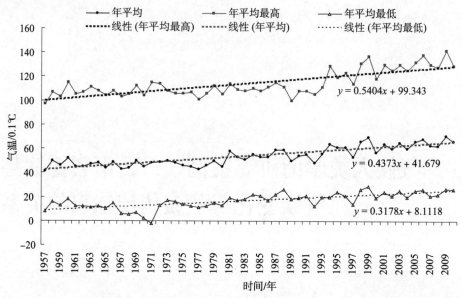

图 3-1 德钦县 1957—2010 年年平均、年平均最高、年平均最低气温逐年变化

德钦的平均气温、平均最高气温和平均最低气温均为升高的趋势，平均气温、最高气温、最低气温分别升高 0.44℃/10 年、0.54℃/10 年、0.32℃/10 年，升高趋势最明显的是平均最高气温，升高趋势相对最不明显的是平均最低气温（见图 3-2）。

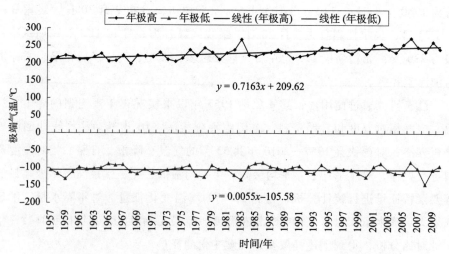

图 3-2 德钦县 1957—2010 年年极高、年极低气温逐年变化

年极端最高气温和年极端最低气温也有相同的变化趋势：年极端最高气温升高 0.71℃/10 年，年极端最低气温也在升高。

德钦县 53 年降水量、降水日数特征变化如图 3-3 所示。

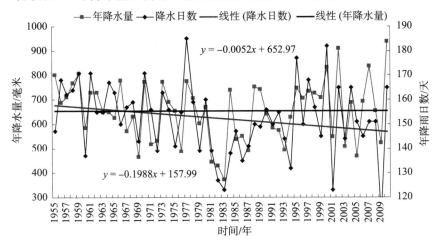

图 3-3　德钦县 1955—2010 年年降水量、降水日数特征变化

德钦的年降水量有减少的气候趋势。德钦 53 年降雨的变化主要体现在年雨日减少趋势稍明显一些，每 10 年雨日减少了近 2 天。

德钦县 53 年平均空气相对湿度和年最小相对湿度的气候变化特征如图 3-4 所示。

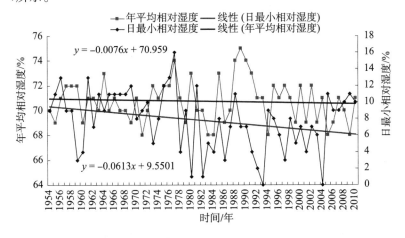

图 3-4　德钦县 1954—2010 年年平均相对湿度、年最小相对湿度特征变化

德钦的年平均相对湿度有稍减小的气候趋势。而年最小相对湿度也有减小的趋势，每 10 年减小 0.6%。

德钦县 53 年来气候变化特征的主要结果为：

（1）德钦气温变化与全球气温变化趋势相同，1957—2010 年 53 年的平均气温、平均最高气温和平均最低气温均为升高，升高趋势最明显的是平均最高气温和年极端最高气温，增温率分别为 0.54℃/10 年、0.71℃/10 年。增幅高于云南其他地区。

（2）德钦 53 年的年降水量有减少趋势，但减少的幅度很小，基本可以忽略不计，与云南近 50 年全省年雨量减少平均速率为 6.66 毫米/10 年的趋势显著不同。德钦 53 年降雨的变化主要体现在年雨日减少趋势稍有明显，减少率为 2 天/10 年。相对湿度和降水的变化是紧密联系的，降水是相对湿度变化的一个重要影响因子。德钦 53 年平均相对湿度有稍减小的趋势，但变化很小，基本可以忽略不计，年最小相对湿度减少趋势稍明显，减少率为 0.6%/10 年。

（3）德钦的年日照时数有明显的年代际变化，总的趋势是减少 27.84 小时/10 年，其中，50～80 年代，日照时数接近多年平均，年际变化很小，而 80～90 年代初为高值阶段，不同于云贵高原其他地区。90 年代初至今年日照时数则处于低值期，与云南大部趋势相同。

半个世纪以来，德钦气候变化大的趋势与全球和周围地区同步，但总体上气温变化的趋势更为显著。降雨变化和相对湿度变化不显著。日照的变化主要体现了 20 世纪 80～90 年代为异常增多（达月珍 2012）。

从 20 世纪 70 年代末期开始，全球气候变化出现变暖的事实，在这一背景下德钦县气候变化也较为明显，也出现了气温升高和极端气候事件日益增多的现象。因此，本文选择 1991—2010 年的气象资料，着重对这一期间的气候变化特征进行分析。

3.1　德钦县 1991—2010 年气候变化特征

本研究使用的是德钦县气象站 1991 年以来实况逐年观测到的降雨、气温、空气相对湿度资料。将通过对德钦县 1991—2010 年共 20 年的气温、降雨、相对湿度资料进行处理，对年平均、年平均最高、年平均最低、年极端最高、年极端最低等要素特征量进行统计分析，得到 20 年的气温变化征量。对年降水量、雨日和最大日降水量，对年平均空气相对湿度和年最小相对湿度逐年统计对比分析，得到上述气象要素气候变化的征量。分析方法主要采用平均线性回归。

3.1.1 德钦 20 年气温变化特征

IPCC 第四次评估报告显示，过去 100 年（1906—2005 年）全球地表平均气温升高 0.74（0.56~0.92）℃（秦大河等 2007）。通过对德钦县逐年气温资料进行分析，德钦气温变化与全球气温变化趋势相同（图 3-5 所示为德钦 1991—2010 年的气温变化情况）。德钦的平均气温、平均最高气温和平均最低气温均为升高的趋势，平均气温、最高气温、最低气温分别升高 0.63℃/10 年、0.54℃/10 年、0.78℃/10 年。根据郑建萌等人对云南近 100 年温度雨量的变化特征分析，100 年来云南平均增温速率为 0.031℃/10 年，而近 50 年来全省平均增温速率则上升为 0.242℃/10 年（郑建萌等 2010），德钦县近 20 年气温增速为 0.63℃/10 年。

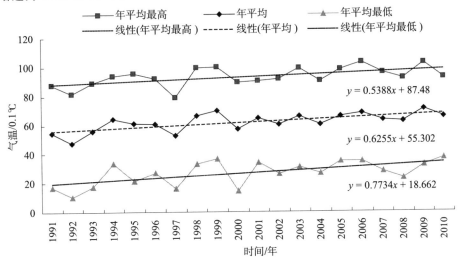

图 3-5　德钦县 1991—2010 年年平均、年平均最高、年平均最低气温逐年变化

年极端最高气温和年极端最低气温也有相同的变化趋势：年极端最高气温升高 0.48℃/10 年，年极端最低气温升高 0.72℃/10 年（见图 3−6）。

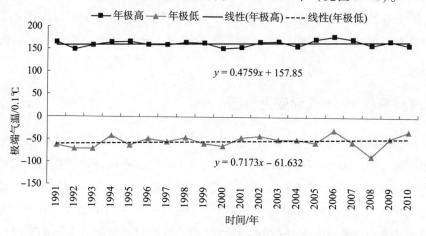

图 3−6　德钦县 1991—2010 年年极高、年极低气温逐年变化

由于统计时段的不同，导致结果的差异性，根据国家气候中心中国气候变化预估信息服务系统的统计，1951—2001 年德钦观测资料显示出的增温率为 1.1℃/50 年。同时，该系统预估了德钦 2001—2100 年的增温率为 3.3℃/100 年。

3.1.2　年降水量、降水日数特征变化分析

全球总降水量在过去 100 年有增加趋势，但在干旱与半干旱地区减少（Folland *et al.* 2001），中国近百年（1905—2001 年）年降水量趋势变化不显著（丁一汇等 2006）。云南 1901—2007 年全省年降水呈减少趋势，平均速率为 7.288 毫米/10 年，近 50 年全省年雨量减少平均速率为 6.66 毫米/10 年（郑建萌等 2010）。德钦的年降水量近 20 年有增加的气候趋势。德钦 20 年降雨的变化主要体现在年雨日减少趋势明显，每 10 年雨日减少了近 4 天（见图 3−7）。国家气候中心中国气候变化预估信息服务系统的统计，1951—2000 年德钦观测资料显示出降水的变化率为 −0.7%/50 年。同时，该系统预估了德钦 2001—2100 年降水变化率为 7.4%/100 年。

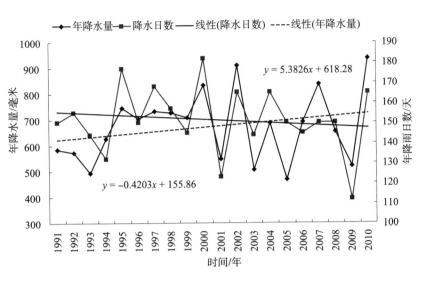

图 3 - 7　德钦县 1991—2010 年年降水量、降水日数特征变化

3.1.3　年平均空气相对湿度和年最小相对湿度的气候变化特征

德钦的年平均相对湿度有减少的气候趋势，每 10 年减少 1.1%；而年最小相对湿度有增加的趋势，每 10 年增加近 4.1%（见图 3 - 8）。与德钦 20 年年平均降雨、降水日数有很多相似之处，相对湿度和降水的变化是紧密联系的，降水是相对湿度变化的一个重要影响因子，同时，相对湿度又是降水的一个主要条件。

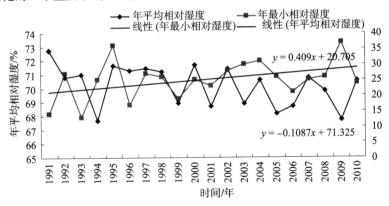

图 3 - 8　德钦县 1991—2010 年年平均相对湿度、年最小相对湿度特征变化

3.1.4　小结

通过上述分析，德钦县 1991—2010 年的气候变化有以下特征：

（1）德钦气温变化与全球气温变化趋势相同，1991—2010 年 20 年的平均气温、平均最高气温和平均最低气温均为升高，升高趋势明显，增温率分别为 0.63℃/10 年、0.54℃/10 年、0.78℃/10 年，增幅高于云南其他地区。

（2）年极端最高气温和年极端最低气温与平均气温有相同的变化趋势：年极端最高气温升高 0.48℃/10 年，年极端最低气温升高 0.72℃/10 年。

（3）德钦 20 年的年降水量有增加的气候趋势。年雨日减少趋势最明显，每 10 年雨日减少了 4 天。

（4）相对湿度和降水的变化是紧密联系的，降水是相对湿度变化的一个重要影响因子。德钦 20 年的年最小相对湿度有增加的趋势，每 10 年增加 4.1%；年平均相对湿度有减少的趋势，每 10 年减少 1.1%。

20 年以来，德钦气候变化大的趋势与全球和周围地区同步，总体上气温变化的趋势显著，降雨变化和相对湿度变化较为显著。

相较于前者针对德钦县 53 年气候变化的研究而言，本研究有以下特征：

（1）气温。根据报告，德钦 53 年气温变化特征为：德钦的平均气温、平均最高气温和平均最低气温均为升高的趋势，平均气温、最高气温、最低气温分别升高 0.44℃/10 年、0.54℃/10 年、0.32℃/10 年，升高趋势最明显的是平均最高气温，升高趋势相对最不明显的是平均最低气温。年极端最高气温和年极端最低气温的也有相同的变化趋势：年极端最高气温升高 0.71℃/10 年，年极端最低气温也在升高，但升高的趋势基本可忽略不计。

根据 1991—2010 年第一手气象数据分析：德钦的平均气温、平均最高气温和平均最低气温均为升高的趋势，平均气温、最高气温、最低气温分别升高 0.63℃/10 年、0.54℃/10 年、0.78℃/10 年。年极端最高气温和年极端最低气温的也有相同的变化趋势：年极端最高气温升高 0.48℃/10 年，年极端最低气温升高 0.72℃/10 年。

分析结论一致，即平均气温、平均最高气温、平均最低气温、年极端最高气温和年极端最低气温均升高。

（2）年降水量、降水日数特征变化分析。根据报告，德钦 53 年年降水量、降水日数特征为：德钦的年降水量有减少的气候趋势。德钦 53 年降雨的变化主要体现在年雨日减少趋势稍明显一些，每 10 年雨日减少了近 2 天。

根据 1991—2010 年第一手气象数据分析年降水量、降水日数特征：德钦的年降水量近 20 年有增加的趋势。德钦 20 年降雨的变化主要体现在年雨日减少趋势明显，每 10 年雨日减少了近 4 天。

年降水量的分析不同是因为分析时段的不同，导致结果的差异性。

（3）年平均空气相对湿度和年最小相对湿度的气候变化特征。根据报告，德钦 53 年年降水量、降水日数特征为：德钦的年平均相对湿度有稍减小的气候趋势。而年最小相对湿度也有减小的趋势，每 10 年减小 0.6%。

根据 1991—2010 年第一手气象数据分析，年降水量、降水日数特征为：德钦 20 年的年最小相对湿度有增加的趋势，每 10 年增加 4.1%；年平均相对湿度有减少的趋势，每 10 年减少 1.1%。

年平均相对湿度分析不同可能因为分析时段的不同，导致结果的差异性。

进行上述对比的目的和意义在于，虽然德钦 50 多年来的气候在发生着变化，但选取不同时段的数据和指标进行分析，所得出的气候变化结果会有差异。在更大的范围内更是如此，近年来部分科学家出现了质疑气候变暖是阴谋论的观点，以及 IPCC 近期正式承认，该组织发表的气候变化报告中存在重大"失误"，例如喜马拉雅冰川将在 2035 年消失的结论就严重违背事实，这些都说明了数据和模型在研究气候变化过程中存在着一定程度的缺陷和不足。但并不能因为质疑数据而质疑发生的事实，冰川消融等气候变暖的现象在包括高山和极地的世界许多地区已经是不争的事实，因此当科学研究的数据和模型结果出现紊乱，甚至是与事实相反的时候，传统知识可以起到重要的补充和修正作用。

3.2　德钦县近 50 年来的极端气候灾害

3.2.1　旱灾

干旱是指人类进行生产经济活动和生活需要的水量供应不足，或发生大幅

度减少时出现的灾情。干旱又可分为农业缺水干旱、城市缺水干旱和农村人畜饮用缺水等。以季为时段供水、需水不平衡而产生的干旱可分为冬旱、春旱、夏旱和秋旱，进而细分为初夏干旱、秋旱、晚秋旱等（鲁永新等 2010）。

关于德钦县的旱灾发生记录，在 1958 年以前相关的史料记载较少，1958 年至今，由于水利、气象等部门的观测记录已经很完善，对旱灾有了明确的观测和记录，形成较为详细的旱灾调查资料，根据德钦县志记载，在 1958—1988 年，德钦县共出现旱灾 31 次，平均每 1.3 年一次。

历史上，德钦特大旱灾发生的情况是：

大清光绪二十三年（1897 年），发生大旱。

1943 年，发生春夏连旱。

1951 年，发生大旱。

1956 年，冬春大旱，作物受灾 1843.6 亩，部分村寨人畜饮水断绝。

1957 年，在冬春大雪、霜冻之后，初夏接着发生旱灾。

1959 年，春秋连旱，农作物受重灾面积 3253 亩。

1963 年，干季雨量均低于常年值，干旱持续达 7 个月之久，县境部分河流干涸或水量减少。全县小春受灾面积 1237 亩，大春受灾面积 8351 亩。

1969 年，全年降雨量 465.8 毫米，比历年减少 195.5 毫米，光照比历年平均量多 229.1 小时，是 1957—1980 年光照最多的一年，冬春连旱严重，受灾面积 1.23 万亩，31 个生产队人畜饮水困难。

1986 年，1~2 月降水均低于历年同期平均值，5~6 月雨量 54 毫升，全县多数河流流量减少，小河及部分沟渠断流，受旱面积达 1.9 万亩。

1987 年，春夏连旱。

1993 年，夏旱。

2005—2013 年，持续严重旱灾，其中 2010 年发生了特大旱灾。

3.2.2　水灾

水灾，也可以称为洪灾，一般指因短时间强度大的降水，或者是长时间连续不断的大量降水积累所引发的山洪暴发、河流水位上涨漫过河堤而冲毁农田、道路和村庄的强烈的自然灾害。洪涝灾害不像干旱那样平静缓慢地形成或持续，而是快速猛烈，在短时间内破坏力就达到极大，严重地威胁着人类经济和社会的发展。

水灾是德钦县境内发生频率高、局地性强、损失严重的气候灾害之一。德钦县境内复杂的地形、气候条件决定了多局部单点大雨、暴雨。此类单点性的大雨和暴雨历史短、雨量集中、笼罩面小，造成的洪水具有突发性、局部性和灾害性等特点。大范围、高强度的暴雨，常常导致江河水位陡涨、山洪暴发。同时，由于德钦县以山地地貌为主，境内山脉纵横、海拔高差巨大、地形切割深、起伏变化大，在水灾局地性强的因素下，往往还会伴有泥石流、滑坡等次生灾害的发生。

德钦县较早的水灾历史已经无法考证，有史料记载的水灾最早发生在清朝以后。根据德钦县志记载，在 1958—1988 年，德钦县共出现水灾 34 次，平均每 1.2 年一次，由于连续降雨，雨水集中，引起山洪暴发、河水泛滥和堤坝决口，冲毁农田、房屋。其中特大水灾发生的情况是：

大清雍正四年（1727 年），发生暴雨。

1914 年，部分河流发生洪水，沿岸农作物因水灾欠收。

1925 年，部分河流发生洪水，沿岸农作物因水灾欠收。

1966 年 6～8 月降水量达 499 毫米，全县受洪灾面积 1866.3 亩，冲走民房12 幢、仓库 6 所、水磨坊 19 座、畜厩 5 所。金沙江主要支流珠巴洛河决堤，淹没沿河农田 836 亩，冲毁防护堤 3210 米。

1973 年 6 月 16 日暴雨，佳碧、永支等地河水泛滥，冲毁民房 3 所，畜厩11 间，淹没农田 56.5 亩，冲走云岭乡粮管所粮食 1 万余公斤。

1979 年 10 月 10～12 日，连日降雨，总雨量达 107.7 毫米，金沙江、澜沧江多条支流决堤，淹没沿河农田 600 多亩，冲走小水电站 1 座，冲毁防护堤 2530 米。

1981 年 6 月 3 日，燕门乡禹功一座 55 千瓦的水电站被洪水冲走。

1988 年 7 月 8 日，全县受洪水、泥石流灾害面积达 436 亩，冲毁桥梁6 座。

3.2.3　雪灾

雪灾亦称白灾，是由于长时间大规模降雪，以至给人类社会造成负面影响和损失的一种灾害现象。雪灾是中国牧区常发生的一种畜牧气象灾害，主要是指依靠天然草场放牧的畜牧业地区，由于冬半年降雪量过多和积雪过厚，雪层维持时间长，影响畜牧正常放牧活动的一种灾害。对畜牧业的危害，主要是积雪掩盖草场，且超过一定深度，有的积雪虽不深，但密度较大，或者雪面覆冰形成冰壳，牲畜难以扒开雪层吃草，造成饥饿，有时冰壳还易划破羊和马的蹄腕，造成冻伤，致使牲畜瘦弱，常常造成牧畜流产、仔畜成活率低、老弱幼畜饥寒交迫、死亡增多。同时还严重影响甚至破坏交通、通信、输电线路等生命线工程，对牧民的生命安全和生活造成威胁。雪灾主要发生在稳定积雪地区和不稳定积雪山区，偶尔出现在瞬时积雪地区。中国牧区的雪灾主要发生在内蒙古草原、西北和青藏高原的部分地区。

德钦县较早的雪灾历史已经无法考证，有史料记载的雪灾最早发生在1947年以后。德钦县春秋季短，冬季却长达6个月之久，其间频频下雪，尤其是1~3月为降雪次数多降雪量大的月份。根据德钦县志，1955—1986年降雪深度大于50厘米的有13年。雪灾造成国防公路214线的白芒雪山封山达4~5个月，交通和通信中断，发电厂遭受破坏，造成停电，全县遭受较大的经济损失。半山区、山区农牧民因连日降雪，气温骤然下降，饲草短缺、致使牛、羊等家畜冻死、饿死，住房、粮架倒塌。交通和通信中断、停电、使该地区遭受很大的经济损失。其中特大雪灾发生的情况是：

民国36年（1947年），燕门乡降大雪，积雪厚度达2米以上，降雪天近1个月，牲畜多有冻死，房屋倒塌。

1959年，冬雪集中，村镇积雪最深达52厘米。农作物受损严重，交通受阻。

1966年6月，降大雪。

1970年3月，降大雪。

1976年6月，降大雪，积雪最深达到1.2米，大春作物受损严重。

1989年2月，持续降雪，通信中断，交通受阻。

2008年1月，境内开始普降大雪，造成交通、电力、农田、水利和通信基础设施严重受损。此次雪灾持续时间长、破坏力强，全县受灾面积广，造成了直接经济损失达5172万元，间接经济损失达2300万元。农田受灾

27 686亩，其中农作物绝收面积 230 亩。水利设施损毁 162 千米，民房受损
174 户，大牲畜死亡 860 头，小牲畜死亡 1687 头。部分地方积雪厚度超过 2
米，多处发生山体滑坡、泥石流、塌方和崩塌等现象，造成较为严重的次生
灾害。

3.2.4 次生气候灾害

泥石流、滑坡和崩塌是与气候灾害的发生密切相关的灾害，本文将其命名
为次生气候灾害。

崩塌是指处于悬崖、直立坡或高坡上的岩土体，在重力的作用下，形成拉
张裂缝，以后因失稳突然脱离母体，从坡体上直接坠落，或以翻滚、跳跃形式
落到坡下的现象和过程，因崩塌产生的各种损失，称为崩塌灾害。滑坡是指处
在斜壁上的岩土体，在以重力为主的作用下，从一个或几个软弱结构面或带，
向低处滑动的现象和过程，由滑坡造成的各种损失，称为滑坡灾害。泥石流是
指斜坡上沟谷中的泥、砂、石块等碎屑物质与水混合而形成的流动现象，具有
暴发突然、冲击力强、过程短暂等特点，由泥石流造成的各种损失，称为泥石
流灾害。一种灾害发生后，再引发一系列次生灾害，这种现象或过程称为灾害
链或灾害的连发性，如暴雨形成水灾后常伴随发生泥石流、滑坡和崩塌甚至瘟
疫的灾害链（鲁永新 2010）。

德钦县地势形成南北走向构造中的三江地质大断裂，沿金沙江、澜沧江
两岸地层紧密线状褶皱及断裂发展，很多区域岩层裸露、草木稀疏，同时山
坡陡峻、土质松散，为第四纪松散堆积物，出露在江面以上 20～100 米不同
程度的基岩平台上，形成河床堆积砾石层及洪积砾沙土层，这些土层砾石成
分复杂，大部分是大沙岩，变质沙岩、粉沙岩，是呈半胶结泥状态，在持续
强降雨和水灾的作用下，容易发生泥石流、滑坡和崩塌等灾害。灾害发生的
情况是：

1974 年 6 月，县城直溪河爆发大规模泥石流。

1987 年 10 月，县城直溪河爆发大规模泥石流，导致上游多户民房冲毁。

1988 年 7 月 8 日，德钦县受洪水、泥石流灾害面积 436 亩，冲垮水沟 32
条，水磨坊 5 座，桥梁 6 座，冲走牲畜 265 头，粮食 425 公斤，经济林木 285

棵、房屋受灾 73 户。

1996 年 7 月，县城直溪河爆发大规模泥石流，导致上游多户民房被冲毁，大片农田被淤埋。

2001 年，德钦县在降水集中的 5 月、7 月和 9 月有山洪、泥石流发生。7 月 6 日 22 时至 7 日零时，德钦县奔子栏镇突降冰雹和暴雨而引发了当地最大的一次山洪和泥石流，造成塌方 20 多处，交通中断，泥石流沙石堆积量 12.5 万立方米，毁坏公路涵洞 5 座，公路桥 1 座，毁坏人马驿道 50 公里，毁坏引水渠 4 条；农田受灾 183.3 公顷，其中冰雹受灾 146.7 公顷，泥石流受灾 36.7 公顷，冲毁 8 公顷，死亡大小牲口 45 头（只）。

2002 年，德钦县降水量创历史最高纪录，年内降水量分配极不均匀，汛期开始早，降水量过多，洪涝灾害泛滥，香格里拉至德钦的油路建设受到极大影响。2002 年夏、秋作物收获期连阴雨天气严重影响小麦收获和大春作物栽种。

2004 年 7 月 19 日，德钦县霞若乡发生泥石流，毁坏农田 442 亩，受灾 2137 亩。

2005 年，县城突然发生山体滑坡，造成 2 人遇难。

3.2.5 极端气候灾害的特点和趋势

自 2005 年至今，与中国西南大部分地区一样，德钦县几乎在每年的不同地区、不同时间内均有不同程度的农业缺水干旱发生，并出现了数年连续干旱和连季干旱的趋势。旱灾之后暴发强降雨，进一步引起泥石流、滑坡和崩塌等次生灾害。例如 2010 年 3 月在特大旱灾后，持续出现强降雨天气，4 月份达到自 1975 年以来的最大月降雨量，持续强降雨引起了多处泥石流、滑坡和崩塌的发生，给基础设施带来了严重破坏。同时不稳定的强降雨和降雪增加，例如 2008 年德钦县发生了近年来最严重的雪灾。

近 10 年来，随着极端气候灾害的频繁发生，德钦县在同一年中往往既有旱灾发生，又有由于强降雨和降雪所引起的水灾发生。有时是先干旱后洪水，有时是旱灾和水灾同步，大洪灾、旱灾基本呈两年一遇的周期性，小程度的洪、旱灾害基本呈每年一遇的周期性。由于当地立体性的气候和地理条件，有时也会发生高海拔地区干旱、低海拔地区洪水的情况，反之亦然。洪灾、旱灾之后往往又伴随着泥石流、滑坡等次生灾害的并发。

尽管德钦近年极端气候现象频发，但从目前气象观测记录来看，现象并不突出，难以用近年气象观测数据来进行定量化表述。由于气象观测网的密度过大，从局部民间观察到的事实确实很难与异地气象数据建立联系，简而言之，虽然事实已经有变化，但气象统计的结果却不一定支持这一变化。这既是二者之间定量和定性的区别，也说明了二者之间可以互补。在这样的情况下，关于气候变化和极端气候灾害的传统知识可以体现出其价值，即对局部极端气候现象的变化信息和趋势起到确认和补充的作用。

3.3 德钦县藏族关于气候变化及其灾害的传统知识

3.3.1 与气候变化相关的传统知识

德钦县村民有关极端气候灾害风险预测的传统知识可以分为四类，分别依据气象要素、自然环境、生活环境和动植物等不同的因素。

第一，气象要素的变化。当地村民有这样的谚语："晚红霞、早天晴；晚黑云，早大雨"，这是当地村民根据天空的变化对未来天气现象做出的预测，意思是如果头一天傍晚时有晚霞的话，未来几天就会天晴，反之如果是黑云密布，未来一段时间就会有暴雨。当地村民还有依据云的动向所做出的预测，如认为一天之内当云团从东到西来回飘动时，未来几天就会出现大暴雨。温度变化也是当地村民做出预测的因素，如当夏天异常炎热的时候突然感觉空气中有一丝冷空气，气温下降变得很冷，那么就预示着未来将会有大暴雨；而在冬季很冷的时候，突然感到热空气扑面而来，气温变得很暖和，那么未来几天会有大暴雨。

第二，自然环境的变化。例如，在夏季，如果河水突然变小甚至断流，那么未来几天就会有暴雨；而在太阳落山时，如果河水的源头处出现彩虹的话，过几天也会有强降雨；在夜晚，当星星和月亮变得朦胧，并且周围有似乎是含水分的光芒时，则说明未来几天会有大暴雨；下雨的时候如果不打雷，那么雨

水还会持续很长时间；下雨过程中突然停一下，并且云层下降到村子里，那么还会下几天暴雨；响炸雷时，雨水不会很大，响闷雷时，就会下大暴雨；下雨前刮风的话不会是大雨，而下雨后刮风的话就会有强降雨，但如果风很急的话，降雨持续的时间不会很长；日落的时候有乌云，则第二天会有暴雨；山顶压着很低的云层，则会有持续的强降雨，雨下得时断时停，则未来一个星期都会下大雨；太阳周围有云彩的话，一天会有暴雨，月亮周围有云的话，一个月会有暴雨；如果月初开始下大雨的话，那么各家各户就要开始储存粮食以应对长时间持续的强降雨天气；听见山体里面发出奇怪的巨响声，未来就会有泥石流和滑坡；河水声音突然变响，并且连续几个晚上，会有洪水和泥石流。

第三，生活环境的变化。例如，人如果突然变得无精打采，一坐下就打瞌睡，那么未来几天会有强降雨；做饭的时候烟不从烟囱里出去，而是飘在房子里，那么未来几天就会有大雨；平常很好的木门，突然变得很难开关了，两天之后就会有暴雨；房屋的柱石底部突然变潮湿了，就会有持续长时间的大雨。

第四，动植物行为的变化。例如，在高山牧场上，如果牦牛和犏牛突然在牧场里四处奔跑，牛嘴还向上噘起好像在嗅闻什么，那么未来几天将会有暴雨；在圈里饲养的猪变得烦躁并到处乱跑，还把干草叼到自己睡觉的地方，那么就会有两三天的强降雨；如果在高海拔生活的杜鹃鸟突然飞到低海拔，并且发出特别响亮的叫声，那么预示着未来几天会有暴雨或大雪；夏天在河边看见蛇在喝水，或者看见蛇盘着睡觉并且不醒，那么预示着未来几天会有暴雨；藏马鸡等几种生活在山林的野鸡突然飞到村庄附近，那么未来一个多月会有强降雨和大雪；此外，乌鸦和青蛙大叫、蚂蚁搬家、江里的鱼跃出水面、鸡躲在笼子里不出来等也是连续强降雨的征兆；而在持续大雨天出现牛不愿意回圈、狗呜咽呻吟、猪狂躁乱跑等现象，则可能会发生泥石流、滑坡和洪水。

3.3.2 对气候变化的认知及其差异性

世代生活在当地复杂多变的山地立体气候环境中，特别是近50年来所经历的气候变化，德钦县藏族逐渐形成了与气候变化相关的认知，随着气候的改变，这些认知也在不断变化和发展。与科学研究一样，认知不是随意的，也有着本身衡量和评估气候变化的具体指标，并且与这一地区针对气候变化的科学研究结果基本一致。但要指出的是，这些认知往往因人而异，有些村民有着丰富的气候知识并且注意观察到了许多气候变化的现象，而有些村民的知识则相对匮乏并且仅仅观察到气候变化对某些方面的影响。同时，有些气候变化的现象和指标——诸如气温升高、降雪和降雨减少、积雪和冰川消融等——更广泛地被村民认可和接受，并形成了共识，而另外如雪崩、节气时间、高山湖泊和河流等现象，在村民的观察和知识中则存在着很大的差异性和不确定性。

虽然基本的趋势和指标还是清晰和明确的，但统计分析显示，村民对气候变化的知识存在着一些明显的差异，与他们所居住村落的海拔和位置有着密切的关系，不同海拔和位置的村民对气候变化有着不同的认知，本文把这些因素分为以下几类。

3.3.2.1　气温

村民对气候变化最直接的认知就是气温的变化，气温的升高和降低是最明显和最容易被感受到的气候变化现象。当地大部分村民都认为气温比以前升高了，同时也有相当一部分村民认为气温变得越来越不稳定。但是，居住在不同海拔地区的村民对气温变化的感知也存在着一些不同，中低海拔村落的村民更多地感觉到气温的升高，而高海拔的村民则更多地感受到气温的不稳定性，这与近年来在高海拔地区出现的雪灾和温度骤降等气候现象有关。同时，村民也认为气温的变化导致了季节、自然环境、降雨和降雪等其他因素的变迁。不同海拔村民对气温变化感知差异性的分析见表 3 - 1。6 个村庄村民对气温变化的感知见图 3 - 9。

表 3 - 1　不同海拔村民对气温变化感知差异性的分析

		与 20 年前比气温的变化								
		变冷		没变化		变热		不稳定		不知道	
		频数	百分比	频数	百分比	频数	百分比	频数	百分比	频数	百分比
海拔	高	1	1.7%	7	11.7%	26	43.3%	22	36.7%	4	6.7%
	中	0	0	19	31.7%	31	51.7%	10	16.7%	0	0
	低	0	0	10	16.7%	29	48.3%	14	23.3%	7	11.7%

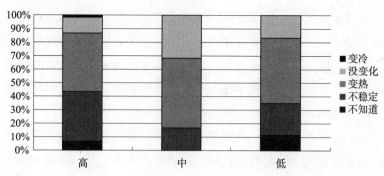

图 3 - 9　6 个村庄（从高到低按照海拔高度排列）村民对气温变化的感知

3.3.2.2　季节

对于一年的季节变化，当地村民把一年划分为四个季节，藏语分别是 re（夏）、gen（冬）、dun（秋）和 xi（春）❶，re 的时间是每年农历 4 ~ 6 月，gen 是每年农历 10 ~ 12 月，dun 是每年农历 7 ~ 9 月，xi 是每年农历 1 ~ 3 月。部分村民认为由于气温升高、降雪和降雨比以前减少了，所以感觉现在夏季的持续时间变长，而冬季的时间则缩短了。从分析结果可以看出，无论是夏季还是冬季，高海拔村落的村民对季节变化的感知都要比中低海拔村落的村民更为敏感，这从一个侧面说明气温升高、降雪和降雨等现象的变化在高海拔地区更明显。不同海拔村民对季节变化感知差异性的分析见表 3 - 2。6 个村庄村民对季节变化的感知见图 3 - 10。

表 3 - 2　不同海拔村民对季节变化感知差异性的分析

		与 20 年前相比夏季的时间							
		减少		没变化		增多		不知道	
		频数	百分比	频数	百分比	频数	百分比	频数	百分比
	高	0	0	27	45.0%	32	53.3%	1	1.7%
海拔	中	0	0	31	51.7%	29	48.3%	0	0
	低	0	0	36	60.0%	24	40.0%	0	0

---

❶　与一般习惯的春、夏、秋、冬四季顺序排列不同，当地藏族按夏、冬、秋、春来排列，原因之一是夏和冬是按照日照长短归为一类，秋和春是按照花开花谢归为一类；原因之二是夏天是储存的季节、冬天是消耗的季节，因此按照储存和消耗的标准归为一类，而秋天是播种的季节，春天是发芽的季节，所以按照播种和发芽的标准归为一类。

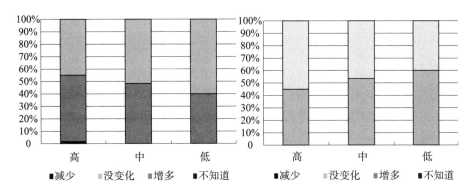

图 3 - 10　6 个村庄（从高到低按照海拔高度排列）村民对季节变化的感知

3.3.2.3　冰川、雪崩和积雪

不同海拔村落的村民不同程度感受到了冰川、雪崩和积雪的变化。云岭乡的村落都坐落在澜沧江大峡谷两岸的梅里雪山和白马雪山山下，这两列雪山都分布着大小不一的积雪冰川。很多村民都认为近 50 年来冰川在变薄、冰舌在消失和后缩，村民上述的观点通过对比 20 世纪 20 年代美国探险家洛克在当地冰川拍摄的照片和今天在同一地点拍摄的照片得到了印证。与冰川的消融一样，村民们也感到积雪在逐步消失，很多终年积雪的雪山，现在只有冬季山顶才有积雪。根据对村民、特别是经常在高山牧场放牧牧民的调查，过去雪崩往往发生在 7~8 月份天气最热的夏季，但最近几年来雪崩发生较为频繁，而且发生的季节已不像原来那样固定，其他月份也会发生大规模雪崩，往往夹杂着黑色的巨石滚落在高山草甸牧场上。

在中高海拔村落的村民更多地感受到了冰川、雪崩和积雪的消失，这与他们的生活环境和生计方式有着密切的关系，低海拔村落的村民则由于在干热河谷居住，对冰川、雪崩和积雪的变化没有切身感受，部分村民不知道，有些则认为没有变化。同时由于生计方式的改变，到高山牧场放牧的村民越来越少，特别是低海拔的村民基本不再放牧，因此相当一部分村民对雪崩的发生变化不知道，或者认为没变化。不同海拔村民对冰川、雪崩和积雪变化感知差异性的分析见表 3 - 3。6 个村庄村民对冰川、雪崩和积雪变化的感知见图 3 - 11。

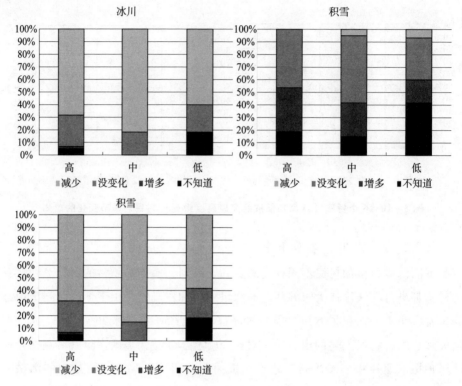

图 3 - 11　6 个村庄（从高到低按照海拔高度排列）村民对冰川、雪崩和积雪变化的感知

表 3 - 3　不同海拔村民对冰川、雪崩和积雪变化感知差异性的分析

项目		雪山冰川							
		减少		没变化		增多		不知道	
		频数	百分比	频数	百分比	频数	百分比	频数	百分比
海拔	高	41	68.3%	15	25.0%	1	1.7%	3	5.0%
	中	49	81.7%	11	18.3%	0	0	0	0
	低	36	60.0%	13	21.7%	0	0	11	18.3%

项目		雪山雪崩							
		减少		没变化		增多		不知道	
		频数	百分比	频数	百分比	频数	百分比	频数	百分比
海拔	高	0	0	28	46.7%	21	35.0%	11	18.8%
	中	3	5.0%	32	53.3%	16	26.7%	9	15.0%
	低	4	6.7%	20	33.3%	11	18.3%	25	41.7%

续表

项目		雪山积雪							
		减少		没变化		增多		不知道	
		频数	百分比	频数	百分比	频数	百分比	频数	百分比
海拔	高	41	68.3%	15	25.0%	1	1.7%	3	5.0%
	中	51	85.0%	9	15.0%	0	0	0	0
	低	35	58.3%	14	23.3%	0	0	11	18.3%

3.3.2.4 降雨

根据对村民调查的分析，最近 20 年的降雨变化主要包括降雨量减少和不稳定、雨季开始时间推迟、雨季持续时间缩短、雨季结束时间提前、雨季结束后旱季间断降雨次数减少等主要现象。首先，降雨量逐年减少，虽然有时会有不稳定的极端强降雨现象出现，但对总体降雨量减少的趋势影响不大；其次，雨季开始时间由原来的 5 月底推迟到 6 月底；第三，雨季持续时间缩短，由原来的 3 个月缩短到现在的 2 个月；第四，雨季结束时间提前，原来雨季结束时间在 8 月底和 9 月初，现在 8 月初就结束了；第五，雨季结束后旱季间断降雨次数减少，原来在雨季结束后的干旱季节里，每一个月都会有一次间断性降雨，而现在的干旱季节则出现几个月连续干旱、滴雨不降的现象。不同海拔村民对降雨变化感知差异性的分析见表 3-4。6 个村庄村民对降雨变化的感知见图 3-12。

表 3-4 不同海拔村民对降雨变化感知差异性的分析

项目		与 20 年前比降雨的变化									
		减少		没变化		增多		变得不稳定		不知道	
		频数	百分比	频数	百分比	频数	百分比	频数	百分比	频数	百分比
海拔	高	25	41.7%	0	0	12	20.0%	21	35.0%	2	3.3%
	中	40	66.7%	7	11.7%	0	0	13	21.7%	0	0
	低	55	91.7%	1	1.7%	0	0	4	6.7%	0	0

项目		与 20 年前相比降雨开始的时间									
		提前		没有变化		推迟		不稳定		不知道	
		频数	百分比	频数	百分比	频数	百分比	频数	百分比	频数	百分比
海拔	高	1	1.7%	2	3.3%	13	21.7%	42	70.0%	2	3.3%
	中	0	0	7	11.7%	18	30.0%	35	58.3%	0	0
	低	0	0	0	.0%	28	46.7%	32	53.3%	0	0

续表

项目		与 20 年前相比降雨持续的时间									
		变短		没变化		变长		不稳定		不知道	
		频数	百分比	频数	百分比	频数	百分比	频数	百分比	频数	百分比
海拔	高	28	46.7%	2	3.3%	1	1.7%	27	45.0%	2	3.3%
	中	42	70.0%	8	13.3%	1	1.7%	9	15.0%	0	0
	低	45	75.0%	1	1.7%	0	0	14	23.3%	0	0

项目		与 20 年前相比降雨结束的时间									
		提前		没变化		推迟		不稳定		不知道	
		频数	百分比	频数	百分比	频数	百分比	频数	百分比	频数	百分比
海拔	高	15	25.0%	1	1.7%	0	0	42	70.0%	2	3.3%
	中	22	36.7%	6	10.0%	0	0	31	51.7%	1	1.7%
	低	29	48.3%	0	0	0	0	31	51.7%	0	0

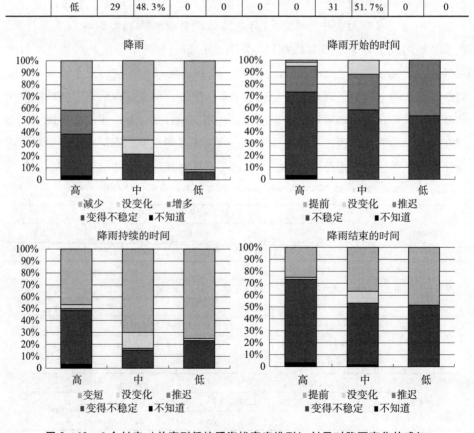

图 3 - 12　6 个村庄（从高到低按照海拔高度排列）村民对降雨变化的感知

村民普遍感知降雨量比以前减少很多、雨季持续的时间也在缩短，在中低海拔村落这种感受要更为强烈，而在高海拔村落，由于突发性强降雨增多，因此当地村民还觉察到降雨量和持续时间越来越不稳定。另外，村民对雨季开始和结束时间的感知结果也以不稳定为主，同时低海拔村落村民还感觉到降雨开始的时间在推迟，结束的时间在提前。

3.3.2.5　降雪

藏族被称为雪域高原民族，雪为藏族文化标志和符号的一部分，白色的雪意味着圣洁，藏族对终年积雪的雪山有着极深的感情，很多雪山都被视为护佑藏族的神山。根据对村民调查的分析，最近 10 年的降雪变化主要包括降雪时间的推迟、雪线上升、积雪时间缩短和融雪时间提前等现象。首先，降雪时间由原来的 10 月底推迟到现在的 12 月底至第二年的 2 月，甚至会出现不下雪的情况，如 2009 年冬季至 2010 年初春，竟然完全没有降雪；其次，雪线上升，

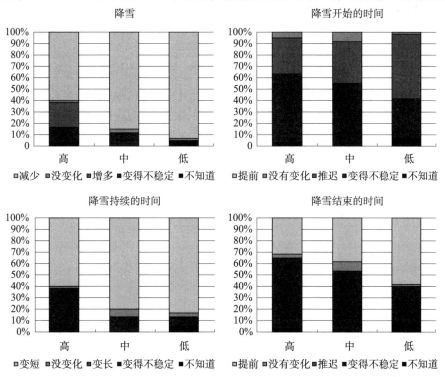

图 3 - 13　6 个村庄（从高到低按照海拔高度排列）村民对降雪变化的感知

原来降雪后的积雪地带一般在海拔 2500 米左右，现在这一地带已经很难出现积雪，雪线上升至海拔 3000 米左右；第三，积雪时间的缩短，原来积雪时间从 10 月份持续到第二年的 3 月份，有将近半年的时间，现在一般只会持续 2 个月的时间；第四，融雪时间的提前，原来融雪的时间在 4 月份，现在 3 月份就基本融化了。不同海拔村民对降雨变化感知差异性的分析见表 3–5。6 个村庄村民对降雪变化的感知见图 3–13。

表 3–5　不同海拔村民对降雨变化感知差异性的分析

项目		与20年前相比你感觉降雪									
		减少		没变化		增多		不稳定		不知道	
		频数	百分比	频数	百分比	频数	百分比	频数	百分比	频数	百分比
海拔	高	36	60.0%	1	1.7%	13	21.7%	8	13.3%	2	3.3%
	中	51	85.0%	2	3.3%	0	0	7	11.7%	0	0
	低	56	93.3%	1	1.7%	0	0	0	.0%	3	5.0%

项目		与20年前相比降雪开始的时间									
		提前		没有变化		推迟		不稳定		不知道	
		频数	百分比	频数	百分比	频数	百分比	频数	百分比	频数	百分比
海拔	高	0	0	3	5.0%	19	31.7%	36	60.0%	2	3.3%
	中	0	0	5	8.3%	22	36.7%	33	55.0%	0	0
	低	0	0	1	1.7%	34	56.7%	21	35.0%	4	6.7%

项目		降雪持续的时间									
		变短		没变化		变长		不稳定		不知道	
		频数	百分比	频数	百分比	频数	百分比	频数	百分比	频数	百分比
海拔	高	36	60.0%	1	1.7%	0	0	21	35.0%	2	3.3%
	中	48	80.0%	4	6.7%	0	0	8	13.3%	0	0
	低	50	83.3%	2	3.3%	0	0	5	8.3%	3	5.0%

项目		降雪结束的时间									
		提前		没有变化		推迟		不稳定		不知道	
		频数	百分比	频数	百分比	频数	百分比	频数	百分比	频数	百分比
海拔	高	19	31.7%	2	3.3%	0	0	37	61.7%	2	3.3%
	中	23	38.3%	5	8.3%	0	0	32	53.3%	0	0
	低	35	58.3%	1	1.7%	0	0	20	33.3%	4	6.7%

村民对降雪感知总的趋势是降雪量比以前减少、持续时间比以前缩短，特别在中低海拔的村落由于干旱的原因这种感受要更为强烈，而在高海拔村落，由于雪灾增多，因此当地也有部分村民认为降雪要比以前增多、持续时间变得不稳定。对降雪开始和结束时间，中高海拔村落村民主要觉得不稳定，低海拔村落村民则主要感觉到降雪开始的时间在推迟，结束的时间在提前。

除了上述因素外，村民还通过当地水资源的变化情况来感知气候变化。当地的水资源主要分布在大大小小的高山湖泊和河流溪涧中，近年来高山湖泊和河流发生了变化，村民认为水资源的变化直接或间接地与气候变化存在着密切的关系。以高山湖泊为例，大部分的村民都认为近 30 年来这些高山湖泊面积在缩小、水位在降低。如八里达村所处的神女峰下的高山湖泊，据当地村民说十多年前湖面面积有两个篮球场大，今天已经萎缩的不到一个篮球场的大小，只有在雨水最充足的雨季，面积才能部分恢复。近几年来河流也发生了变化，由于降水、积雪和冰川的变化，引起了河流的水流量出现不稳定和反常现象。根据村民的感知，在高海拔的村子，十多年前冰川下、牧场上的河流一般上午的时候河水清澈、水流量小，下午河水浑浊而且水流量增大，最近几年来这个现象变得更加明显，特别是下午河水流量剧增；而在低海拔的村子，以前冬季的时候河水不会枯，夏季的时候河水也不会暴涨，最近十多年不一样了，冬天的时候水特别少，需要协调安排灌溉农田的用水，而且一般浇完地河里就没有水了，断流时间越来越长，十多年前是 10 多天，现在达到 20 多天了。

3.3.3　对气候灾害相关的认知

云岭乡地处澜沧江大峡谷，与德钦县其他地方一样，由于立体气候特征明显和当地地质结构复杂，自然灾害频发。相比较于长期气候变化现象，当地村民对气候变化引起的极端灾害事件感受更为深刻和准确，如干旱、雪灾、冰雹、洪水、泥石流和滑坡等，对于高原峡谷地区而言，这些灾害不但发生频率高，而且影响范围和程度巨大。气候变化给云岭乡带来的灾害有主要有两类，一类是气候变化直接引起的灾害，例如干旱、雪灾、冰雹和霜冻等，还有一类是间接引起的次生灾害，如洪水、泥石流和滑坡等。

在调查与气候灾害相关的传统知识过程中，本研究先确定当地频发的四类

极端气候事件为衡量标准，然后根据德钦县县志、年鉴和气象局资料等整理出每一类极端气候事件发生的年份，同时在田野访谈中，由当地年长的村民回忆极端气候事件的年份，并将两者进行对比。通过这一对比可以看出：首先，村民认知到极端灾害事件的都要比实际发生次数少，这与年代久远、村民遗忘等都有关；其次，虽然村民只能认知一部分（某些年）的极端灾害，但均与其实际发生年代相符，说明这些极端气候事件影响较大，村民对其记忆深刻准确；第三，对比分析四类极端气候事件，村民对旱灾认知最为准确，其次为泥石流和滑坡，这与最近十年来持续的旱灾和不规律的强降雨频发有关；第四，由于中小规模的泥石流和滑坡局部发生在部分村落中，因此村民虽然有记忆，但并未记载到县志和年鉴中。村民认知的极端气候事件与实际发生的极端气候事件比照见表3-6。

表3-6 村民认知的极端气候事件与实际发生的极端气候事件比照

年份	旱灾		雪灾		洪水		泥石流和滑坡	
	实际	认知	实际	认知	实际	认知	实际	认知
1957	T							
1959	T		T		T			
1960	T				T			
1961	T							
1963							T	P
1965			T		T			
1966			T	P	T			
1969	T						T	
1970			T		T			
1973					T		T	
1974					T	P	T	P
1976			T	P				
1980	T				T	P	T	
1981					T			
1982			T		T	P	T	P
1984					T		T	

续表

年份	旱灾		雪灾		洪水		泥石流和滑坡	
	实际	认知	实际	认知	实际	认知	实际	认知
1988					T	P		
1989			T		T			
1990					T		T	
1991	T	P						P
1994	T		T	P				P
1995			T	P	T		T	
1996	T		T	P				
1997					T	P	T	
1998			T	P	T			P
1999	T	P					T	P
2000					T	P	T	
2001	T				T	P		
2002					T	P		
2004					T	P		
2005			T	P				P
2006	T	P			T	P		P
2008			T	P	T		T	P
2009	T	P						
2010	T	P						
2011	T	P						
2012	T		T				T	
2012	T	P						

附注：T 表示实际发生，P 表示村民认知。

3.3.4　极端气候灾害认知的差异性

统计分析显示，村民对上述四类极端气候灾害的认知有很大的差异，并且与他们居住村落的海拔和位置有着密切的关系，下面就逐步分析村民对这四类

灾害认知的差异性。

3.3.4.1 干旱

根据分析，大部分被调查的村民都认为旱灾在最近 20 年来越来越显著，旱季持续的时间也变得较长，雨季往往推迟或者根本就不下雨。但是，在高海拔森林地带的村落有超过一半的被调查村民并没有认知到干旱的发生，居住在中低海拔山坡和干热河谷地带村落村民的认知要更为强烈，有超过四分之三的村民认为近年来干旱灾情越来越严重。不同海拔村民对干旱感知差异性的分析见表 3－7。6 个村庄村民对干旱感知见图 3－14。

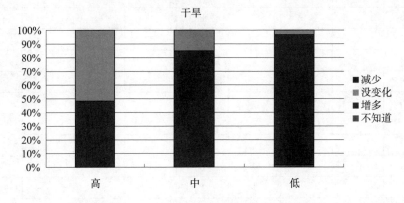

图 3－14　6 个村庄（从高到低按照海拔高度排列）村民对干旱的感知

表 3－7　不同海拔村民对干旱感知差异性的分析

项目		干旱							
		减少		没变化		增多		不知道	
		频数	百分比	频数	百分比	频数	百分比	频数	百分比
海拔	高	0	0	31	51.7%	29	48.3%	0	0
	中	0	0	9	15.0%	51	85.0%	0	0
	低	0	0	2	3.3%	57	95.0%	1	1.7%

3.3.4.2 雪灾

雪灾一直以来都是当地的主要灾害之一，近几年来降雪不稳定，特别是短时间内突降暴雪，往往让村民来不及做出应对的措施，因此造成的损失较大。从分析可以看出，村民对雪灾感知的差异性很大。高海拔村落有近一半的村民认为雪灾的发生在增多，中海拔的村民更多地认为没有变化，而超过一半的低海拔村民则感觉到雪灾在减少。不同海拔村民对雪灾感知差异性的分析见表 3 - 8。6 个村庄村民对雪灾的感知见图 3 - 15。

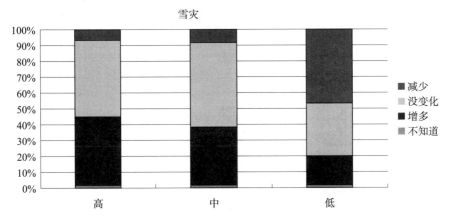

图 3 - 15　6 个村庄（从高到低按照海拔高度排列）村民对雪灾的感知

表 3 - 8　不同海拔村民对雪灾感知差异性的分析

项目		雪灾							
		减少		没变化		增多		不知道	
		频数	百分比	频数	百分比	频数	百分比	频数	百分比
海拔	高	4	6.7%	29	48.3%	26	43.3%	1	1.7%
	中	5	8.3%	32	53.3%	22	36.7%	1	1.7%
	低	28	46.7%	20	33.3%	11	18.3%	1	1.7%

3.3.4.3　强降雨

强降雨往往引发水灾，特别在夏天洪涝灾害更为频繁，不同海拔村落的房子和田地都被冲毁过。村民对强降雨感知的差异性也很大，这与强降雨发生的不稳定性有密切的关系。高海拔村落有近一半的村民认为强降雨的发生在增多，中海拔的村民更多地认为没有变化，低海拔村民感知的差异性最大。不同海拔村民对强降雨感知差异性的分析见表 3 - 9。6 个村庄村民对强降雨的感知见图 3 - 16。

表 3 – 9　不同海拔村民对强降雨感知差异性的分析

项目		强降雨							
		减少		没变化		增多		不知道	
		频数	百分比	频数	百分比	频数	百分比	频数	百分比
海拔	高	4	6.7%	30	50.0%	26	43.3%	0	0
	中	7	11.7%	33	55.0%	20	33.3%	0	0
	低	12	20.0%	29	48.3%	18	30.0%	1	1.7%

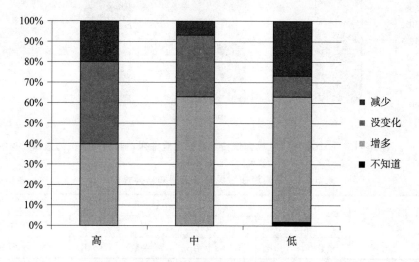

图 3 – 16　6 个村庄（从高到低按照海拔高度排列）村民对强降雨的感知

3.4.4.4　泥石流、滑坡和洪水

强降雨还会引发泥石流、滑坡和洪水等次生灾害，并且往往同时发生。所不同的是由于当地的峡谷地形，泥石流、滑坡和洪水往往更具危害性，对当地村民的生命和财产安全更具威胁。很多村落都有被山体滑坡和泥石流摧毁和破坏的历史记忆，有些甚至成为神话传说，这说明泥石流、滑坡和洪水是当地长期存在的极具破坏性的灾害。村民对泥石流、滑坡和洪水的感知差异性较大。由于中海拔村落大都位于坡地，强降雨后容易引发泥石流和滑坡，因此对于这类此生灾害，当地村民要比高低海拔的村民认知更强烈。不同海拔村民对泥石流、滑坡和洪水感知差异性的分析见表 3 – 10，6 个村庄村民对泥石流和洪水的感知见图 3 – 17。

138

表 3 – 10　不同海拔村民对泥石流、滑坡和洪水感知差异性的分析

项目		泥石流、滑坡和洪水							
		减少		没变化		增多		不知道	
		频数	百分比	频数	百分比	频数	百分比	频数	百分比
海拔	高	12	20.0%	24	40.0%	24	40.0%	0	0
	中	4	6.7%	18	30.0%	38	63.3%	0	0
	低	16	26.7%	23	38.3%	20	33.3%	1	1.7%

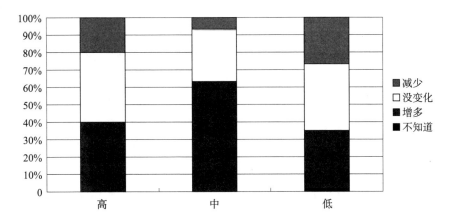

图 3 – 17　6 个村庄（从高到低按照海拔高度排列）村民对泥石流和洪水的感知

通过上述分析可以看到，村民对极端气候灾害的认知与他们的年龄和性别差异没有特别紧密的关系，无论是男人还是女人、年长者还是年轻人，都观察和感受到了极端气候灾害的发生。与年龄缺乏相关性似乎表明，明显的极端气候灾害发生在相对较短的时间跨度内（小于 20 年），因此即使是年轻的被调查者（30~40 岁）也观察到了目前极端气候灾害的频发。

由于当地地形陡峭和复杂，即使是相邻的村落所面临的极端气候灾害也不相同，对极端气候灾害认知的差异性显然与村民所居住村落有着密切的联系，村落海拔和位置的差异性显然决定了村民对极端气候灾害认知的不同。村民对极端气候灾害不同的认知显示，在不同海拔和环境的村落，所面临的主要极端气候灾害是不相同的，把这种认知的差异性与灾害研究结合在一起，可以展现没有被宏观极端气候灾害模型所关注的地方或局部灾害的信息，为灾害应对政

策的制定提供重要的信息。

3.4 讨论和结论

3.4.1 关于气候和气候变化的传统知识

当本研究开始在云岭乡开展气候变化和传统知识的调查时，气候变化这个词汇在当时一般城市普通市民甚至学者中尚不熟悉，更不要说居住在云岭乡的藏族村民了，但地理位置的偏僻和信息的相对蔽塞并不妨碍当地村民对气候变化的观察，有时这种观察比城市中居民的感觉和科学研究来得更加直接和深刻。

通过在云岭乡的调查和分析，显示当地村民有着自己观察和衡量气候变化的传统知识。这些与气候相关的知识是用包括如声音、视觉、触觉和嗅觉等的身体感觉技能，以收集关于云层、温度、湿度、风、雨和需要评估的当前和未来天气的信息。当地村民通常用与天气或气候相关的文化和经验来解释这类知觉信息，这类信息对安排农业日常活动的时间和应对极端变异气候的威胁起着影响作用。

同时村民们对变化趋势的观察和判断，与对德钦县当地温度、降雨量和冰川变化的科学记录数据和研究结果相一致，并且相较于长期变化趋势而言，村民们对短期气候变化的观察更为详细。这一结论与世界上其他地方的针对气候变化和传统知识的研究结果相一致，证实了传统知识对气候变化过程观测的准确和真实性。

本研究还表明，即使在一个小的地理区域内，气候变化带来的差异也可能很大，这是由于当地的立体气候和地理环境差异，以及年龄、性别和生计活动的不同等因素造成的。当地村民对气候变化的观察往往与他们的性别、年龄、从事的生计活动和所处的生活环境有着密切的关系，这些因素的不同会造成他们所掌握的传统知识的不同。

例如，对长期气候变化现象，研究显示年纪大的人要比年轻人掌握更多的知识和经验，这与诸如北极等世界其他地方的研究是相同的（Alessa *et al.*

2008），但是对于极端气候灾害，研究表明与年龄缺乏相关性，因为即使是年龄在 30～40 岁的相对年轻的被调查者，也感觉和观察到了诸如气候变化不稳定、气候偏离了正常年份的变化幅度及极端气候灾害频发等现象，这从另一个侧面表明明显的极端气候灾害是发生在相对较短的时间跨度内的，这一时间跨度在 20 年左右。

　　同时，大部分被调查者所掌握的与气候变化相关的传统知识显然与他们所处的生活环境有着密切的联系，当地村民往往基于所居住的村子位置来观察气候条件。由于当地立体的气候条件和陡峭的地形，各个村落的海拔、日照方向、温度、降水量和风向都不相同，即使是相邻的村庄气候也有很大的差异，所以村民对气候变化的观察和所形成的知识也不相同。在北极地区进行过许多类似的研究，同样证明了在同一地区气候变化及其影响存在着局部的差异（Fox 2002，Kofinas *et al.* 2002）。

　　除了生活环境以外，性别也是一个影响着当地村民对气候变化的观察及其知识的主要因素。性别和气候变化的研究看起来似乎是相当牵强的，然而在一个依赖自然资源的社区里，男性和女性有着不同的角色和责任，因而造成了在面对气候变化时不同的脆弱性和后果（Climate Change Cell 2009）。气候变化对女性的影响不仅直接反映在环境方面，而且还影响着她们与经济、生计、健康和社会财富之间的关系（Masum 2009）。在本研究中，女性村民往往对村落和村落附近的气候变化较为敏感，这是因为她们主要生活在村子里，从事的生产活动也在村落附近；而部分男性由于从事畜牧业，需要在不同的高山牧场之间居住和放牧，因此他们对高海拔地区气候变化的现象较为熟悉。

　　当地村民与气候变化相关的传统知识，也与他们所从事的生计方式有着重要的关系，将在下一章专门论述。综上所述，受性别、年龄、从事的生计活动和所处的生活环境等这些单独和交叉因素的影响，形成了同一地区的人们关于气候变化的传统知识的多样性，这种多样性的存在恰恰是把传统知识与气候变化研究结合在一起的一个最大的优势：可以提供没有被全球气候变化模型所关注的地方气候变化的信息。

3.4.2　传统知识与极端气候灾害关系的特征

　　目前，气候变化正在世界各地发生着，不仅改变了温度和降水量等气象条件，而且还使得一些极端气候灾害发生的频率和强度产生了变化。这些变化将对自然环境和人类社会产生重要和深远的影响，在世界范围内改变着生态系统和人类的生活。由于生态系统的改变，长期气候变化现象往往伴随着干旱、酷热、极寒和强降水等极端气候灾害（Bharara 1986）。联合国减灾战略署把灾害定义为：严重破坏了一个社区或一个社会的功能，造成了大规模的人员、物资、经济和环境损失，同时这些损失超出了受影响社区或社会利用自身资源应对的能力。科学研究的证据已经表明，干旱和强降雨等气候不稳定现象而产生的极端气候灾害将在未来对人类经济和社会及其所依赖的生态系统产生潜在的严重影响（Fisher 1997）。

但是，这些变化对不同自然环境和人类社会的影响是不相同的，在面对气候变化和极端气候灾害时，那些拥有最少资源和最少适应能力的人们，是最为脆弱的（Houghton *et al.* 2001）。对于生活在生态系统脆弱、自然和社会环境相对边缘的少数民族而言，极端气候灾害发生的风险和带来的负面影响更为严重，他们基于有限的资源和条件来应对干旱、洪涝、雪灾、强降雨及其所引发的泥石流和滑坡等极端气候灾害和次生灾害所带来的压力。因此气候变化和极端气候灾害，有可能破坏少数民族地区本已经脆弱的环境、经济和社会基础，并进一步加剧与其他地区综合发展的差距，同时给少数民族的可持续发展和生活安全构成威胁，少数民族面临着生态环境日趋恶化、生态服务系统逐步失效及极端灾害突发等特殊的挑战。

传统知识是少数民族在长期生产生活过程中经过不断实践和发展而形成的知识体系。在长期的历史发展进程中，少数民族一直依赖他们的传统知识来观察环境并应对自然灾害。特别是住在自然灾害频繁发生地区的少数民族，共同积累了大量有关灾害预防和减缓、提前预警、准备和应对、灾后重建的知识。这些传统知识通过观察和学习获得，通常建立在世代传承的累积经验上（Grenier 1998）。这些传统环境知识在今天成为环境保护和自然灾害治理的重要工具（Briggs 2005）。

最近几年来，传统知识与自然灾害之间的关系开始受到人们的重视。本研究试图证明，传统知识可以降低灾害发生的风险和减轻灾害产生的影响，传统知识可以在少数民族地区灾害教育、风险预警和危机应急，以及制定减少灾害风险和应对突发灾害的政策过程中发挥至关重要的作用。

　　同时，与极端气候灾害相关的科学知识和传统知识的结合，有助于降低灾害的风险、应对灾害的发生和开展灾后的恢复，是最有效的应对气候变化和极端气候灾害的方法。最后，本研究希望在未来少数民族地区防灾减灾的政策制定和具体灾害应对举措的实施过程中，能够提高对当地少数民族传统知识作用和价值的认识。

第4章

气候变化对德钦县藏族传统知识的影响

除了对观察及预测天气的传统气候和物候知识产生了影响之外，气候变化对传统知识最重要的影响体现在生物资源保护和持续利用相关的传统知识方面。本章将重点讨论气候变化对传统知识的影响，并按照薛达元教授对生物资源保护与持续利用相关传统知识的五类型分类体系，主要针对当地半农半牧生计方式中的畜牧业及其传统知识和技术，来探讨气候变化及极端气候事件对德钦县藏族传统知识产生的直接影响和间接影响。

4.1　气候变化对传统利用生物遗传资源知识的影响

德钦县云岭乡的高山草场类型丰富多样，根据地域、气候、植被可分为高寒草甸类、灌丛草甸类、林间草甸类、疏林草甸类、山地灌丛草丛类和沼泽草甸类6大类型，其中高寒草甸类和山地灌丛草丛类是草场组合类型中分布最广、面积最大的草场。高山牧场是重要的自然资源，既是当地农牧民发展畜牧业生产的物质基础，又是陆地生态系统的重要组成部分，是生物物种的基因库，特定的地理位置和特殊的自然环境形成了丰富的生物及遗传资源。

分布在不同海拔高度的草甸，拥有丰富、多样的牧草资源，是天然的放牧牧场，当地牧民在生产实践中形成了丰富的传统知识。本节将从传统利用牧草资源知识出发，探讨气候变化和极端气候事件对牧场生物多样性和遗传资源及

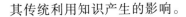

其传统利用知识产生的影响。

4.1.1 传统利用牧草资源知识

在长期的放牧过程中，通过不断实践，当地牧民积累了丰富的牧草知识。通过对红坡村和果念村牧民和乡土专家的调查，统计了当地牧场的牧草种类，记录了51个种，共有29个科，39个属。并对其进行统计编目，如表4-1所示。

4.1.2 气候变化对牧草资源影响的研究结果和分析

德钦县境内因地形、海拔、气温、土壤等不同因素的影响，草场可划分为高寒草甸草场、灌丛草甸类草场、林间草甸类草场、疏林草甸类草场、山地灌丛草丛类草场、沼泽草甸类草场6大类：

——高寒草甸草场。该类草场分布在海拔3800米以上的高山带、气候严寒、无霜期短，牧草生长期短，植被低矮，形成伏状，以多年生的血竭、苔草、蒿草、禾草为主，是夏秋牛、马、羊的属放牧地。

——灌丛草甸类草场。该类草场的海拔分布与高寒草甸草场相同，因为以高山杜鹃为主的阔叶林覆盖面积较大，牲畜不利采食，所以利用率较低，也是秋夏的放牲地。

——林间草甸类草场。该类草场分布在海拔2500～3800米地带，其主要特征是森林茂密，草场形状多样、海拔2800米以下的作为四季放牧地，海拔2800米以上的作为夏秋放牧地。

——疏林草甸类草场。该类草场分布在海拔2500～3800米之间分布，其特点是灌木稀疏，过去砍木材砍伐时留下的迹地、部分地方可以四季放牧。

——山地灌丛草丛类草场。该类草场具有山地地貌特征、分布在海拔1800～3200米之间。森林覆盖率为10%～30%，是各种牲畜四季放牧地，也是德钦县面各较大的草场。

——沼泽草甸类。该类草场分布在亚高山中、上部海拔3000～4000米的山地，有的地方下降至2800米或上长至4200米。一般类型单一，面积小而且分散，位于山间台地上的局部低洼之处，如高山冰碛湖泊周围和水沟附近。由于冰雪溶蚀、地表积水或过湿，开成零星分散的小面积沼泽湿地。

表 4 - 1 对牧民和乡土专家牧草种类的调查

序号	科	属	学 名	拉 丁 名	藏 名	生 长 地 点	牧草等级❶	趋势❷
1	紫萁科	紫萁属	绒紫萁	Osmunda claytonianum	Jia hu la	潮湿山谷	B	a
2	毛茛科	银莲花属	草玉梅	Anemone rivularis	Za dan gu song	山坡草地或路边	C	b
3	十字花科	芸苔属	芸苔	Brassica. campestris	Huo hua	田地里	B	c
4	虎耳草科	鬼灯檠属	羽叶鬼灯檠	Rodgersia pinata	Rong men rong gong	海拔 2500～3500 米的树下林下	B	b
5	石竹科	繁缕属	繁缕	Stellaria media	Gai mu gai xia	田间路旁或溪边草地	D	b
6		荞麦属	荞麦	Fagopyrum esculentum	Xie ye ma	荒地或路旁	A	b
7			小野荞麦	F. leptopodum	Gong me	田间	D	c
8	蓼科	蓼属	尼泊尔蓼	Polygonum nepalense	Dong me	田间,水边,山谷潮湿地	B	a
9			圆穗蓼	P. macrophyllum	Rong qu	田间,水边,山谷潮湿地	C	a
10			翅柄蓼	P. sinomontanum	Gai dou gu duo	田间,水边,山谷潮湿地	C	a
11			冰川蓼	P. glaciale	Dong me	田间,水边,山谷潮湿地	B	a
12		酸模属	齿果酸模	Rumex dentatus	A beng ke le	水边,湿地	B	a
13	藜科	藜属	藜	Chenopodium album	Hui	田间	A	c
14	牻牛儿苗科	老鹳草属	云南老鹳草	Geranium yunnanensis	Dong zhua	田边,草地,林缘	D	b
15	凤仙花科	凤仙花属	华凤仙	Impatiens chinensis	Dong ri yue	田边,水沟旁和沼泽地	C	b

❶ 以 A、B、C、D 四个等级依次表示牧草品质的优质、良好、中等、低等。

❷ 以 a、b、c 三个等级依次表示牧草趋势的减少、不变、增多。

续表

序号	科	属	学名	拉丁名	藏名	生长地点	牧草等级	趋势
16	蔷薇科	花楸属	西南花楸	Sorbus rehderiana	Meng lou	海拔 2500~4000 米的杂木林中	B	a
17		委陵菜属	大叶翻白草	Potentilla macrophylla	Da gai	海拔 3000~4000 米的草场	B	b
18			云南委陵菜	P. fulgens	Da gai	海拔 3000~4000 米的草场	B	b
19			三叶委陵菜	P. freyninna	Si ren	海拔 3000~4000 米的草场	B	b
20			蕨麻委陵菜	P. anserina	Rong mo ya sha	海拔 3000~4000 米的草场	B	b
21	蝶形花科	黄芪属	邹黄芪	Astragalus tataricus	Sai long mu	山坡草地和田间地边	D	c
22	壳斗科	栎属	刺叶高山栎	Quercus spinosa	Shu bu	海拔 2400~3900 米的草场	B	a
23	槭树科	槭属	青榨槭	Acer davidii	La ba	海拔 2000~3500 米的杂木林	B	a
24	伞形花科	葛缕草属	葛缕子	Carum carvi	Dong xia mu	山坡、地边	C	b
25			矮葛缕子芹	P. nanum	Mu xia	海拔 3000~4500 米的草场、高山流石滩	B	a
26	忍冬科	接骨草属	血满草	Sambucus adnata	Shuo shu	林下或沟边灌丛中	B	b
27	川续断科	川续断属	川续断	Dipsacus asperoides	Ca xia mu	草坝、林缘、地边	C	c
28	菊科	蓟属	贡山蓟	Cirsium eriophoroides	Da si mu	山坡、草地、灌丛	D	c
29		橐吾属	宽苞橐吾	Ligularia latihastata	Na guo	草坝、林缘、山坡	B	c
30			垂头橐吾	L. cremanthodioides	Mu tong	山坡、草场	C	b
31		蒲公英属	蒲公英	Taraxacum mongolicum	Wang bao mu	草坝、田间	A	b
32		牛蒡属	牛蒡	Arctium lappa	A zong xi za	草坝、地边	C	c
33		千里光属	田野千里光	Senecio oryzetoru	Wang qu mu	山坡、荒地、田边	A	c

续表

序号	科	属	学 名	拉丁名	藏 名	生长地点	收草等级	趋势
34	桔梗科	蓝钟花属	黄钟花	*Cyananthus flavus*	Yi zi	海拔 2800～4500 米的草场和流石滩	A	a
35	紫草科	微孔草属	微孔草	*Microula sikkimensis*	Ye ge mu	高山草场或村边草地	B	b
36	玄参科	马先蒿属	管花马先蒿	*Pedicularis siphonantha*	Di di zhua zhua	高山湿润草场	D	a
37	车前科	车前属	平车前	*Plantago depressa*	Gai jia mu	草地，沟边，路旁	A	b
38	茜草科	拉拉藤属	西南拉拉藤	*Galium elegans*	Qiong jia	田边，地边，路旁	C	b
39	锦葵科	锦葵属	野葵	*Malva verticillata*	Zhong ba	草场，村落附近	B	b
40	唇形科	鼠尾草属	甘西鼠尾草	*Salvia prezewalskii*	Rong zui ma	海拔 2800～4000 米的草场	B	a
41	唇形科	糙苏属	深紫糙苏	*Phlomis atropurpurea*	Pa na zhua	海拔 2800～3900 米的草场	A	a
42	唇形科	糙苏属	原本糙苏	*P. pratemsis SP*	Shua gai	海拔 2800～3900 米的草场	B	b
43	鸢尾科	鸢尾属	西南鸢尾	*Iris bulleyana*	Bie bi	丘陵地，草甸及山坡草地	B	c
44	灯心草科	灯心草属	葱状灯心草	*Juncus allioides*	Gong zhua	高山潮湿草场	A	a
45	莎草科	嵩草属	小嵩草	*Kobresia parva*	Ba zhua	高山潮湿草场	B	a
46	莎草科	苔草属	湿生苔草	*Carex limosa*	Zhua sha	高山潮湿草场	C	a
47	莎草科	苔草属	块茎苔草	*C. thomsonii*	Zhua jia	高山潮湿草场	C	a
48	禾本科	剪股颖属	川滇剪股颖	*Agrostis limprichtii*	Zhua chu	海拔 2500～3500 米的草场	B	b
49	禾本科	披碱草属	麦宾草	*Elymus tangutorum*	Rang ba	海拔 2500～3500 米的草场	B	a
50	禾本科	披碱草属	垂穗披碱草	*E. nutans*	Rang gu	海拔 2500～3700 米的草场	C	b
51	禾本科	箭竹属	尖鞘箭竹	*Fargesia cuticontracta*	He ya	海拔 2000～3500 米的林下	B	b

根据统计，德钦县共有各类草场总面积 300 万亩左右，占全县国土总面积的 27.3%，可利用草场面积 160.4 万亩，可利用率为 53%。

本文基于德钦县农牧局的四个草场类型样地所记录的数据，对牧草资源变化的趋势进行分析。

4.1.2.1 高寒草甸草场牧草资源变化趋势

高寒草甸草场海拔在 3800 米以上的高寒草甸草场，总面积为 95 万亩，占总草场面积的 55%，此类草场有明显的地带性和季节性特点。从白马雪山的草场气候看，年平均气温 −1.5℃，一月的平均气温度 −11℃，极端最低气温 −19℃，年日照时数为 2180 小时，年平均降雨量为 600 毫米。在这一气候条件下，大部分植被为垫状或铺伏状，草场的植被种类有：知母、贝母、雪莲、冬虫夏草、雪荣、金不换、小叶杜鹃、侧柏、三棵针、高山柳、苔草、草血竭、报春花、米口袋、飘指草、鹿茸蒿、野葱、野韭菜等。

高寒草场牧草萌发迟、枯萎早、利用时间短、草产量低，利用时间为 6 月底到 10 月中旬，但牧草品质优良、适口性好，营养价值高，此类草场牲畜产奶高，增膘快，产酥油率也高。高寒草甸草场样地牧草资源变化趋势见表 4 − 2。

表 4 − 2 高寒草甸草场样地牧草资源变化趋势（海拔 4380 米）

主要植物名称	衡量指标	年 度					
		2006	2007	2008	2009	2010	2011
西南萎陵菜血竭 等 11 种	每平方米重量（g）	317.1	311.2	276.2	287.7	300.4	302.6
	植被覆盖率（%）	100	100	82	89	96	100
	折合亩产（kg）	216.1	210.2	175.2	186.7	198.4	201.6

高寒草甸草场样地牧草资源的分析以西南萎陵菜血竭等 11 种植物为主，以每平方米重量、植被覆盖率和折合亩产 3 个记录数据为指标，分析自 2006—2011 年 6 年间的变化趋势（见图 4 − 1 ~ 图 4 − 3）。

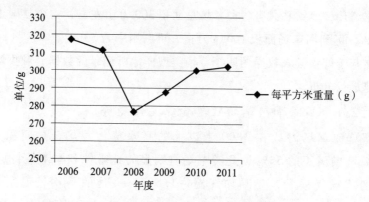

图 4 – 1　高寒草甸草场样地每平方米重量变化趋势

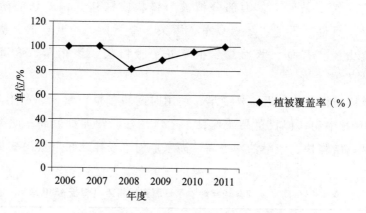

图 4 – 2　高寒草甸草场样地植被覆盖率变化趋势

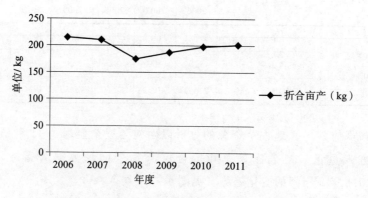

图 4 – 3　高寒草甸草场样地折合亩产变化趋势

在 2006 年至 2011 年间，高寒草甸牧草样地的每平方米重量、植被覆盖率和折合亩产在总体变化上都呈下降的趋势。2008 年以前除了植被覆盖率没有变化以外，每平方米重量与折合亩产的量在缓慢减少，2008 年出现了锐减的现象，特别是每平方米的重量，2009 年以后逐步恢复，2010—2011 年基本保持平稳。

4.1.2.2 灌丛草甸草场牧草资源变化趋势

灌丛草甸草场是指海拔 3800 米以上的灌丛草场，总面积为 12.6 万亩。这类草场因灌丛覆盖率高，草场的利用率较低，主要牧草有血竭、早熟禾，苔草、牛毛毡、羊茅、针茅、翻白叶、齿果酸模、叶萼龙胆、野韭菜、虎掌草等。

表 4-3　高山灌丛草甸草场样地记载表（海拔 4110 米）

主要植物名称	衡量指标	年　度					
		2006	2007	2008	2009	2010	2011
血竭、牛毛毡等 11 种	每平方米重量（g）	361.8	349.9	312.1	324.5	350.7	354.3
	植被覆盖率（%）	100	100	88	93	94	90
	折合亩产（kg）	162.3	150.9	121.1	125.5	151.7	155.3

灌丛草甸草场样地牧草资源的分析以血竭、牛毛毡等 11 种植物为主，以每平方米重量、植被覆盖率和折合亩产 3 个记录数据为指标，分析自 2006—2011 年 6 间的变化趋势（见图 4-4 ~ 图 4-6）。

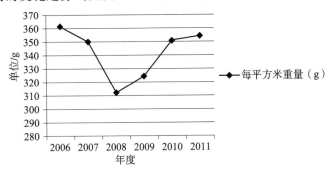

图 4-4　高山灌丛草甸草场样地每平方米重量变化趋势

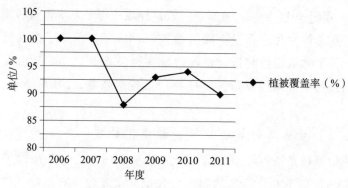

图 4 – 5　高山灌丛草甸草场样地植被覆盖率变化趋势

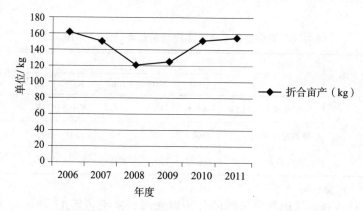

图 4 – 6　高山灌丛草甸草场样地折合亩产变化趋势

在 2006—2011 年间，灌丛草甸牧草样地的每平方米重量、植被覆盖率和折合亩产在总体变化上都呈下降的趋势。2008 年以前除了植被覆盖率没有变化以外，每平方米重量和折合亩产的量在减少，2008 年出现了锐减的现象，特别是每平方米的重量，2009 年以后逐步恢复，但植被覆盖率恢复缓慢，2010—2011 年基本保持平稳。

4.1.2.3　疏林草场

疏林草场主要分布在海拔 2500～3600 米，这类草场气候冷凉湿润，年平均气温为 4℃～5℃，年降雨量为 600～800 毫米，牧草有林地早熟禾、莎草、虎掌草、灯心草等。疏林草场样地记载见表 4 – 4。

表 4 - 4 疏林草场样地记载表（海拔 2500 ~ 4110 米）

主要植物名称	衡量指标	年 度					
		2006	2007	2008	2009	2010	2011
林地早熟禾等 8 种	每平方米重量（g）	163.2	164.1	135.1	143.6	157.8	160.9
	植被覆盖率（%）	77	74	63	71	84	88
	折合亩产（kg）	110.2	111.1	82.1	90.6	104.8	107.1

疏林草场样地牧草资源的分析以林地早熟禾等 8 种植物为主，以每平方米重量、植被覆盖率和折合亩产 3 个记录数据为指标，分析自 2006—2011 年 6 年间的变化趋势（见图 4 - 7 ~ 图 4 - 9）。

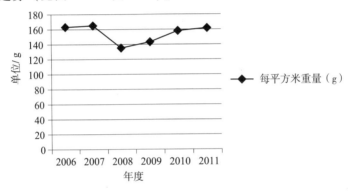

图 4 - 7 疏林草场样地每平方米重量变化趋势

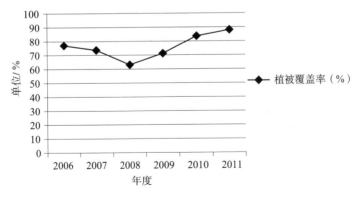

图 4 - 8 疏林草场样地植被覆盖率变化趋势

153

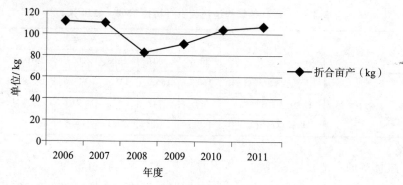

图 4 - 9 疏林草场样地折合亩产变化趋势

在 2006—2011 年间，疏林草场牧草样地的每平方米重量、植被覆盖率和折合亩产的总体变化趋势不大，其中每平方米重量和折合亩产有一定的减少，植被覆盖率出现了上升。2008 年以前变化甚微，呈缓慢减少趋势，2008 年出现了锐减的现象，2009 年以后逐步恢复，2010—2011 年基本保持平稳，植被覆盖率出现一定的增长。

4.1.2.4 山地灌丛草丛草场

山地灌丛草丛草场具有山地地貌特征，分布在海拔 1900～3200 米之间，牧草有猫尾草、小画眉草、马豆草、灰蒿、一炷香、车前草、土大黄等，其特点是青草期长，四季可放牧，但部分区域坡度大，容易发生牲畜的伤亡事故。山地灌丛草丛草场样地记载见表 4 - 5。

表 4 - 5 山地灌丛草丛草场样地记载表（海拔 1900～3200 米）

主要植物名称	衡量指标	年　　度					
		2006	2007	2008	2009	2010	2011
猫尾草、灰蒿等 12 种	每平方米重量（g）	597.2	594.8	561.7	572.1	583.4	581.5
	植被覆盖率（%）	91	86	71	77	84	87
	折合亩产（kg）	403.2	400.8	360.7	378.1	390.4	387.3

山地灌丛草丛草场样地牧草资源的分析以猫尾草、灰蒿等 12 种植物为主，以每平方米重量、植被覆盖率和折合亩产 3 个记录数据为指标，分析自

2006—2011 年 6 年间的变化趋势。

在 2006—2011 年间，山地灌丛草丛草场牧草样地的每平方米重量、植被覆盖率和折合亩产的总体变化较大。2008 年以前变化甚微，呈缓慢减少趋势，2008 年出现了锐减的现象，2009 年以后逐步恢复，2010—2011 年基本保持平稳，但每平方米重量和折合亩产比 2006 年还是有较大的减少（见图 4 - 10 ~图 4 - 12）。

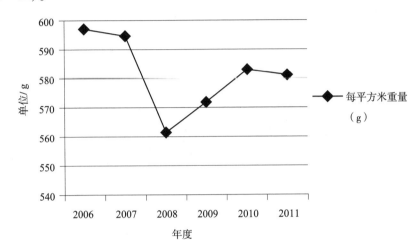

图 4 - 10　山地灌丛草丛草场样地每平方米重量变化趋势

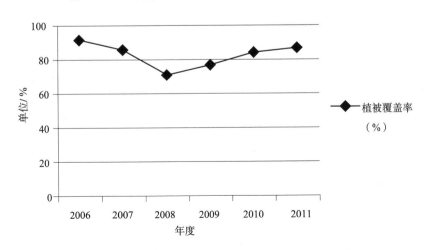

图 4 - 11　山地灌丛草丛草场样地植被覆盖率变化趋势

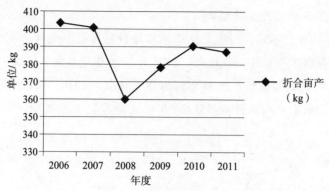

图 4 – 12　山地灌丛草丛草场样地折合亩产变化趋势

将上述德钦县农牧局提供的数据进行分析，可以看到四类牧场牧草样地的每平方米重量、植被覆盖率和折合亩产数据的变化与当地气候变化和极端气候灾害的发生相吻合：2006 年开始至今当地气温呈逐步上升的趋势并开始了持续的干旱，2008 年发生了特大雪灾，导致高山牧场和畜牧业受到较大的损失，2009 年以后雪灾减缓而干旱依旧持续。特大雪灾和持续的旱灾影响着牧草资源利用的技术和方式。

4.1.3　气候变化对传统利用牧草资源知识和轮牧方式影响的研究结果和分析

在本书的文献回顾部分，相关的科学研究已经证明气候变化对牧草生产力产生了影响，这里就不再赘述。本文研究和分析的是气候变化对传统利用牧草资源知识的影响。

对牧草生长周期和长势的观察和了解，是当地牧民认识和利用牧草资源及其变化规律为畜牧业生计服务的重要知识。气候变化在导致牧草资源产生变化的同时，也对传统利用牧草资源知识和轮牧方式产生了影响。当地牧民对牧草的分类知识及轮牧方式的改变，为分析气候变化对传统利用生物及遗传资源知识的影响提供了一个新的视角。

当地牧民对牧草有着复杂的分类体系，有的根据季节把牧草分为春季、夏季和秋季三种牧草，有的根据气温把牧草分为耐寒和耐旱的两种牧草，有的根据生长环境把牧草分为适应干旱环境或湿润环境的两种牧草，有的根据牧场海拔和位置把牧草分为河谷草坝里的牧草、田边的牧草、田间的牧草、山坡上的牧草和雪山牧场上的牧草 5 种（见表 4-6）。

表 4-6　牧民对牧草的分类

分类依据	种类	代表牧草（藏名）
1. 根据生长地点	草坝里的牧草	pa na zua, gi an jia ma, pa zua
	田边的牧草	wa bo ma, wa jiu ma, ya ge ma, a zong xu zong
	田间的牧草	huo hua, hu
	山坡上的牧草	Jia hu la, rong mu rong gong, shuo shu
	雪山上的牧草	ye zi, lu mu ya sha, dong zha, na hua
2. 根据海拔高度	夏季高山牧草	ye zi, lu mu ya sha, dong zha, na hua
	冬季河谷牧草	wa bo ma, wa jiu ma, ya ge ma, a zong xu zong
3. 根据生长环境	干燥	rong qu, gi an jia ma, shuo shu
	湿润	pa zua, pa na zua
4. 根据繁殖方式	开花结种子的	ye zi, huo hua, ya ge ma, lu mu ya sha
	不开化结种子的	na wo, rong ba, ga mu gei shi
5. 根据采集方式	挖	wa bo ma, wa jiu ma, pa na zua, gi an jia ma, da si mu, a zong xu zong, dong xi mu
	割	hu, huo hua, pazua
6. 根据植株大小分类	高大植物（乔木）	da gu, gu hu
	中等大小植物（灌木）	gang de shin
	矮的植物（草本）	si zha
7. 根据牲畜喜好分类	食口性好	gin, gu lu lu, mi lu
	食口性一般	shi lu pa nu
	食口性极差	a duo ri duo, jio nong na, li jia pong
8. 根据营养含量分类	营养富有的	di ba qiong jie
	营养一般的	cha bu lu
	营养差的	jiu ba na ju

续表

分类依据	种类	代表牧草（藏名）
9. 根据饲用效果来分类	增肥类	ba gin ri ma, chuo bo ga
	治病类	gu duo
10. 对于形态相近的植物，利用正、负来进行分类	正	jio na, ru nuo
	负	jio gai, ru nuo ru gai

为了最大程度地利用当地牧场牧草资源水平分布的优势，在同一牧场放牧时，当地牧民在不同区域和地点之间进行轮牧，以适应牧草长势和消耗情况的变化。通常，牧民会依据牧草的种类和长势把同一牧场划为 3~4 块若干不同的轮牧区域，然后在每个区域轮牧 20 天左右的时间。以云岭乡红坡村和果念村的六个村落为例，以 2006 年的轮牧方式和时间为基准开始至 2011 年，通过近 6 年来对当地牧民在高山牧场轮牧方式和时间的跟踪记录和调研，发现牧场中划分不同轮牧区域的数量逐年增多，而且在每一区域轮牧的时间也在缩短，而牛群的总数却在逐年减少，因此轮牧区域的增多和轮牧时间的缩短并不是由于牛群数量的增加所导致的。轮牧区域和时间数量的变化见表 4-7。轮牧区域数量、轮牧天数的变化见图 4-13、图 4-14。

表 4-7　轮牧区域和时间数量的变化

村庄	牧场轮牧	年度						（衡量单位）
		2006	2007	2008	2009	2010	2011	
红坡	轮牧区域	6	8	11	10	8	8	（块）
	轮牧时间	21	19	13	16	14	13	（天）
果念	轮牧区域	5	6	10	9	6	7	（块）
	轮牧时间	18	18	11	14	13	10	（天）

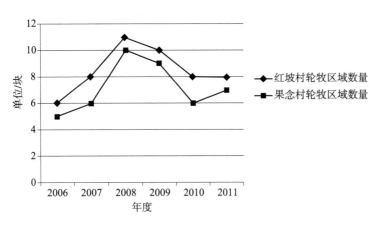

图 4-13　轮牧区域数量的变化趋势

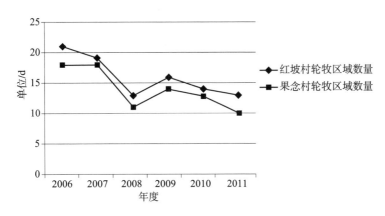

图 4-14　轮牧天数的变化趋势

从上述图表可以看出，在总体的趋势上，轮牧区域的数量在增加，而轮牧时间的天数在减少。但趋势的变化并不是逐年平均发生的，对于轮牧区域而言，2008 年以前数量在缓慢上升，2008 年出现了激增的现象，2008 年以后开始减少，从 2010 年开始又保持平稳的增长；对于轮牧时间而言，2008 年以前天数在缓慢减少，2008 年出现了锐减的现象，2008 年以后开始增加，从 2010 年开始又保持平稳的减少。轮牧区域数量和轮牧时间天数的变化现象与当地气候变化和极端气候灾害的发生相吻合：2006 年开始至今当地气温呈上升趋势并开始了持续的干旱，2008 年发生了特大雪灾，导致高山牧场和畜牧业受到较大的损失，2009 年以后雪灾减缓但干旱依旧持续，特别是 2010—2011 年的

159

旱灾尤为严重。当地的这些气候变化现象尤其是极端气候灾害影响着牧草资源利用的技术和方式。

把牧场划分为不同的轮牧区域，是为了使牛群轮流吃到同一牧场的不同牧草，最大程度地利用牧草资源，同时也保护了牧场的资源，避免在一个区域内出现由于牧草过牧而导致的牧场退化情况，轮牧区域划分数量的增加和每一区域内轮牧时间的缩短则是由于牧草的生长周期在加快、提前开花枯萎、个体长势矮小、整体长势稀疏、产量和种类减少所导致的，而牧草的生长周期直接与气候变化有着密切关系。因此，牧场划分区域数量和轮牧时间变化从传统知识的角度证明了气候变化对利用牧草资源知识的影响。

4.2 气候变化对传统利用药用生物资源知识的影响

藏医药知识是中国传统医药的重要组成部分，是藏族先民们在漫长的生产、生活实践中不断总结与疾病斗争的经验，结合西藏的自然条件和药物资源，形成的一门容人体生理、病理、诊断、治疗、方剂、制剂和特殊治疗等综合的医学体系。藏医药是藏族文化和生态环境间相互适应的产物，藏药中选取了很多鲜为人知的生长在高寒藏区的天然植物药、矿物质及珍贵的动物药，具有独特的配制工艺和提取方法。藏医药发展到今天，已有 1300 多年的历史，已形成了包含 191 科 692 属 2085 种植物药、57 科 111 属 159 种动物药、80 多种矿物药（总计 2324 种）的庞大药材库。它是藏族先祖在长期的医疗实践过程中逐渐形成的藏族传统医药学知识（尹仑 2009）。

德钦县藏族在长期的生产生活实践过程中，形成了丰富的传统利用药用生物资源知识。本节将从"传统藏医药"出发，探讨气候变化及极端气候事件对传统利用药用生物资源知识产生的直接影响和间接影响。

4.2.1 藏医药药用生物资源知识

德钦县独特的气候和地理环境，造成植物立体分布明显，各类藏药资源极为丰富。通过对红坡村藏医的调查，发现有 138 种藏药药材资源及其分布，了解其现存状况和功用（见表 4 – 8）。

表 4 - 8　德钦县藏医药药材资源及其分布

序号	藏语名	汉语名	拉丁名	生长地描述	海拔类型	功　　用
1	tan rao he	蓖麻	*Ricinus communis*	本地 2000 米低低海拔热处均有	低	滑肠、通便、止吐
2	cha zhuo	独行菜	*Lepidium apetalum*	海拔 1900～4500 米山坡或地边	低	治内脏瘀血、高血压、骨症、风湿、水肿,花治瘀症
3	gou gu lu	樟胶(没药树)	*Ailanthus vilmoriniana*	杂木林中、路边荒丛中、干热河谷较常见	低	清热、消炎、止痛,治新久肝病、麻风病、"龙"病、"凶曜"病
4	bu xie ze	金耳石斛	*Dendrobium hookerianum*	海拔 2000 米以下岩石或树上	低	清脾胃之热、止吐,治"培根"病、发烧、消化不良、胃溃疡、咽痛、痔疮
5	ga wa	马鞭草	*Verbena officinalis*	海拔 2000 米以下岩石或树上	低	治跌打损伤、通瘀血、消炎、食物中毒
6	sai xi	海绵蒲	*Verbascum thapsus*	海拔 1400～3200 米的草坡、荒地	低	清热利尿,治肾炎、水肿、尿涩
7	zha wa	打火草	*Anaphalium affine*	海拔 2000～3800 米的阳坡、干河滩	低	祛风湿、消猪,治"培根"病、流感、灰色水肿
8	suo ga wa	茅	*Capsella bursa - pastoris*	海拔 3700 米以下地边	低	止吐、通脉络,治筋脉肿痛
9	cha ga wa	荠冥	*Thlaspi arvense*	海拔 4000 米以下山野、地边	低	治肺热、咳嗽、肾热、淋病、消化不良、呕吐,"黄水"病
10	qi rou	密花香薷	*Elsholtzia densa*	海拔 1500～4500 米的山坡、草甸、林缘、溪边	低	防疫口生虫,治皮肤撞痒、消化不良
11	kan ba	大籽蒿	*Artemisia sieversiana*	海拔 1900～4500 米的山地、石坡	低	能清热、止血、散肿、祛风,治肺病、疮痒、外伤,煎水洽可柔利皮节
12	na bao	盲肠草	*Bidens pilosavar. radiata*	海拔 2000 米以下岩石或树上	低	清热解毒、通瘀血、解血毒,治痈风、胆囊炎、高血压,孕妇忌服

续表

序号	藏语名	汉语名	拉丁名	生长地描述	海拔类型	功　用
13	sa ma dong	大叶凤尾	*Pteris cretica*	阴湿路边、岩壁	低	止感冒咳嗽,外用治外伤出血及烫伤
14	ao mao sai	西藏八角莲	*Dysosma tsayuensis*	海拔 2000～4500 米的草地、灌丛、林下	低	能调经,止痛,治妇科病,胎产病,肾脏病
15	xin tuo li	兴滴	*Salvia mekongensis*	海拔 3300 米以下田边道旁	低	能除翳障,治眼病,目翳
16	cha bei	川西瓦韦	*Lepisorus soulianus*	海拔 2000～3600 米的石上、树上	低	清火通淋、清肺泄热、敛疮生肌、治淋沥、崩漏、肺热咳嗽、汤火伤、脓疡
17	qi cai	苍耳子	*Xanthium sibiricum*	海拔 3000 米以下山野、地边	低	清热、解毒、除风、平胃、治瘟疫、肾病、高热、郁热、风湿、风疹
18	jia wa	当归	*Angelica sinensis*	海拔 3500～4000 米的河边	低、中、高	能滋补、干"黄水"、治"培根"寒症、胃寒症、腰肾寒症、气痛、"黄水"病、熏治肿痛
19	sai wa	峨嵋蔷薇	*Rosa omeiensis*	海拔 750～4200 米的山坡、灌丛中	低	能降气、清胆、活血、调经、收敛血管、治"龙"病、"赤巴"病、肺热咳嗽、头晕、吐血、脉管瘀痛、月经不调、赤白带下、风湿、痈疮、果实能清肝热、消积食
20	wen bu	水柏枝	*Myricaria germanica*	海拔 1300～4100 米的山溪边	低	能发散、解毒、治血热、肺炎、肾炎中毒性发烧、咽喉肿痛、"黄水"病、乌头中毒、外洗癣症
21	jia qiong	土连翘	*Hypericum bellum*	海拔 2000 米左右的路边、田间	低	清热解毒、凉血止血、祛瘀通经、杀虫

续表

序号	藏语名	汉语名	拉丁名	生长地描述	海拔类型	功　用
22	sang di	川西獐牙菜	*Swertia mussotii*	海拔 1900～3800 米的河滩草地、山坡草地、灌丛中,林下及水边	低	能清肝热、胆热、疫热,干脓,治"培根"与"赤巴"病,肝热等热病、肠病、血病、疮痈
23	zha qiong	万年青	*Rohden japonica*	海拔 3000 米以下灌丛、草地	低	清热解毒、强心利尿、化淤止痛
24	xi ge chi	金银花	*Lonicera japonica*	海拔 1700～2000 米的山谷、林间	低	清热解毒、疏散风热
25	jie ji na bao	秦艽	*Gentiana crassicaulis*	海拔 2100～4500 米的山坡草地、高山草甸、林缘、林下	低	能清腑热、胆热,止血、消肿,治肝胆热症、黄疸、二便不通、炭疽病、疮痈、外伤
26	me ya	红豆杉	*Taxus chinensis*	海拔 2800～3200 米的暗针叶林中	低	提取物紫杉醇有抗癌作用
28	qi dang ga	酸藤子	*Embela laeta*	海拔 1100～2400 米的路边灌丛或阔叶林下	低	能杀虫、利水、升胃温、润下,治绦虫病、皮肤病、寒性水肿、便秘
29	sai ji mei duo	波棱瓜	*Herpetospermum penduculosum*	海拔 2000～3500 米的山坡、沟谷、村边园篱	低	能清腑热、胆热,治"赤巴"、肝炎、胆囊炎等、消化不良、果皮能治痔疮,花亦有同效
30	cha jia ha wu	卷丝苣苔	*Corallodiscus Kingianus*	海拔 2000～3400 米的石上、岩边	低	能解毒、强精,治热泻、生殖腺病、肾病、早泄,肉食或头中毒、伤口,疮疥
31	ba er ba da	细果角茴香	*Hypecoum leptocarpum*	海拔 1700～5000 米的草坡、林缘	低	能清热解毒、镇痛,治"赤巴"热病、血热,时行瘟疫、感冒、肝炎、胆囊炎、食物中毒

续表

序号	藏语名	汉语名	拉丁名	生长地描述	海拔类型	功　用
32	sai ya	西藏木瓜	Chaenomeles thibetica	各地均有栽培	低	能增温、和胃、祛湿、舒筋活络，治"培根"病、耳病、消化不良、胃溃疡、风湿、筋脉痉挛
33	du re ge zha	蚤休	Paris polyphylla	海拔1300~2900米的灌木林下阴湿处	低	清热解毒、消肿止痛、凉肝定惊
34	gan zha ga ri	紫色悬钩子	Rubus irritans	海拔2000~3500米的山坡、路边	低	能清热、利气和调整"龙"、"赤巴"、"培根"病，治热性"龙"病、对肺病及感冒、流感、热病初期、恶寒发烧、头痛、身痛的效果显著
35	wang dong chi	桔梗	Platycodon grandiflorum	海拔1200~2100米的山坡、草丛、沟旁	低	宣肺化痰、利咽、排脓（中医用）
36	cai tun	藏麻黄	Ephedra Saxatilis	海拔2000~4000米的山地	低	能清心、脾、肝之新旧热症及血热，利水、止血，治喘、治身热、感冒、月经过多、外伤流血
37	na bao chi	丹参	Salvia brachyloma	海拔2000~3900米的草坡、灌丛	低	能去淤、活血、调经、排脓生肌，治经络滞淤、心悸、创伤、口腔病、月经病，花（7~8月采）治咳嗽、肝炎
38	ke er mang	蒲公英	Taraxacum mongolicum	海拔1500~4000米的山坡、溪边地	低	能清热、解毒、健胃，治旧热、"培根"血病、"木保"病、"赤巴"病、肝胆病，治胃病、喉热病、急性中毒、疔疮、茎、叶（7~8月采）能催乳

续表

序号	藏语名	汉语名	拉丁名	生长地描述	海拔类型	功用
39	xin tuo li ga bao	白花珍子香	*Chelonopsis albiflora*	海拔 2100～3700 米的灌丛阴湿处、水边	低	能除黳瘢，治眼病、目翳
40	re re	桦槲蕨（骨碎补）	*Drynaria sinica*	海拔 1000～3800 米的疏林中，附生于岩石上或树根部，常见于较干热河谷	低	能补肾、愈伤、活血、止痛、解毒、治跌打、筋骨疼痛、耳鸣、脱发、胎衣不下、肉食或食物中毒
41	ban re mu	拳参（圆穗蓼）	*Polygonum sphaerostachyum*	海拔 2500～5000 米的山坡、草地	低	能养血、止泻、治血病、寒泻（根的效用相同）
42	pa le ga	大果马兜铃	*Aristolochia macrocarpa*	海拔 2000～2700 米的河谷、林缘、杂木林中	低	能清热、泻六腑积热、凉血、利尿、通乳、治肺热、肝热、六腑热症、血热、肝脾热引起的心背刺痛、肾炎水肿、尿道炎、失眠、乳闭
43	xu da	菖蒲	*Acorus calamus* L.	海拔 2700 米以下沼泽、浅水中	低	能消胃、化食、祛风、增强记忆、引黄水、治溃疡、治胃寒、消化不良、关节炎、乳蛾、溃疡、健忘
44	ye ge xin ga bao	川西千里光	*Senecio solidagineus*	海拔 2000～4000 米的山坡、林缘	低	能清热解毒、疗疮、愈伤、接骨、治肝胆热、热毒、外伤、骨折、对疮病、创伤效果尤佳
45	lu qiong	灰木紫菀	*Aster poliothamnus*	海拔 2000～3000 米的草坡	低	能清热解毒、治瘟病时疫、"木保"病、脉热、流感
46	xi sai ga bao	云南黄芪	*Astragalus yunnanensis*	海拔 3000～5100 米草坡、灌丛	中	能强壮、利尿、止汗、排脓生肌

续表

序号	藏语名	汉语名	拉丁名	生长地描述	海拔类型	功　用
47	ge ni	轮叶黄精	Polygonatum verticillatum	海拔 2300～4200 米林下、灌丛及河谷、溪边	中	滋润心肺、补精髓、健胃、治局部浮肿、寒湿引起的腰腿痛
48	duo mu niu	大理白前	Cynanchum forrestii	海拔 3800 米以下的山麓、路边灌丛、干燥山坡	中	清热解毒、治胆病和胆病引起的头痛、热性腹泻、发烧、恶心
49	bai ma sai bao	黄牡丹	Paeonia delavayi	海拔 1950～3500 米山坡路旁	低、中	能润颜色、治皮肤病、炎症
50	re ni	卷叶黄精	Polygonatum cirrhifolium	海拔 2300～4800 米的草地、山坡、沟谷和林下	中	滋润心肺、补精髓、健胃、治局部浮肿、寒湿引起的腰腿痛
51	re le qiong	掌叶铁线蕨	Adiantum pedatum	海拔 1500～3400 米的林下	中	止痛、催产、解毒、治中毒性发烧、筋骨痛、食物中毒等
52	mu qia la	菁杠（栎树）	Quercus pannosa	海拔 2500～4300 米山地混交林中	中	能收敛、止泄、治一切寒泻与热泻
53	jue wa	砂生槐	Sophora moocroftiana	海拔 2800～4400 米的山坡灌丛、河滩沙地、干旱山坡	中	治温热黄疸、黄疸性肝炎、化脓性扁桃体炎、白喉等
54	ni xin cha ma mei ba	羊齿天门冬	Asparagus filicinus	海拔 1200～3000 米的林下或山谷阴湿处	中	清热、治"风"病、寒性黄水、剑突病
55	jie jig a bao	粗茎秦艽	Gentiana crassicaulis	海拔 3100～4400 米冷杉林、杜鹃灌丛边缘湿润草地	中	治肝胆热症、炭疽病、疮痈、外伤
56	ga di hong bao	西藏点地梅	Androsace stenophylla	海拔 2500～4000 米的干旱山坡	中	引排黄水、解热、利尿、治热性水肿、肾虚、炭疽

续表

序号	藏语名	汉语名	拉丁名	生长地描述	海拔类型	功用
57	di da	西南獐牙菜	*Swertia cincta*	海拔 2100～3100 米草坡	中	清热、利胆、治诸热症、"赤巴"病、热性肝胆、血病
58	ji zi ga bao	粘毛鼠尾草	*Salvia roborowskii*	海拔 2700～4300 米山坡草地	中	清热、固肝、止痛、治肝热、牙齿动摇、牙痛、腹痛
59	san zi ga bao	猪殃殃	*Galium aparine*	海拔 4000 米以下草坡、灌丛	中	能退胆病目黄、固精、接筋续骨、治黄疸、关节炎、遗精、跌打、外伤、疮疥
60	suo ga wa	虎掌草	*Anemone rivularis*	海拔 1200～4900 米的林缘、河滩、高山草甸、阴坡碎石中	中	温胃祛寒、暖体升温、镇痛、解蛇毒、驱虫
61	wo zeng	狭序唐松草	*Thalictrum atriplex*	海拔 2300～3700 米的山坡草地、林缘	中	治关节炎、杀虫、止痢
62	che gui	蔷薇	*Rosa sertata*	海拔 1700～4000 米的山坡灌丛、林缘、溪谷等处	中、高	能敛毒利黄水、治中毒扩散
63	lu jia mu bao	管花马先蒿	*Pedicularis siphonantha*	海拔 3500～4800 米的湿草地、林缘湿处	中	能清热、敛毒、治热性腹泻、食物中毒
64	ba li ga	穆坪马兜铃	*Aristolochia moupinensis*	海拔 2400～3200 米沟谷林中、山坡阴湿处	中	凉血、利尿、通乳、治肺热、肝热、血热、消炎
65	xin cha	桂皮	*Cinnamomum cassia*	溪畔杂木林中	中	生火止泄、治胃病、肝病、寒性龙病、淋病、腹泻等
66	ba zhe	喜马拉雅紫茉莉	*Mirabilis himalaica*	海拔 2000～4000 米草坡、沟谷、地边	中	能增胃温、暖胃、生肌、长力气、利尿、排石、敛黄水

续表

序号	藏语名	汉语名	拉丁名	生长地描述	海拔类型	功用
67	ba wu ga bao	商陆	Phytolacca acinosa	海拔 3400 米以下山野、林缘	中	能清热解毒,治中毒性炎症、口臭、呕逆
68	sha zhu	羽裂荨麻	Urtica triangularisssp. pinnatifida	海拔 3400～4000 米草坡、灌丛	中	能散寒、祛风,治龙病、胃寒、消化不良、水肿、外伤
69	lan dan ze	天仙子	Hyoscyamus niger	房边、路旁、山坡、河滩沙地	中	治梅毒、头神经麻痹、皮肉生虫、虫牙
70	ga la ba qi tuo	地不容	Stephania delavayi	海拔 1700～2700 米林下、林缘、沟边、岩边	中	能解毒、敛毒、泻毒、杀虫、催吐,治疮痈中毒、紫殖病
71	da re mei duo	卷丹百合	Lilium lophophorum	海拔 3300～4300 米高山草甸、林缘	中	治肺病、咳嗽、体虚
72	song di	虎耳草	Saxifraga signata	海拔 1800～3500 米多石山坡	中	能清肝胆热、干脓,治"培根"病、"赤巴"病、肝热、胆热、血病
73	wo zi li	马齿苋	Portulaca olearacea	海拔 2400 米以下田野、河边	中	能清热、解毒、利尿,治痢疾、创伤、膨胀
74	ge lu gong	红花	Carthamus tinctorius	海拔 2400 米以下田野、河边	中	能清肝热、活血,治肝病、肺热、妇科病
75	sen deng ma bao	紫檀	Pterocarpus indicus	海拔 1000 米以下森林中	中	能清热、行气、止血热、血瘀、降血压、气血病、外用消肢节肿胀
76	ma le	藏木香	Inula racemosa	青藏高原各地藏医均有栽培	中	治龙病、发烧、慢性胃炎、胃肠机能混乱、胸肋痛
77	sen xin na ma	陕甘瑞香	Daphne tanguitica	海拔 1400～3900 米的林下或岩缝	中	治胃寒、龋齿

续表

序号	藏语名	汉语名	拉丁名	生长地描述	海拔类型	功用
78	tan cong na bao	山莨菪	Anisodus tanguticus	海拔 2700～4600 米的山坡灌丛、草地向阳处	中	治虫病、胃病、狂躁、疔疮、皮肤病、炭疽
79	da wa	天南星	Arisaema aridum	海拔 2200～4400 米的灌丛、碎石、田地边、庭院	中	治胃痛、惊风、鼻息肉、骨刺、骨瘤、疮疥
80	bi zhui	茜草	Rubia cordifolia	海拔 3200 米以下的林下、草丛、灌丛	中	治血分病、肺、肾、肠热、全草治肺炎、肾炎
81	ge cuo	瓦草	Melandrium viscidulum	海拔 1300～3700 米草坡、石灰岩	中	治痛经、扭伤、痈疮
82	suo ba cha le jian	圆柏	Sabina wallichiana	海拔 3000～4800 米灌丛或林下	中	枝叶治肾炎、淋病、浮肿、风湿、炭疽，果治肾病、膀胱病、尿涩、骨热、痛风
83	zhi re a	菟丝苗	Cuscuta chinensis	海拔 4200 米以下草坡、灌丛、豆地	中	治肝、肺及筋脉发烧、中毒性发烧
84	hong ba xia ga	黄堇（副品鸭嘴花）	Corydalis tongolensis	海拔 2700～4000 米高山草甸、灌丛	中	治肝胆及血分实热、血热引起的头痛
85	suan mo	土大黄	Rumex acetosa	海拔 4000 米以下草坡、灌丛	中	治炎症、腹水、外治皮症、疮癣
86	xi ka chi	银粉背蕨	Aleuritopteris argentea	海拔 3700 米以下山地	中	治食物及药物中毒、感冒发烧
87	xia gong ba	蓝翠雀花	Delphinium caeruleum	海拔 2100～4500 米的草坡、沙砾坡	中	止肠热腹泻、痢疾、肝胆肝热病
88	li zhi	宽筋藤	Tinospora sinensis	海拔 900 米以下山坡林中	中	治龙病、"赤巴""培根"病、时疫、热病初期、风热、衰老
89	ba duo la	射干	Belamcanda chinensis	海拔 2200 米以下林缘、草坡	中	能杀虫、治虫病、风湿、食欲不振
90	song cha	蓟	Cirsium bolocephalum	海拔 2700～4400 米的草坡、灌丛、林下	中	治"培根"病、疮疥、水肿

续表

序号	藏语名	汉语名	拉丁名	生长地描述	海拔类型	功用
91	wu mu zi	桃儿七	Sinopodophyllum hexandrum	海拔2700~4300米草地、灌丛、林下	中	果治血分病、妇科病、胎产病、肾病、根茎外治跌损伤、皮肤病、黄水疮
92	ta rang	平车前草	Plantago depressa	海拔4500米以下草坡、灌丛、河滩、路边	中	治肠热腹泻、痢疾、黄水病
93	qi bu ga re	杉叶藻	Hippuris vulgaris	海拔2800~4900米沼泽、水塘、湖畔、溪沟	中	治肺炎、肝炎、胃热、木保病、肺外伤
94	jie cha	高原毛茛	Ranunculus brotherusii var. tanguticus	海拔3000~4600米山坡草地、湿地	中	治胃寒性消化不良、腹水、喉炎、浩块、黄水病
95	ba duo la	白芨	Bletilla striata	分布于各地林缘、山坡、草地	中	治虫病
96	gong tu ba	糖芥	Erysium hieracifolium	海拔2800~4600米山坡草地、沙砾干山坡地	中	治疲劳发热、肺结核咳嗽、久病心力不足
97	xing di	西藏猫乳	Phamnella gilgitica	海拔1900~2900米山地灌丛或林中	中	治血热、高山多血症、黄水病
98	ba le ga	藏马兜铃	Aristolochia griffithii	海拔2000~2700米河谷、林边、杂木林中	中	凉血、利尿、通乳、治肺热、肝热、血热、消炎
99	zhi yang ge	藏药青兰	Dracocephalum tanguticum	海拔3000~4400米干旱河谷、草滩、松林缘	中	治肝炎、头昏、神疲、胃热、口病、黄水病、便血、尿血
100	cha gu	野韭	Allium forrestii	海拔2700~4600米草坡或碎石坡	高	治感冒风寒、胃寒、食欲不振
101	da li	小叶杜鹃	Rododendron intricatum	海拔4000米以上的草原和草甸灌丛中	高	清热消炎、止咳平喘、健胃、散肿、补肾、抗老、治肺痛、喉炎

续表

序号	藏语名	汉语名	拉丁名	生长地描述	海拔类型	功　用
102	ban na	雪山一支蒿	*Aconitum pendulum*	海拔 2800～4500 米的林缘或山坡石隙	高	清热退烧、止痛、驱风除湿、治流行感冒、发烧、风湿
103	suo luo ga bao	高山蒹根菜	*Pegaeophyton scapiflorum*	海拔 3750～5500 米的高山草地和高山碎石带	高	退烧、滋朴、愈伤，内服治肺病咳血，外用治刀伤
104	le dui du ji	党参	*Codonopsis nervosa*	海拔 3500～4500 米林缘、草地、阳坡	高	治癔病、脚气病、水肿、血机亢进、癥瘤
105	ban jian ga bao	高山龙胆	*Gentiana algida*	海拔 1200～5300 米的高山草甸和流石滩	高	治感冒发烧、目赤咽痛、肺炎咳嗽、胃炎、脑膜炎、气管炎、尿道炎、天花等
106	cha ma	藏锦鸡儿	*Caragana brevifolia*	海拔 2700～4100 米的林缘及山地半阴坡	高	根解肌肉热、脉热、肉皮祛风活血、止痛利尿、补气益肾
107	mei duo lan na	全叶马先蒿	*Pedicularis integrifolia*	海拔 3500～4900 米的高山阳坡草甸、碎石草原及林下	高	治水肿、疮疖、急性胃肠炎、肉食中毒、小便不通、骨黄水病
108	gang ga qiong man ba	大花花胆	*Gentiana szechenyi*	海拔 2500～4800 米的高山草甸、阳坡砾石地	高	治发热性疾病、"赤巴"病、"木保"病、血管闭塞症、痢疾、喉痛
109	gou ri gou mu	草红花	*Carthamus tinctorius*	各地栽培	高	治肺炎、肝病、血热、妇女病
110	yi mu na ni	拟楼斗菜	*Paraquilegia microphylla*	海拔 2700～4700 米的灌丛、草甸、高山石隙	高	治难产、胎死不出、胎衣不下、子宫出血、跌打损伤、异物留不出
111	can ma er	唐古特红景天	*Rhodiola algida*	海拔 2000～4700 米的高山石缝或近水处	高	治肺病、神经麻痹症、气管炎

续表

序号	藏语名	汉语名	拉丁名	生长地描述	海拔类型	功 用
112	gong ba ga ji	风毛菊	Saussurea japonica	海拔 3200～4300 米的高山草地、碎石地	高	止血、治疮疖
113	lu ri sai bao	斑唇马先蒿	Pedicularis longiflora var. tubiformis	海拔 2300～5300 米的高山草甸、沼泽、湖边、溪流两旁、云杉林缘	高	治肝炎、胆囊炎、水肿、遗精、小便带血、高烧、神昏、肉食中毒等
114	da mu qi wa	花葶驴蹄草	Caltha scaposa	海拔 2500～3200 米林下、路边阴湿地	高	治感冒头痛、风湿痛、牙痛
115	hong da xia	棘豆	Oxytropis tragacanthoides	生于高海拔阴坡或沙砾土	高	治疫疠、炎症、中毒症、出血、血病、黄水病、便秘、炭疽、疮痈肿痛、骨痛
116	suo gong ba	绢毛菊	Soroseris gillii	海拔 3300～5500 米的草甸、砾坡、灌丛	高	治炎症发烧、虚热、咽喉痛、上半身疼痛、胸腔四肢黄水病、头伤
117	a zhong ga bao	澜沧雪灵芝	Arenaria lancangensis	海拔 4000～4700 的草坡、砾石地	高	治肺炎、支气管炎
118	ban ga	甘青乌头	Aconitum tanguticum	海拔 3200～4800 米的高山草甸、碎石带或沼泽地	高	治赤巴病、传染病发烧、流感、肝胆热病、食物中毒、外用洗治蛇咬
119	ban can bu rou	绵参	Eriophyton wallichii	海拔 3400～4700 米的高山流石滩中	高	治肺脓肿、肺结核
120	zhi da sa zeng	黄毛草莓	Fragiria nilgerrensis	海拔 1500～4000 米的草坡、林缘	高	治肺炎、胸腔脓血、"培根""赤巴"病、胸闷、肺痈
121	ga tun	岩白菜	Bergenia purpurascens	海拔 3000～4300 米的林下、灌丛、草甸、石隙	高	治时疫、肺病、感冒咳嗽、喉痛、胃痛泻痢、黑黑脉病、四肢肿胀、痘疹及疱疹

续表

序号	藏语名	汉语名	拉丁名	生长地描述	海拔类型	功用
122	ba bao sai bao	黄秦艽	*Veratrilla baillonii*	海拔 3600~4800 米的山坡、草甸	高	治食物或药物中毒、瘟疫、肝胆热
123	min jian na bao	臭氨草	*Cremanthodium plantagineum*	海拔 4200~4500 米的高山草地、灌丛	高	治炭疽病、疗疮、肿毒、各部疼痛
124	xiang zhe se bao	报春	*Primula sikkimensis*	海拔 3200~4700 米的湿草甸、溪沟边	高	治诸热病、血病、脉病、小儿热痢水肿、腹泻
125	si li ma bao	大花红景天	*Rhodiola crenulata*	海拔 3400~5600 米的石缝、沟边、灌丛	高	治肺病、肺炎、支气管炎、口臭
126	bo ka chi	槲叶雪莲花	*Saussur eaquercifolia*	海拔 4200~4500 米的草坡、崖壁	高	治月经不调、咳嗽、外伤
127	qu zha	亚大黄	*Rheum nobile*	海拔 4000 米以上的流石滩	高	能泻疫疗、愈疮、治时疫、疮殖、伤口不愈
128	hong lin	胡黄连	*Picrorhiza scrophulariflora*	海拔 3600~4000 米的草坡、砾石堆	高	治赤巴高热、烦热、诸脏热、血热、炭疽、疮热、刺痛、筋伤，效果较"洪连"好
129	re duo na bao	苞叶风毛菊	*Saussurea obvallata*	海拔 3600~4400 米的流石滩、草甸	高	治凶曜病（癫痫、中风、癫狂、麻风等）
130	xia gui bi	澜沧翠雀	*Delphinium thibeticum*	海拔 2800~4500 米的草坡、疏林	高	治瘟病时疫、毒病、皮肤病
131	a bi ka	贝母	*Fritillaria cirrhosa*	海拔 3200~4500 米的草甸、杜鹃灌丛、林下	高	治虚热、月经过多、头痛、中毒、骨折
132	dao xin	香白蜡树	*Fraxinus suaveolans*	海拔 2500~3300 米的山坡阔叶林中	低	治热痢、带下、目赤、骨折

续表

序号	藏语名	汉语名	拉丁名	生长地描述	海拔类型	功　用
133	ji wa	刺红珠	*Berberis dictyophylla*	海拔 2500～4000 米的山坡、灌丛	高	治消化不良、腹泻、痢疾、旧热病、淋病、黄水病、眼病、剌可排脓
134	ba ya cha wa	象牙参	*Roscoea tibetica*	海拔 2100～3800 米的山坡草地、林下	高	治肺病、咳嗽、肺心病、咳血、外伤、痈疽，效果不如肉果草
135	da zhi	五味子	*Schisandra rubiflora*	海拔 2500～3500 米的针阔混交林、河谷、山坡	高	治肠炎腹泻、昏晕、呕吐呃逆、气痛、四肢无力
136	ya ji ma	金腰草	*Chrysosplenium forrestii*	海拔 3200～4600 米的草甸、石隙、林下	高	治"赤巴"引起的发烧、胆病、急性黄疸型肝炎、胆病引起的头痛
137	qia gao su ba	水母雪莲花	*Saussurea medusa*	海拔 3900～5600 米的高山流石滩	高	治炭疽病、中风、风湿关节炎、胎衣不下、高山反应
138	ou bei sai bao	藏药黄绿绒蒿	*Meconopsis punicea*	海拔 2800～4300 米的阴坡或半阴坡的高山灌丛草甸和高山草甸	高	治肺炎、肝炎、头痛、水肿、皮肤病、肝和肺的热症，花解热效果好

4.2.2　气候变化对藏医药植物资源影响的研究结果与分析

相关的科学研究已经证明，气候变化对包括药用植物在内的生物多样性资源产生了影响，本文研究和分析的是气候变化对传统利用藏医药植物资源知识的影响。

对藏医药材生物资源的观察和掌握，是当地乡土藏医认识和利用这一资源的前提条件，也是藏医知识的重要组成部分。近年来，随着气候变化和极端干旱灾害的持续发生等多种因素，使当地许多原来丰富的药材资源变得日益稀少，气候变化在导致药用植物资源产生变化的同时，也对传统采集药材的方式产生了影响。当地藏医对药用植物资源的分类知识及采集方式的改变，为研究和分析气候变化对传统利用生物及遗传资源知识的影响提供了一个新的视角。

当地藏医按照生长区域和环境的不同，把药用植物资源分为了不同类别（见表 4 - 9）。

表 4 - 9　藏医药植物资源的传统分类

分类依据	类　别	代表药材植物（藏名）
1. 根据生长地点	高山草甸、森林和流石滩	ou bei sai bao, qia gao su ba, re duo na bao
	森林和山坡	song cha, ba duo la, bi zhui
	河谷	pa le ga, jia wa, tan rao he
2. 根据海拔高度	高	hong lin, can ma er, yi mu na ni
	中	xing di, wu mu zi, ta rang
	低	ban re mu, re re, sai ya
3. 根据生长环境	旱地	mei duo lan na, hong da xia, gang ga qiong man ba
	潮湿地	xiang zhe se bao, can ma er
4. 根据山体方向	阴坡	ou bei sai bao, da mu qi wa
	阳坡	hong da xia, gang ga qiong man ba

通过近 6 年来对红坡村藏医的跟踪访谈和调研，对他们在白马雪山特定区域内的长期固定药材采集地的数量和主要代表药材植物的株数进行统计，并对

其变迁进行分析，可以反映出气候变化对药用植物资源传统知识的影响。由于涉及藏医的利益和隐私，本研究不公开标明采集地点的位置，而只统计其数量（见表4－10）。

表4－10　藏医固定药材采集地数量和代表药材采集株数的变化和统计

药材采集地点		采集季节	代表药材（藏名）	年　度											
				2006		2007		2008		2009		2010		2011	
				N₁	N₂	N₁	N₂	N₁	N₂	N₁	N₂	N₁	N₂	N₁	N₂
高海拔	阳坡	干燥	hong da xia	47	112	47	124	34	96	38	103	37	107	34	98
	阴坡	湿润	da mu qi wa	52	127	53	132	47	97	41	95	36	87	33	84
		干燥	ou bei sai bao	37	93	37	97	31	87	33	82	33	83	35	79
		湿润	xiang zhe se bao	44	137	41	129	39	123	36	97	31	84	27	81
中海拔	阳坡	干燥	ba li ga	55	143	53	147	45	116	48	127	51	126	51	133
		湿润	lu jia mu bao	63	157	67	165	59	153	59	134	57	121	54	113
	阴坡	干燥	suo ga wa	57	107	61	116	54	113	47	103	43	118	40	112
		湿润	ba li ga	66	128	62	121	51	93	54	84	50	81	45	75
低海拔	阳坡	干燥	zha wa	41	77	41	73	39	67	37	71	34	63	34	61
		湿润	sang di	37	97	35	87	31	61	27	53	24	57	23	58
	阴坡	干燥	re re	34	84	34	93	31	72	30	64	30	68	27	72
		湿润	sa ma dong	31	63	31	65	25	53	23	47	20	43	20	44

附注：N₁表示药材采集地数量，N₂表示主要代表药材采集株数。

从表4－10和图4－15～图4－20可以看出，中海拔区域的药材资源要相对丰富，其次是高海拔，最后是低海拔。而在相同海拔地区，阳坡的药材资源要比阴坡相对丰富，湿润区域的药材资源要比干燥区域相对丰富。在总体的变化趋势上，所有海拔区域的固定药材采集地和代表药材采集株数都呈减少的趋势，但趋势的变化并不是逐年平均发生的：首先，无论是固定药材采集地还是代表药材采集株数，2008年以前的数量在缓慢减少，2008年出现了锐减的现象，2008年以后开始有一定的回升，从2010年开始又逐渐地减少。其次，在上述总的趋势下，中高海拔区域的变迁相较于低海拔区域显得更为明显。第三，在相同海拔条件下，阴坡的减少要比阳坡更为明显。第四，在相同海拔和

176

坡面的条件下，湿润区域的减少要比干燥区域的减少更为明显。

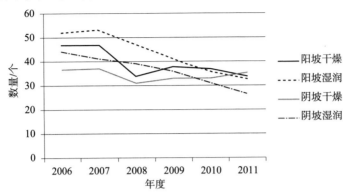

图 4 - 15　高海拔固定药材采集地变化趋势

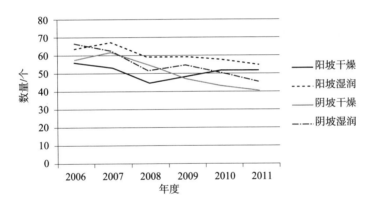

图 4 - 16　中海拔固定药材采集地变化趋势

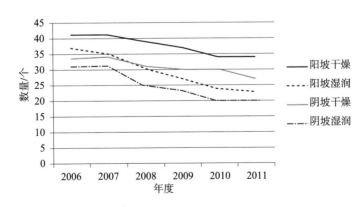

图 4 - 17　低海拔固定药材采集地变化

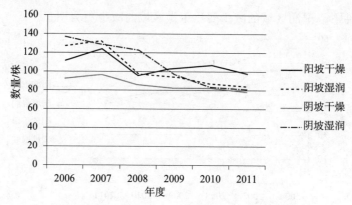

图 4-18 高海拔代表药材采集株数变化趋势

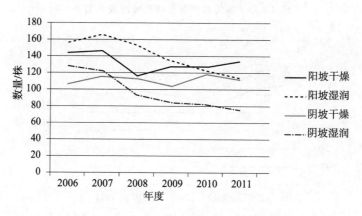

图 4-19 中海拔代表药材采集株数变化趋势

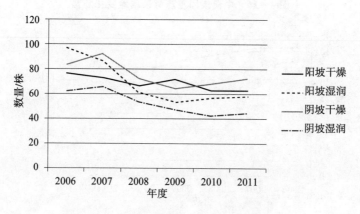

图 4-20 低海拔代表药材采集株数变化趋势

固定药材采集地和代表药材采集株数的变化现象与当地气候变化和极端气候灾害的发生相吻合：2006 年开始的持续干旱和 2008 年的特大雪灾，严重影响了药材的生长环境，特别是中高海拔区域。2009 年至今旱灾进一步加重，进一步破坏了处于阴坡和湿润区域药材的生长环境。上述分析表明，当地发生的这些气候变化现象尤其是极端气候灾害影响着传统藏医药材资源，反之固定药材采集地和代表药材采集株数的变化也从传统知识的角度证明了气候变化对藏医药材生物资源的影响。

4.3　气候变化对传统技术与传统生计方式的影响

畜牧业是当地藏民族的传统生产生计方式，并产生了丰富的传统放牧技术。本节将探讨气候变化及极端气候事件对传统技术与传统生计方式产生的影响。

4.3.1　传统畜牧业生计方式

与喜马拉雅地区一样，半农半牧是德钦县藏族的传统生计方式，由于居住环境和气候条件的原因，加之受到周围农耕民族的影响，当地藏民族逐步走向定居生活并开始发展农业，但同时又保留有畜牧业的传统，并最终形成了自己独具特色的农牧并重、农牧互养的半农半牧生计体系，这一体系是农业和畜牧业的复合体。

在半农半牧生计中，农业和畜牧业之间形成了相互依赖和补充的关系。首先，农业和畜牧业都是当地藏民族赖以生存的重要生计方式，满足了生活基本必要的饮食用品需要；其次，牲畜饲养为农作物种植提供了必需的圈肥，而农作物的秸秆则是牲畜的饲料，收割后的农田也成为冬季放牧牲畜的牧场。

在半农半牧这一特殊的生计方式下的畜牧业既不同于草原的游牧业，也不同于农耕的养殖业，而有着自己独特的放牧和饲养方式，对于放牧地点、季节性和劳动力的安排都有着特殊的要求，同时积累了大量畜牧业生物多样性的传统知识，包括牲畜品种、兽医技术和牧草的知识和技术等。

当地畜牧业的一个重要特点是在不同海拔高度的草甸之间迁徙，牧民们每年的 6 至 9 月放牧于海拔 3000 米以上的高山草甸地带，11 月至翌年 3 月放牧

于海拔 2500 米左右的亚高山草甸地带。通过迁徙，畜牧业极好地适应了当地气候和植物生长的季节性变化，有效地维持草地生产和传统围栏农业。

对当地的藏族牧民而言，畜牧业已经不仅仅是一种简单的生计方式，或者利用自然和生物资源的方式，而更加是一种传统知识和技术的综合体。畜牧业不仅维系着当地藏民族的生存，维系着包括作物和牲畜的遗传资源多样性，而且更加重要的作用是承载着藏民族的文化。近年来，随着气候变化和极端气候灾害的日益加剧，对畜牧业的传统知识和技术产生了重要影响。

4.3.2 气候变化对牲畜育种知识影响的研究结果与分析

相关的科学研究已经证明气候变化对传统生计方式的牲畜养殖品种和数量产生了影响，本文研究和分析的是气候变化对传统牲畜育种知识的影响。

近 10 年来，当地村民的生计结构和方式正在发生巨大的改变，传统的半农半牧生计中以牛为主的大牲畜饲养规模逐步萎缩，数量逐年减少。表 4-11 和图 4-21 中的数据反映了从 2000—2011 年 12 年间，6 个调研村庄饲养牛的数量的变化趋势。

表 4-11　6 个村庄养牛总数的变化

年度	2000	2001	2002	2003	2004	2005	2006	2007	2008	2009	2010	2011
牛（头）	1842	1757	1674	1597	1523	1457	1384	1302	1261	1153	1062	927

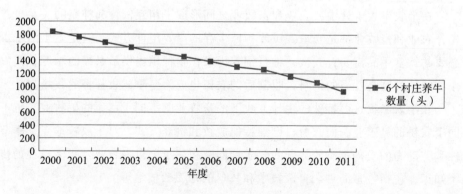

图 4-21　6 个村庄养牛总数变化的趋势

　　但是，并不能说明养牛数量的逐年减少与气候变化之间存在着直接的关系，这是因为如果从科学或汉语对牛的品种分类出发，是看不出当地牧民基于气候变化因素对牛的品种选择的。

　　气候变化是引起牧民育种知识变化的重要因素，在这一背景下，当地牧民对牛不同品种的分类知识，为分析气候变化对放牧和选种等传统生计技术与方式的影响提供了一个新的视角。

　　牛是当地畜牧业放牧的主要大牲畜品种，主要有牦牛、犏牛和黄牛三种，但是按照当地牧民的分类体系，牛则分为 7 种：①牦牛（藏语名公牦牛为 ra、母牦牛为 nega）和黄牛（公黄牛为 yong、母黄牛为 ba）；②公牦牛与母黄牛杂交出来的犏牛（公犏牛为 zong、母犏牛为 gele）；③公黄牛和母牦牛杂交出来的犏牛（公犏牛为 nezu、母犏牛为 le）；④母犏牛 gele 与公黄牛杂交出来的 ai、与公牦牛杂交出来的 dele；⑤ai 与公黄牛杂交出来的 jimo（见图 4－22）。

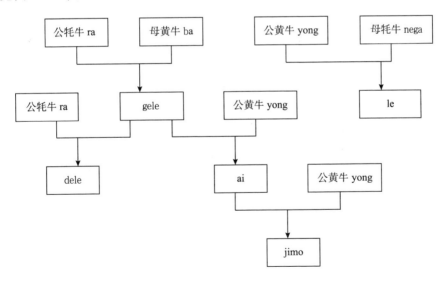

图 4－22　当地牧民对牛的认知和分类体系

　　按照生活环境气候和温度的不同，当地牧民把这 7 类牛分别放牧在不同海拔高度的牧场（见表 4－12）。

181

表 4 – 12　牛的分类与生活环境的关系

牛的种类			生活环境		
序号	藏语	汉语	气温	特性	海拔
1	ra、nega	牦牛	喜低温	耐寒	高海拔
2	yong、ba	黄牛	喜温暖	耐旱	低海拔
3	zong、gele	犏牛	低温、温暖	耐寒、耐旱	高、中、低海拔
4	nezu、le		喜低温	耐寒	高海拔
5	ai		低温、温暖	耐寒、耐旱	高、中、低海拔
6	dele		喜低温	耐寒	高海拔
7	jimo		喜温暖	耐旱	低海拔

　　从表 4 – 12 可以看到，牦牛、nezu、le、ai 属于喜欢寒冷气候的耐寒品种，一年四季都放牧在高海拔高山牧场；而黄牛和 jimo 属于喜欢温暖气候的耐寒品种，一年四季都放牧在低海拔河谷牧场；而 zong、gele 和 ai 属于同时适应寒冷和温暖气候的品种，在三类牧场之间轮牧和转场。通过对近 6 年来 6 个调研村庄饲养的这 7 个品种的牛的数量进行统计，可以反映出气候变化对畜牧业传统知识的影响。

　　从表 4 – 13、图 4 – 23 的分析可以看出，气候的逐渐变暖特别是持续了 5 年的严重干旱，影响了当地畜牧业养牛品种和数量的变迁。牧民们根据牛品种的传统分类知识进行了选种，更多地饲养耐旱性强的 yong、ba 和 jimo，以及在各个海拔牧场都能较好适应的 zong、gele 和 ai，对于 ra、nega 、nezu、le 和 dele 等喜低温的牦牛和犏牛来说，有些已经不再大规模饲养，留下的用于配种并常年放牧在高海拔牧场。

表 4 – 13　牛的传统品种数量和比例的变化

品种	年　　度											
	2006		2007		2008		2009		2010		2011	
	N	%	N	%	N	%	N	%	N	%	N	%
ra、nega	294	21.2	267	20.5	214	17.0	194	16.8	187	17.6	133	14.4
yong、ba	317	22.9	303	23.3	332	26.3	314	27.2	293	27.6	246	26.5
zong、gele	235	17.0	217	16.7	231	18.3	233	20.2	196	18.5	177	19.1

续表

品种	年　度											
	2006		2007		2008		2009		2010		2011	
	N	%	N	%	N	%	N	%	N	%	N	%
nezu、le	173	12.5	167	12.8	128	10.2	117	10.2	93	8.8	84	9.1
ai	121	8.7	107	8.2	127	10.1	115	10.0	122	11.5	131	14.1
dele	141	10.2	133	10.2	107	8.5	96	8.3	73	6.9	54	5.8
jimo	103	7.4	108	8.3	122	9.7	84	7.3	98	9.2	102	11.0
总计	1384	100.0	1302	100.0	1261	100.0	1153	100.0	1062	100.00	927	100.00

附注：N 表示牛传统品种的数量，% 表示所占总数的百分比例。

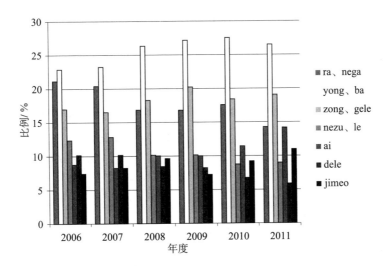

图 4 - 23　牛的传统品种数量和比例的变化

4.3.3　气候变化对牧草物候知识和转场技术影响的研究结果与分析

由于德钦县云岭乡地处青藏高原南延地区，这里的高山草甸属于青藏高原气候区的高寒草甸（Alpine Meadow），相关的科学研究已经证明气候变化对牧草物候期产生了影响。本章研究和分析的是气候变化对传统牧草物候知识和转场技术的影响。

对牧草物候现象的观察和掌握，是当地牧民认识和利用牧场资源及其变化

气候人类学

规律为畜牧业生计服务的重要知识。气候变化在导致牧草物候产生变化的同时，也对传统放牧技术产生了影响。当地牧民对牧场的分类知识及转场技术的改变，为分析气候变化对传统生计技术与方式的影响同样提供了一个新的视角。牧民按季节冷暖和海拔高低把牧场分为夏季高山牧场、春秋过渡牧场和冬季河谷牧场 3 种主要类型（见表 4 – 14）。

表 4 – 14　牧场的分类

类型	季节	藏语名	含义	海拔	环境	主要放牧牲畜
高山牧场	夏季	Rula	有雪的草场	海拔 4000 米左右	高山草甸	ra、nega、nezu、le、de-le、zong、gele、ai
过渡牧场	春秋	Rumei	中间的草场	海拔 3000 米左右	草甸和坡地	zong、gele、ai
河谷牧场	冬季	Rubo	家附近的草场	海拔 2000 米左右	山坡和河谷	yong、ba、jimo、zong、gele、ai

　　为了最大程度地利用当地牧场和牧草资源立体分布的优势，牧民在不同海拔高低的牧场之间进行转场以适应季节、温度和牧草变化的传统知识。一般而言，春季转场开始于每年公历的 5 月中旬，当天气逐渐趋暖，过渡牧场的牧草开始返青时，牧民们赶着牛群从冬季河谷牧场出发，先在春季过渡牧场放牧 1 个月左右，在感觉天气进一步温暖，高山牧场的牧草开始返青时，再转场到夏季高山牧场，一直放牧至 8 月。8 月下旬，随着气温的降低、高山牧场的牧草黄枯，牧民们和牛群开始向秋季过渡牧场迁移，放牧 1 个月左右，在气温进一步降低，过渡牧场的牧草黄枯后，于 10 月开始冬季转场回到河谷牧场，待至来年的 5 月再一次春季转场，如此周而复始地循环。牧民们在开始春季转场的那一天，要举行转场祭祀仪式，当地藏语叫 song la deng，意为"请求神山允许（放牧）的仪式"，在到达高山牧场的那一天要举行开始放牧仪式，藏语叫 song zhe la，意为"请求神山保佑（放牧）的仪式"，在冬季转场的那一天又要举行离开的仪式，还是叫 song la deng，意为"感谢神山允许（放牧）的仪式"。以云岭乡红坡村和果念村的 6 个村落为例，通过近 6 年来对当地转场仪式的跟踪记录和调研，发现仪式的举行日期在逐年提前，以 2006 年的仪式日期为基准开始，至 2011 年仪式日期总共提前了半个月左右的时间（见表 4 – 15、表 4 – 16 和图 4 – 24 ~ 图4 – 26）。

表 4 - 15　红坡村转场仪式举行日期及其变化

		红坡村				
		春季转场		放牧仪式		冬季转场
		D	A	D	A	D	A
年度	2006	5 月 27 日	0	6 月 24 日	0	9 月 28 日	0
	2007	5 月 24 日	3	6 月 20 日	4	9 月 26 日	3
	2008	5 月 20 日	4	6 月 18 日	2	9 月 24 日	2
	2009	5 月 19 日	1	6 月 15 日	3	9 月 20 日	4
	2010	5 月 16 日	3	6 月 14 日	2	9 月 18 日	2
	2011	5 月 13 日	3	6 月 11 日	3	9 月 14 日	4
总计 6 年后提前的天数		14		14		15	

附注：D 表示仪式举行的日期，A 表示比上一年提前的天数。

表 4 - 16　果念村转场仪式举行日期及其变化

		果念村				
		春季转场		放牧仪式		冬季转场
		D	A	D	A	D	A
年度	2006	5 月 25 日	0	6 月 21 日	0	9 月 26 日	0
	2007	5 月 23 日	2	6 月 17 日	4	9 月 24 日	2
	2008	5 月 19 日	4	6 月 16 日	1	9 月 21 日	3
	2009	5 月 17 日	2	6 月 13 日	3	9 月 17 日	4
	2010	5 月 14 日	3	6 月 09 日	2	9 月 17 日	0
	2011	5 月 12 日	2	6 月 08 日	1	9 月 14 日	3
总计 6 年后提前的天数		13		13		12	

附注：D 表示仪式举行的日期，A 表示比上一年提前的天数。

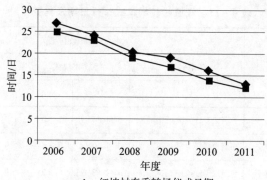

图 4 - 24　春季转场仪式举行日期的变化趋势（5 月）

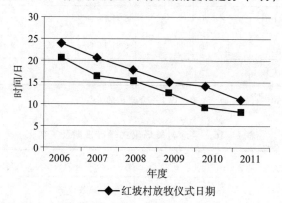

图 4 - 25　放牧仪式举行日期的变化趋势（6 月）

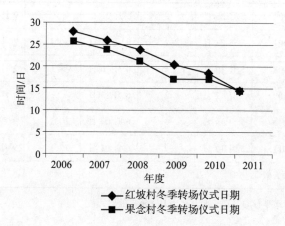

图 4 - 26　冬季转场仪式举行日期的变化趋势（9 月）

从上述图表可以看出，在总体的趋势上，春季转场、放牧和冬季转场三种仪式举行的时间都在提前，也标志着转场开始的时间在提前。果念村由于海拔较低，距离高山牧场较远，因此转场时间相较于红坡村来说更为提前。

由于气温上升导致转场提前，使得当地牧民安排畜牧业活动和技术的"牧事历"发生改变，牧民对牛的交配、产仔和产奶最佳时间的掌握和判断产生了偏差，制作酥油和奶渣等奶制品的时间与以前不一样，制作出奶制品的保存时间缩短，容易变质。同时由于农业和畜牧业的相互影响，进而对半农半牧生计方式也产生了一定的影响，随着畜牧业周期的提前，农业的生产周期和"农事历"也发生着相应的改变。

春季转场的原因是为了使牛群及时吃到过渡和高山牧场返青的牧草，转场时间的提前则是由于牧草返青期的提前，而牧草返青期的提前直接与气候变化有着密切的关系；冬季转场的原因是因为高山和过渡牧场的牧草黄枯，转场时间的提前则是由于牧草黄枯期时间的提前，而牧草黄枯期的提前直接与气候变化有着密切的关系。因此，转场仪式举行日期的变化从传统知识的角度证明了牧草的物候变化现象，也证实了气候变化对牧草物候知识和放牧技术的影响。

4.3.4 气候变化对牲畜疾病知识影响的研究结果与分析

当地的每一头牛都会在其生命的某一阶段感染一种或多种病虫害疾病，如果疾病严重而又无法得到及时和有效的医治，就可能导致死亡，而很多这些疾病的产生、传播和爆发与气候有着密切和直接的关系。通过对果念村兽医站和乡土兽医专家以牛为例的调查，确定了牛病毒性腹泻、牛副流感、气肿疽、牛羊绦虫病、牛皮蝇蛆病、牛羊螨病和瓣胃阻塞等几种常见的病虫害疾病，其中与气候因素有着直接关系的有三种（见表 4 - 17）。

表 4 - 17　与气候因素直接相关的牛患疾病

名称	类别	病　状	与气候相关的病因
气肿疽	传染病	在肌肉丰满处发生急性气性肿胀，肿胀部皮肤呈暗红或者黑色，牛精神萎靡，不愿运动，不吃不喝，后导致呼吸困难、卧地不起，体温下降，如不及时治疗，1～2 天死亡	持续高温、天热、干燥时经常发生

续表

名称	类别	病　状	与气候相关的病因
牛皮蝇蛆病	寄生虫病	消瘦、发育不良、奶量下降	冬季严寒可以冻死幼虫，成虫在夏季天热时大量繁殖、交配并追逐牛产卵
瓣胃阻塞	消化系统疾病	鼻孔干燥、发烧、消化不良、胃口不好、每天昏睡	干旱、天气热、饮水不足而导致患病

　　牛所患的这三种病虫害与天气有着密切的关系，对于牛皮蝇蛆病等寄生虫病来说，原来寄生虫的虫卵大部分可以在冬天被冻死，但现在冬天也没有以前冷了，虫卵也冻不死了。同时由于天气越来越热，这几年又持续干旱，如气肿和瓣胃阻塞这些传染病和消化系统的病就更容易发生，现在一年比一年多。表4-18和图4-27中的数据反映了2001—2011年，上述三种牛患疾病的数量的变化趋势：

表4-18　6个村庄牛患病虫害的数量变化

疾病种类	年　　度										
	2001	2002	2003	2004	2005	2006	2007	2008	2009	2010	2011
气肿疽（例）	31	42	47	44	53	67	71	74	67	81	93
牛皮蝇蛆病（例）	113	106	125	117	123	137	149	153	144	157	164
瓣胃阻塞（例）	34	47	68	53	75	83	97	109	105	101	117

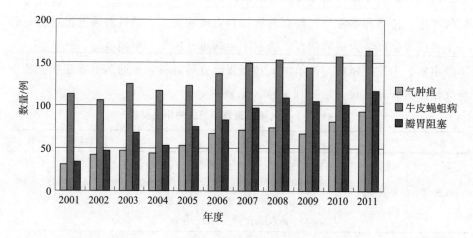

图4-27　6个村庄牛患病虫害数量变化的趋势

从上述分析可以看出，2001—2011 年间，在牛的总体数量减少的背景下，气肿疽、牛皮蝇蛆病和瓣胃阻塞 3 种与气候因素有着直接关系的病虫害疾病仍然呈增长的趋势，反映了气候变化对畜牧业生计方式的影响。

4.4　气候变化对传统文化与习惯法的影响

神山信仰是当地藏民族重要的传统信仰，并在客观上成为了保护当地生物多样性资源和生态环境的传统文化与习惯法。本节将从"神山信仰"出发，探讨气候变化及极端气候事件对与生物资源保护和利用相关的传统文化和习惯法产生的直接影响和间接影响。

4.4.1　神山信仰中的气候变化

与其他藏族地区一样，云岭乡村民崇拜和信仰着村落周围的神山。神山崇拜是藏族地区普遍流行的一种带有浓厚民间氛围的传统信仰模式，云岭乡所处的德钦县境内有 300 多座神山，并形成了大中小型神山组成的信仰体系：大型神山如卡瓦格博神山，具有全藏区性的影响，其信徒范围极为广泛；中型神山在一个地区或若干村镇或村落内有着很强的影响力；小型神山是指每个自然村甚至每户人家供奉的专门性的神山（尕藏加 2005）。

在云岭乡村民的神山崇拜中，位于顶端的依然是以卡瓦格博神山为首的、包括其妻子缅慈姆峰和儿子布琼松阶吾学峰等在内的 13 座雪山山峰，他们影响着包括云岭乡在内的整个藏区。各个村落有着自己的中小型神山，以红坡村为例，中型神山是朱拉雀尼、贡嘎苯登和玛安诺姆 3 座山峰，影响着红坡村、果念村及其周围的村庄；小型神山是扎楠巴登等 4 座山峰，影响着整个红坡村；更小一类的是南珠传安都吉等 11 座神山，分别影响着村内的 7 个自然村。上述 4 种不同级别的神山，共同构成了当地村民的神山信仰体系。

在当地村民的传统世界观中，这些神山共同影响着当地的气候、自然环境和社会，只是按照不同的级别，不同的神山有着不同的影响范围。神山影响着人们的生命、健康、生计和财产，因此当人们遇到困难时会向神山祈求保佑，而人们冒犯神山后也会遭到惩罚；神山也具有人性的一面，高兴的时候会降福

于村民，生气时则会给人们带来灾祸。神山信仰作为当地村民的传统信仰，有着强烈的地方和文化特色，是他们理解包括气候在内的自然环境的基础。

藏族人的生活历来与自然环境有着直接和密切的关系，气候的变迁影响着他们生活的方式和策略，及其财富和社会地位。藏族人认为气候并不是纯粹自然的现象，而是包含了许多社会因素在内，这种观念基于一个与自然相关的特定知识和信仰体系。同时，藏族人对气候的"地方"观念首先是对众多神灵的尊重（Huber and Pedersen 1998）。

云岭乡的藏族有着一个复杂的、与传统神山信仰相关的气候观念，这一观念与现代气象知识的认识完全不同。当地村民不仅通过视觉，而且还通过嗅觉和听觉来观察和预测气候的变化，有时候甚至有象征意义的梦也是一种预测天气的手段。他们认为所有天气现象——雨、冰雹、雪、风、云、雾、闪电等——都被许多不同类型的神山所控制，或者直接就是这些神山的表象，代表神山的喜怒哀乐。经验丰富的活佛、僧侣和乡土专家可以观察当地天气条件，如云的形状和变化、风的方向、雷的声音、雾的分布和晚霞的颜色等，来观测神山的精神力量。同时，当地村民也认为气候容易受到人类的影响，在云岭乡的噶丹红坡林寺中，至今还存在着一些非常普遍的、用来制造或者控制天气的宗教仪式，当地活佛和僧侣举行这些仪式向神山诵经和祈祷，以用于产生和控制雨、冰雹、霜和雪等天气现象。

这些传统的气候观念有着共同的精神基础，那就是对神山的崇拜和信仰。现代气象学把气候理解为一个全球的、量化的和各种气象因子相互发生影响的系统，而藏族的传统认识则把气候看作一个地方的、定性的、人类与神灵相互发生影响的系统（Huber and Pedersen 1998）。在云岭乡，传统的气候观念建立在神山信仰的基础上，气候变化是神山精神力量的表现方式。当地村民以视觉、嗅觉和听觉等感觉为基础，通过对当地气候等自然条件的直接观察，举行相应的信仰仪式，实现人与神山的沟通。

4.4.2 与气候变化相关的信仰仪式

云岭乡的村民基于传统神山信仰形成了气候的观念，在这一观念上也产生了相应的信仰仪式，这些信仰仪式被认为是人类行为与神山精神力量（表现为气候变化）相互影响和交流的渠道。研究这些仪式的变化，可以更好地理解气候变化对当地传统文化和信仰的影响。

当地村民认为村庄、气候变化与神山之间有着密切的互动因果联系。首先，无论是气温升高还是极端气候灾害，这是由于人们的行为不当而触怒了神山，从而导致神山用恶劣的气候对村庄和村民进行惩罚，在这样的情况下，人们需要举行仪式祈求神山宽恕，从而结束气候灾害；另一方面，人们也可以通过活佛和僧侣举行的祭祀仪式，对神山进行供奉、诵经和祈祷，以取得神山的恩惠，从而改变气候以适宜于村庄和村民的生活和生计。

神山信仰体系中包括着不同级别的神山，因此人们冒犯和扰乱神山的行为也有不同的定义，例如对于卡瓦格博神山，当地村民和当地其他藏民一样是不能接受任何人的登顶企图，并把登顶卡瓦格博看作是对神山和信仰的最大亵渎。对于其他中小型神山，特别是自然村一级的神山，在神山顶上建烧香台，每年春节去山顶聚会却被看作是对神山的供奉和祭祀。但是即便如此，也存在一些共同认可的禁忌和冒犯行为，最常见的有在神山狩猎、砍伐树木、挖掘石头和土、污染水源（包括湖水、泉水和河水）、开枪或者大声喧嚣等，当地村民相信上述这些行动通常会冒犯神山，而神山的震怒则会引发局部暴雨和冰雹，以及异常干旱和雪灾等天气变化现象，这些天气现象也就是现代气候变化中的极端气候灾害事件。

说到这类事件时，当地村民最爱列举的例子就是某年中日登山队员在企图攀登卡瓦格博神山峰顶时遭遇的雪崩，17 名登山队员因此丧命。当地一位老人是这样解释这一事件的："这些登山者开始登山的时候，卡瓦格博神山去拉萨开藏区八大神山的大会去了，于是登山者可以攀登，后来卡瓦格博神山从拉萨开完会回来了，发现这些登山者已经爬到了他肩膀的地方并且还在想往上爬，于是卡瓦格博神山发怒了，转过头来冲着肩膀吹了口气，用暴风雪和雪崩把这些登山者吹走了。"村民把这一事件演绎成为现代神话，显示他们相信登山者的攀登行为亵渎了卡瓦格博神山的尊严，于是愤怒的神山用暴风雪和雪崩来惩罚这些登山者（Litzinger 2004）。对于其他一些神山，冒犯行动同样会引起气候变化。果念村一位曾经的猎人说："我前几年去朱拉雀尼神山附近打猎，突然碰到了大雾，什么都看不见，我在山上迷路了，找路的时候还摔了一跤，手也断了，回到村子里我们村就开始下暴雨，还引起了泥石流，村里的老人都说是因为我打猎惹怒了神山，于是我找到了活佛，发誓再也不打猎了，暴雨才过去。"这个故事同样也被神话化，显示村民相信猎人的狩猎行为侵犯了朱拉雀尼神山的所有权权威，因为在神山信仰中，包括动物和植物在内的一切都属于神山，是不可侵犯的，人们如果擅自猎取或者采伐，将惹怒神山，导致神山用暴雨和泥石流对村庄进行报复。

同时，与上述这些具体和微观的冒犯行为所引起的局部和极端气候变化不同，普遍和宏观的冒犯行动——例如旅游业的发展及由此带来的大量垃圾污染问题——往往被认为会引起神山更长久的震怒，从而在更大面积和更长的时间引起气候变化，致使气温升高。

当地村民相信这类事件最明显的现象就是冰川的萎缩和积雪的融化，最明显的例子就是卡瓦格博神山脚下明永冰川的萎缩，通过在同一地点与一百年前美国探险家约瑟夫·洛克（Joseph Rock）所拍摄的照片对比，今天的明永冰川的冰舌明显地后退并且变薄了，并且冰川崩塌也更为频繁。对于这些现象，村民们往往将其归咎于旅游业的发展，他们认为旅游业导致大量汽车和游客在当地出现，并在神山留下了大量无法处理的垃圾，因此神山通过冰川消失来显示他的不高兴，并以此来警告村民。同时，许多神山上的积雪也大面积地融化，露出了深色的山体岩石，而冰雪往往被当地人描绘成神山的盛装。一位当地村民略带幽默地说："现在天气比以前热了，神山也比以前穿得少了。"

由于神山信仰所具有的约束性，当地村民相信任何对神山的冒犯行为都可能引起气候灾害和其他与气候变化相关的灾害，并以此作为对当地人们不当行为的警告。为了消除极端气候变化现象，村民们要请活佛或者僧侣举行仪式，祈求神山的宽恕和原谅，不要再用恶劣的气候惩罚和降怒于人们。特别是在经历一个较长时间的旱灾和雪灾时，活佛和僧侣要向神山诵经并举行仪式，村民们则要定期到白塔和烧香台念经，以求恶劣的气候环境尽快得到改善，祈求和供奉的对象往往是位于神山信仰体系顶端的卡瓦格博神山和朱拉雀尼等中型神山。

同时，由于云岭乡地处澜沧江大峡谷东侧的白马雪山山谷中，海拔高差较大，形成了立体型的山地气候，天气变化明显且不稳定，因此当地村民希望神山能够给予一个相对平稳而且风调雨顺的气候环境。而当地的半农半牧生计方式严重依赖于各种气候条件，因此村民也围绕着农业和畜牧业来祈求不同的天气现象，例如当发生干旱或者洪涝时，村民们就要请活佛和僧侣向神山举行求雨或避水的仪式，以求反常的天气现象得到改变，祈求和供奉的对象一般是神山信仰体系中的中小型神山。

4.4.3　气候变化对神山信仰仪式影响的研究结果与分析

本文研究和分析的是气候变化对传统神山信仰和信仰仪式的影响。

对神山信仰体系中不同级别的神山，当地村民的敬畏和供奉的态度是基本一致的，只在仪式的规模和念诵的经文方面有所不同，例如针对卡瓦格博就有专门的祭祀经文（仁钦多杰等 1999）。同时，针对祈求不同的天气现象，经文和仪式也不相同，这些供奉神山的仪式和经文的诵读由活佛和僧侣来主持进行。

上述因不同气候变化类型而祈求和供奉的不同级别神山并不是绝对和严格划分的，往往由寺院的活佛和僧侣根据经文和具体的情况来决定，并且之间有很大的交叉和重叠性。总之，由于神山信仰所具有的回馈性，当地村民相信通过诵经和仪式表达对神山的尊敬和供奉可以使得神山赐予适宜的气候变化，并以此作为对当地人们生活和生计的护佑。

当地与气候因素有着直接关系的信仰仪式主要有求降雨、止暴雨、止雪和止泥石流四种，通过对近 10 年来云岭乡村民和当地寺庙举行与气候变化相关的传统信仰仪式的统计，反映出了气候变化对传统神山信仰文化的影响，同时也从另外一个侧面印证了当地气候变化和极端气候灾害发生的事实和趋势（见表 4 - 19 和图 4 - 28）。

表 4 - 19　与气候变化相关传统信仰仪式类型和举行次数的变迁

仪式类型	针对灾害	举行次数								
		2004 年	2005 年	2006 年	2007 年	2008 年	2009 年	2010 年	2011 年	2012 年
求降雨	旱灾	53	43	51	57	73	79	81	84	87
止暴雨	洪涝灾	37	34	45	43	55	57	61	52	59
止雪	雪灾	28	23	23	34	56	42	44	47	43
止泥石流	次生灾	57	67	63	65	67	57	54	51	52

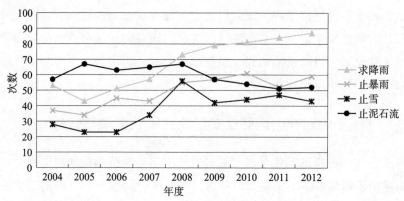

图 4 – 28　与气候变化相关传统信仰仪式类型和举行次数的变化趋势

从上述图表可以看出，气候变化对传统信仰仪式的影响，其中求降雨的仪式增长最为迅速，而且在 2008 年有较大的升高，这与当地持续 5 年的严重干旱有着密切的联系。止暴雨和止雪的仪式则逐年稳步上升，则说明当地不稳定的强降水现象日益频繁，其中止雪仪式在 2008 年有一个较大的增长，与当年发生的重大雪灾有关。止泥石流等次生灾害的仪式基本趋于稳定，没有较大的变化。

4.5　气候变化对传统地理标志产品的影响

松茸属担子菌亚门、层菌纲、伞菌目、口蘑科、口蘑属，是国家二级保护植物。近年来研究发现，松茸含有葡聚糖、甘露糖等抗肿瘤活性物质，市场需求量大，提升了松茸的身价，被称之为"蘑姑之王"。松茸是德钦县境内的非木材林产品之一，也是当地最为著名的地理标志产品。本节将探讨气候变化及极端气候事件对传统地理标志产品产生的影响。

4.5.1　松茸产品

德钦县境内已知食用和药用真菌有 100 多种，其中最为出名的是松茸。20世纪 80 年代初期开始，由于日本的需求，松茸被大量加工出口到日本市场。近 10 多年来，随着国内经济和人民生活水平的发展，松茸也越来越多地为国人所接受，国内市场日趋扩大。在上述背景下，30 多年来松茸的市场收购价格每公斤都在百元以上，有时甚至是上千元，是村民的主要经济收入来源，松茸形成了从采集到加工再到销售出口的产业链，松茸更进一步成为当地最为著名和重要的地理标志产品。

20 世纪 80 年代以前，当地村民对松茸等非木材林产品的采集、利用态度是"各取所需"，在松茸成为商品外销前，因为没有消费市场，故生长量远远高于采集消费量，因此上山采集松茸的人员相对较少。居民采集主要是自用，因此自己可以决定今天或今年采多少、到什么地方采集。所采集的松茸是除了老菌以外的开花菌，从不使用工具翻开枯枝败叶和挖地，也从不捡童茸。20 世纪 80 年代开始，以松茸为主的各种林产品的消费量逐年上升，经营利用以松茸为主的各种林产品逐步成为当地社区群众主要的经济活动和收入来源之一。夏末至秋末的 7～9 月，几乎男女老少全部家庭成员或住在家、或住在各山头，早出晚归到森林里采集松茸等非木材林产品。

松茸的生长量受气候因素的影响很大，在其生长周期内降水量是关键，同时，前一年冬季的降水量也是一个重要因素。没有前一年的降雪，松茸生产缓慢，出土时间推迟。在松茸生长旺盛期，没有降雨，松茸产量会减少，松茸的生长期缩短。近几年来，由于连续的干旱，降水量逐年减少，松茸的生长受到影响，出现虫菌增多、等级下降和产量减少的趋势，村民采集松茸的时间也在逐渐缩短。

4.5.2　气候变化对松茸产品影响的研究结果与分析

相关的科学研究已经证明，气候变化对包括松茸在内的非木材林产品产生了影响，本文研究和分析的是气候变化对以松茸为代表的传统地理标志产品的影响。

对松茸等非木材林产品的观察和掌握，是当地村民认识和采集这些资源的前提条件。近年来，随着气候变化和极端干旱灾害的持续发生等多种因素，使当地许多原来丰富的非木材林产品变得日益稀少，气候变化在导致松茸资源产生变化的同时，也对传统采集松茸的方式产生了影响。当地村民对松茸等非木材林产品的知识及采集方式的改变，为研究和分析气候变化对传统地理标志产品的影响提供了一个新的视角。

通过近 6 年来对红坡村和果念村的松茸采集进行跟踪访谈和调研，对他们在本村范围内长期固定采集的松茸菌窝（当地人把采集松茸的地点称为"菌窝"）数量进行统计；同时，通过与松茸采集经验丰富的乡土专家合作，选取80个菌窝为样本，对菌窝内采集松茸的平均株数进行统计。通过对菌窝数量和采集株数的变化进行分析，可以反映出气候变化对传统地理标志产品的影响。由于涉及村民的利益和隐私，本研究不公开标明出松茸菌窝的位置，而只统计其数量（见表4-20、表4-21和图4-29~图4-32）。

表4-20 松茸菌窝数量的变化和统计（单位：菌窝个数）

村落	坡面	环境	年　度					
			2006	2007	2008	2009	2010	2011
红坡	阳坡	干燥	775	637	844	720	541	477
		湿润	833	659	889	741	552	491
	阴坡	干燥	743	603	828	667	521	438
		湿润	751	611	872	683	543	447
总计			3102	2510	3433	2811	2157	1853
果念	阳坡	干燥	793	621	871	724	553	447
		湿润	834	659	884	728	571	477
	阴坡	干燥	758	604	831	649	530	438
		湿润	775	617	843	673	549	443
总计			3160	2501	3429	2774	2203	1775

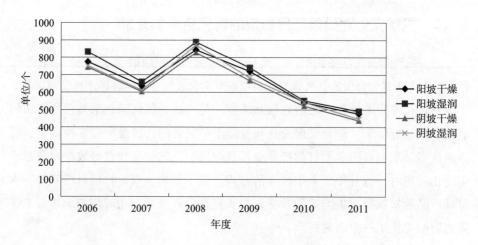

图4-29 红坡村松茸菌窝数量的变化趋势

196

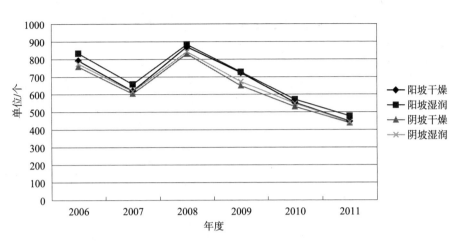

图 4 – 30　果念村松茸菌窝数量的变化趋势

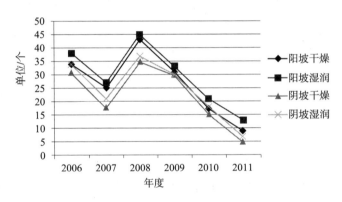

图 4 – 31　红坡村松茸采集平均株数的变化趋势

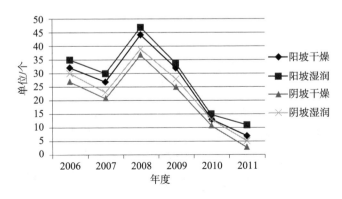

图 4 – 32　果念村松茸采集平均株数的变化趋势

表 4 – 21   松茸采集平均株数的变化和统计

村落	坡面	环境	菌窝数量	年度					
				2006	2007	2008	2009	2010	2011
红坡	阳坡	干燥	10	34	25	43	31	17	9
		湿润	10	38	27	45	33	21	13
	阴坡	干燥	10	31	18	35	30	15	5
		湿润	10	34	21	37	30	18	7
总数			40	137	91	160	124	71	34
果念	阳坡	干燥	10	32	27	44	32	13	7
		湿润	10	35	30	47	34	15	11
	阴坡	干燥	10	27	21	37	25	11	3
		湿润	10	30	23	39	28	13	5
总数			40	124	101	167	119	52	26

从上述图表可以看出，阳坡区域的松茸资源要比阴坡相对丰富，湿润区域的松茸资源要比干燥区域相对丰富。在总体的变化趋势上，所有区域的松茸采集菌窝和松茸采集平均株数都呈减少的趋势，但趋势的变化并不是逐年平均发生的：首先，无论是松茸采集菌窝还是松茸采集平均株数，2008 年以前的数量在缓慢减少，2008 年出现了激增的现象，2009 年以后又开始逐步减少，2010—2011 年则急剧下降。其次，阳坡的减少要比阴坡更为明显；再次，在相同坡面的条件下，湿润区域的减少要比干燥区域的减少更为明显。

松茸采集菌窝和松茸采集平均株数的变化现象与当地气候变化和极端气候灾害的发生相吻合：2006 年开始的持续干旱，逐步影响了松茸的生境，但是 2008 年特大雪灾对松茸的生长却极为有利，雪灾之后松茸的生境大量恢复和形成。2009 年的旱灾又破坏了刚刚恢复和形成的松茸生境，2010—2011 年干旱更为严重，进一步破坏了松茸的生长环境。上述分析表明，当地发生的这些气候变化现象尤其是极端气候灾害影响着松茸的质量和产量，反之松茸采集菌窝和松茸采集平均株数的变化也从传统知识的角度证明了气候变化对松茸产品的影响。

4.6　讨论和结论

一般说来，气候变化对人类社会的影响可以分为两个阶段：首先是对气象和自然，气候变化不仅改变了温度、降雨和海平面等气候和自然现象，引发了更为频繁的极端气候灾害；其次是对生态和社会，气候变化同时也在生态、经济、社会等领域产生了深层次的影响（Anja Byg and Jan Salik 2009）。未来，随着气候变暖和极端气候灾害频发，气候变化将进一步增加中国广大少数民族地区生计的脆弱性和压力，成为影响农业、畜牧业等生计产业安全和发展的众多因素中的一个，尤其是当与环境退化、集约化畜牧业生产、人口增加、城市化扩大等其他相关因素相结合的时候。

少数民族创造了与当地自然环境和生态系统相适应的资源利用和生计方式，并在此基础上积累了丰富的传统知识，这些传统知识反过来又为他们适应不断变迁的自然环境和生态系统打下了基础。同时，由于少数民族大多分布在复杂、多样且脆弱的自然环境和生态系统中，因此近年来的气候变化及其灾害对少数民族地区生态环境的影响越来越显著，给少数民族的传统生活生产方式和可持续发展带来了极大的风险和挑战。

云岭乡所处的德钦县是生物多样性的热点地区，传统畜牧业依赖着节气、牧场和牲畜等资源和条件，所受气候变化的影响也尤为明显，因此关于气候变化的传统知识也比较丰富多样。对当地的藏民族而言，畜牧业已经不仅仅是维系生存和发展的生计，或者是利用自然和生物资源的方式，而更加承载着他们的知识和文化，成为他们精神世界的一部分，甚至民族身份的认同。因此，气候变化不仅改变了传统生计方式的物种资源、环境和技术，建立于上述基础上的知识和文化随之也发生了变化。

目前，气候变化对少数民族地区生计的影响逐渐成为关注的重要问题，但大部分的研究限制在生物和自然的领域，主要关注农作物对不同气候变化的反应，并且把其分析限制在气候改变对生计的影响上，而针对气候变化和少数民族生计中传统知识的研究还不多见。鉴于气候变化给少数民族地区生态环境和生计方式带来的高度脆弱性，研究传统知识和气候变化可以协助当地少数民族

更好地降低这种脆弱性带来的风险，可以为应对气候变化、防治气候灾害打下基础，从而提高生计的安全性。

　　气候变化对当地村民和生物多样性相关的传统知识产生了影响，随着与外界接触和交流的日益增多，当地村民对科学知识范畴下的气候变化和环境保护理念也有了理解，并被吸收和纳入到传统知识中，或者与传统知识相结合，在这一基础上当地村民开始了适应气候变化的实践。

第5章

传统知识与适应气候变化

与生物资源保护和持续利用相关的传统知识，对于减缓和适应当前以及未来的气候变化有着重要的潜在作用和价值。本章将重点关注基于传统知识适应气候变化的策略及其实践，以及如何通过传统知识与国家政策的结合来更为有效和可持续地适应气候变化所带来的负面影响。因此，本章将从传统利用农业生物及遗传资源的知识、传统利用药用生物资源的知识、生物资源利用的传统技术创新和传统生产生活方式、与生物资源保护和利用相关的传统文化和习惯法，以及传统地理标志产品等上述传统知识分类体系出发，探讨基于传统知识的适应气候变化策略，以及这种策略在德钦县云岭乡藏族社区中的具体实践。

由于本人之前在德钦从事环境保护工作，为本章的研究打下了一定的基础。本章所探讨的传统知识适应气候变化策略和实践基于本人在攻读博士学位期间对原有环保工作经验和成果的记录、整理和分析，特别是 2009—2011 年和 2010—2012 年间，本人先后在联合国开发计划署和亚太政府间合作研究网络的支持下开展了"云南滇西北半农半牧地区气候变化和传统知识"和"云南东喜马拉雅地区气候变化和传统生计"两个行动研究项目，直接把气候变化与传统知识联系了起来，在退牧还草和自然保护区等国家政策和相关政府支持的背景下，运用草地共管、参与式技术发展等方法和工具，通过这些项目的实施，协助德钦县云岭乡红坡村和果念村的藏族村民开展以社区为主导的适应气候变化行动。对上述行动研究的分析成为本章内容的研究基础。

5.1 传统利用生物及遗传资源知识适应气候变化

本节将研究云岭乡藏族牧民对牧草的分类和对优良牧草的识别,以及在草地共管模式的支持下,他们基于这一知识开展适应气候变化的实践。

5.1.1 草地共管与传统牧草资源知识的应用

一直以来由于气候变化、人为因素等原因所造成的草地退化是困扰我国牧区畜牧业发展的问题,政府制定了相关的政策和措施,开展了诸如退牧还草等的工程,投入大量资金并加强新技术在草地管理中的应用。尽管如此,由于草地管理牵涉诸多利益相关者,他们之间往往缺乏合作和沟通,因此草地管理往往陷入事倍功半的局面,因此有必要开展以社区牧民及其传统知识为基础的草地管理新模式,同时整合各方面的利益和力量进行草地共管。草地共管是指多个组织或多个群体共同约定对草原实行以管理为核心的保护、建设和利用等措施(泽柏等 2007)。由于云岭乡的牧场大多位于自然保护区,作者通过气候变化项目的推动和支持,促使当地村民和相关政府部门共同开展了草地共管的工作。

红坡村和果念村的牧民和乡土专家在草地共管的工作中展开了牧草资源知识的调查,列举出了以下 9 种优良牧草:

下表的植物拉丁名要将属名和种名写全,定名人可省略。

将中文名(汉名)写在第一栏,第二栏写拉丁名,第三栏写科名,属名省略不写(见表 5 - 1)。

表 5 - 1　优良牧草

序号	汉名	拉丁名	科	藏名	生长时间	生长地点	作用
1	灰菜	*Chenopodium album*	藜科	hui	4 月雨少时生长	田间	牲畜吃后肥得快
2	芸苔	*Brassica campestris*	十字花科	huo hua	4 月生长	田间地边	营养好、肥得快

续表

序号	汉名	拉丁名	科	藏名	生长时间	生长地点	作用
3	蒲公英	*Taraxacum mongolicum*	菊科	wang bao mu	3月生长	草地	营养好，能催肥，增牛奶
4	田野千里光	*Senecio oryzetorum*	菊科	wang ju mu	4月生长	森林	营养好，能催肥，增牛奶
5	平车前	*Plantago depressa*	车前科	gai jia mu	4月生长	草地	营养好，能催肥，增牛奶，治牛拉肚子
6	荞麦	*Fagopyrum esculentum*	蓼科	xic ye ma	4月生长	森林	草籽营养好，能催肥
7	深紫糙苏	*Phlomis atropurpurea*	唇形科	pa na zhua	5月生长	草坝	营养好，能催肥
8	葱状灯芯草	*Juncus allioides*	灯芯草科	gong zhua	4月生长	高山草甸潮湿处	营养好，能催肥，增牛奶
9	黄钟花	*Cyananthus flavus* var. *flavus*	桔梗科	yi zi	5月生长	山坡、高山流石滩	草籽营养好，能催肥，增牛奶，其缺点是数量少

5.1.2　适应气候变化的举措

云岭乡红坡村和果念村的藏族牧民通过传统知识与现代科学技术的结合，在一定程度上适应了局部的气候变化，主要体现在以下三方面。

首先，进行牧草保护性种植。根据牧民对当地优良牧草的识别，在科技人员的支持下，选取深紫糙苏、葱状灯芯草和黄钟花等优良牧草，在高山牧场进行人工草场建设和部分牧草的保护性种植，开展基于传统知识的草地生态恢复试验，在一定程度上保护了牧草生物多样性资源。

其次，冬春季牧草的储藏。针对当地冬春季牧草缺乏的问题，引进了饲料储藏和加工调制技术，村民们根据当地的实际情况进行改进和创新，以满足家畜的需要。

第三，开展草地共管。对相关政府部门和村民开展草地共管的培训，并修

建猪圈、公共卫生设备等草地管理的配套设施，形成村民和保护区合作的草地共管模式，从而进一步促进草地牧草生产力的提高。

5.1.3 小结

在草地共管的背景下，乡土专家和牧民通过对本地牧草资源的分类和识别，收集和整理了有关牧草的传统知识，并在高山牧场开展野外调查，绘制了不同月份不同牧草生长的"牧事历"，对年轻牧民进行知识培训和教授，使得传统牧草知识在牧民之间得以传播和交流，也为保护区和畜牧局等政府部门的相关工作提供了基础资料。

红坡村和果念村的案例显示，在草地共管的实施过程中利用传统牧草资源知识，可以促进当地牧场的生物多样性保护和畜牧业生计的可持续发展。对本地优良牧草的保护性种植，进行饲料储藏等技术创新，加强草地管理的草地共管等举措，可以治理草地退化、提高牧草生产力并促进牧场持续利用，从而在一定程度上降低了气候变化对传统畜牧业造成的风险，提高了传统生计的安全。

草地共管作为一种草地资源管理理念和途径，可以促进以牧场草地资源为基础的各利益相关方共同参与到实施的过程中，并分享共管活动的成果，从而实现交流、沟通和资源的整合，体现各方的需求和利益。因此，草地共管应当结合当地牧场的实际情况、畜牧业面临的风险和牧民的实际需求，同时要发挥传统知识的作用，这样对促进我国少数民族农牧区的生计改良、生物多样性保护和可持续发展，应对气候变化都有着重要的现实意义。

5.2 传统利用药用生物资源知识适应气候变化

本节将探讨在退牧还草政策和外部资源支持的背景下，云岭乡红坡村的村民和乡土专家恢复和利用传统藏医药用生物资源知识，并基于这一知识开展适应气候变化的实践。

5.2.1　退牧还草与传统藏医药用生物资源知识的应用

中国 21 世纪初期出台和实施了一些重要的生态恢复政策，这些政策包括退耕还林、天然林保护和退牧还草等（Liu *et al.* 2008）。2002 年云南省迪庆藏族自治州被列为退牧还草政策实施的区域。退牧还草工程的实施，对天然草原植被的恢复、生物多样性资源的保护起到了促进作用。虽然退牧还草并不是专门针对气候变化的生态政策和举措，但它的实施在客观上应对了气候变化所引发的环境退化问题，当地民族传统利用药用生物资源的知识在这一政策背景下也在发生着变化，成为适应气候变化的措施之一。

退牧还草对藏医药生物多样性资源的恢复起到了积极作用。但是，如果只单纯依靠纯野生恢复，不仅效果不明显，而且有些植物品种由于过度采集严重，已经很难自然恢复。为了进一步恢复藏医药生物多样性资源，红坡村藏医药乡土专家们一方面对村落中的老人和红坡寺的僧侣进行访谈，根据其记忆和意见来采集、培育传统药材种苗，并在田野调查的基础上，整理和收集药材种苗，开始在牧场和山地上半野生保护性种植 40 种药材种苗（见表 5 – 2）。

表 5 – 2　保护性种植的藏医药药材

序号	汉　名	拉丁名	功　　　用
1	川西千里光	*Senecio sp.*	专治妇科病
2	止泻木子	*Holarrhena antidysenterica*	配方药
3	长花铁线莲	*Clematis rehderiana*	配方药
4	秦岭槲蕨	*Drynaria sinica*	配方药
5	西藏蒲公英	*Taraxacum tibetanum*	作为配方药，用于治肠胃病
6	独行菜	*Lepidium apetalum*	用于妇科病，治痛经
7	龙葵子	*Solanum nigrum*	止泻药，常与红糖共服
8	土大黄	*Rumex nepalensis*	促进消化
9	蔷薇	*Rosa sp.*	用于多种药方
10	沙棘	*Hippophae rhamnoides*	治头痛、眼疾、鼻炎、妇科病
11	水柏枝	*Myricaria germarica*	用于妇科病配方药
12	葡萄	*Vitis sp.*	用于治疗消化道疾病、肺病

序　号	汉名	拉丁名	功　用
13	悬钩木	*Rubus* sp.	配方药
14	川滇小檗	*Berberis jamesiana*	用于治疗男科病，具有消炎的作用
15	萎软紫菀	*Aster flaccidus*	配方用于扁桃体发炎，甲状腺炎等
16	车前草	*Plantago* sp.	用于肠胃病，为处方药
17	大狼毒	*Euphorbia nematocypha*	用于多种复方药，有毒
18	草莓	*Fragaria* sp.	全草外用于接骨，内服用于治疗妇科病
19	石莲姜槲蕨	*Drynaria propinqua*	配方药
20	天冬	*Asparagus* sp.	配方药，单药有毒，需脱毒用
21	鼠曲草	*Gnaphalium affine*	用于多种药方
22	紫茉莉	*Mirabilis jalapa*	配方药
23	掌叶大黄	*Rheum palmatum*	排毒，泄火
24	大花红景天	*Rhodiola crenulata*	保肝，主要用于单方药，可泡茶饮用
25	岩白菜	*Bergenia purpurascens*	用于多种药方
26	麻花秦艽	*Gentiana straminea*	单方药用于胆囊炎、呕吐或其他胆疾
27	白杜鹃	*Rhododendron* sp.	用于血管神经，因寒引起的疾病；治疗风湿引起的坐骨神经痛
28	黑杜鹃	*Rhododendron* sp.	用于血管神经，因寒引起的疾病；治疗风湿引起的坐骨神经痛
29	麻黄	*Ephedra* sp.	用汤做药浴，治风湿病
30	舟瓣芹	*Sinolimprichtia alpina*	用于妇科病，亦可用于食疗
31	手掌参	*Gymnadenia conopsea*	补肾，单方复方均可用
32	多穗蓼	*Polygonum polystachyum*	作为主方药用于治妇科病；配方辅助治疗心脏病和白内障
33	小大黄	*Rheum pumilum*	毒性大，少量可用于治便血，多用于配方
34	马蔺	*Iris lacteal* var. *chinensis*	用于外伤，有止血作用
35	贝母	*Fritillaria* sp.	外用接骨；内服排毒，解毒
36	金腰草	*Chrysosplenium nudicaule*	配方用于治胆
37	乌奴龙胆	*Gentiana urnula*	主要用于解毒
38	大叶碎米荠	*Cardamine macrophylla*	配方药
39	金银忍冬	*Lonicera maackii*	配方药
40	锡金报春	*Primula sikkimensis*	配方药

5.2.2　适应气候变化的举措

红坡村通过退牧还草政策与传统知识的结合，在一定程度上适应了局部的气候变化，主要体现在以下三方面。

第一是传统知识的培训和传承。由于地处生物资源丰富的白马雪山，红坡村民有着认知和使用植物的传统知识，同时村落中有当地有名的藏传佛教寺院——噶丹红坡林寺，寺庙中保留了包括藏医学在内的藏族传统文化，因此红坡村相对于其他村子而言，藏医药知识丰富，而且具有精通藏医药的乡土专家。红坡村藏医药乡土专家们收集和整理藏医药的传统知识，通过组织村民在高山牧场开展野外调查，并邀请老一辈的乡土专家举办藏医药培训会，绘制了不同月份种植和采集不同药材的"药事历"，这些活动使得传统医药知识在村民之间得以传播和交流。同时，红坡村藏医药乡土专家们得到了当地各级政府的支持，成立了德钦县藏医药协会，先后在白马雪山和梅里雪山进行了藏医药生物多样性资源的调查和保护性种植，进一步传承了传统知识。

第二是进行基于传统知识的气候维护和气候灾害的防治，来减缓局部气候变化的程度及灾害的风险，维护红坡村的小气候要从当地植被的恢复着手。在 20 世纪 70 ~ 90 年代以木材经济为支柱产业时，红坡村周围的森林被大量砍伐，山脉基本变成了荒山，村民认为这不仅使得当地气候干燥、降水量减少，而且近年来由于气候的不稳定性和极端气候灾害，造成了洪水、滑坡和泥石流等次生灾害的频繁发生。从长期来看，恢复植被无疑是减缓和防止这类灾害的重要措施。退牧还草政策的实施为恢复荒山的植被提供了契机，在当地政府的支持下，当地乡土专家一方面对村落中的老人进行访谈，根据其记忆和意见来采集、培育传统树种树苗，一方面对保护较好的神山进行调查，整理和搜集在不同海拔高度及其阴坡和阳坡生长的树种及其树苗，上述两项工作完成后，由乡土专家组织村民们在部分实施退牧还草的荒山栽种这些树苗，以恢复植被。

第三是通过生计方式的创新和多样性，来适应气候变化给传统生计方式带来的风险和挑战，提高生计安全。在退牧还草政策的支持下，乡土专家组织村民对藏医药材植物进行野外采集和调查，随后在当地政府划拨的 20 亩山地上及每家每户自己的田地里，村民们选取部分藏药药材开始保护性种植，并取得

了成功。近年来，种植药材已经越来越成为当地村民的重要生计方式之一，随之而来的药材收入也成为当地村民重要的现金收入来源。

5.2.3　小结

退牧还草政策的实施，通过人工种植当地药用植物，为红坡村藏医药知识的重建提供了契机，当地传统的藏医药知识得以被记录、整理和传承，同时由于当地藏医药药材资源的保护性种植，恢复了传统知识的物质载体，上述举措在一定程度上重建了当地的藏医药传统知识。同时，通过在高山牧场进行药材的半野生保护性种植，在一定程度上恢复了藏医药生物多样性资源，也使得由于包括气候变化及其灾害等因素而造成的高山牧场退化现象得到了遏制，使得整个牧场生态系统趋于多样性，反过来促进了退牧还草政策具体实施的生态成效。

红坡村的案例显示，退牧还草这一全国性政策在红坡村这一边疆小村庄实施的过程中，结合了当地的实际需求，发挥了传统知识的潜在优势和条件。在这一背景下，红坡村退牧还草政策的实施不仅使得当地的生物多样性资源得以恢复，而且进一步使传统知识得以重建和创新，并在一定程度上支持当地村民适应气候变化的影响。

生态恢复政策对于适应气候变化、保护生物多样性、提高生态功能和发展人类生计有着潜在的作用，但前提必须是确保被这些项目影响的人群和地区受益，同时每个地区按照自己实际情况对生态恢复方法的选择和制定，要强于所有地区执行一个单一的政策（Lamb *et al.* 2005）。因此，期望未来各级政府在气候变化等相关政策制定过程中，不仅考虑到全国的宏观性，也能考虑到各个民族地区的特殊性，考虑到少数民族的传统知识，从而协助少数民族更好地适应气候变化带来的风险和挑战。

5.3　传统技术暨传统生产生活方式适应气候变化

本节将探讨在参与式技术发展的促进下，云岭乡果念村的村民和乡土专家恢复和利用传统畜牧业的兽医药知识和技术，并基于这一知识开展适应气候变化的实践。

5.3.1 参与式技术发展与传统兽医技术的应用

民族兽医药，也称为传统兽医药，是一个古老的关于动物卫生管理的科学术语，包含了一个社区里众多成员对动物卫生管理过程中的知识、技能、方法、实践和信念。在农村地区，民族兽医药的研究通常采用以社区为基础的方法来改善畜禽卫生健康和提供基础的兽医服务（McCorkle 1986）。传统民族兽医药技术往往具有明显的地方性和创新性，这一丰富的知识体系对于适应气候变化给畜牧业牲畜疾病所带来的负面影响，具备着潜在和积极的作用。

传统兽医药技术对当地畜牧业生计尤为重要，有着成本低、药材来源丰富和方便的优势，但最近几年来部分由于气候变化因素而引起的牲畜病虫害疾病日趋频发，同时面对新的病状传统兽医药也不能完全治愈，因此有必要在参与式技术发展❶的模式下对乡土兽医专家进行能力培训，进行民族兽医药技术的试验来应对牲畜病虫害疾病问题，从而提高畜牧业生计的安全。

在参与式技术发展模式下，果念村乡土兽医专家开始采集兽医植物药材标本，对标本进行确认和研究，同时对兽药植物传统利用的方式、目的等进行编目，并针对气候变化对牲畜疾病的影响选取部分民族兽药植物在不同海拔高度进行半野生保护性种植。传统民族兽医药技术可以帮助当地牧民应对由气候变化引起的牲畜病虫害疾病。通过对当地乡土兽医专家的调查，发现了表 5 - 3 所列的传统兽医药的植物。

表 5 - 3 传统民族兽医药植物目录

中文名	科	拉丁名	使用部位	针对疾病
草乌	毛茛科	*Aconitum carmichaeli*	根	食欲不振、拒绝进食
菖蒲	天南星科	*Acorus calamus*	根	腹泻、痉挛、颤抖，呼吸困难
黄龙尾	蔷薇科	*Agrimonia pilosa*	根	腹泻，胎衣不下
大蒜	百合科	*Allium sativum*	鳞茎	痉挛、颤抖，呼吸困难，寄生虫病，中毒，发烧，感冒，腹泻

---

❶ 参与式技术发展是一个以人为中心，在基于当地资源和能力的基础上促进"内源发展"的方法。

续表

中文名	科	拉丁名	使用部位	针对疾病
水棉花	毛茛科	*Anemone hupehensis*	根茎	腹泻，久卧不起
草玉梅	毛茛科	*Anemone rivularis*	根	寄生虫病，久卧不起
文竹	百合科	*Asparagus setaceus*	块根	发热，发烧，感冒
金花小檗	小檗科	*Berberis wilsonae*	全株	腹泻
云南柴胡	伞形科	*Bupleurum yunnanense*	根和果实	发热，发烧，感冒
驴蹄草	毛茛科	*Caltha palustris*	全株	皮肤问题
碎米荠	十字花科	*Cardamine hirsuta*	全株	腹泻，胃胀气
云南铁线莲	毛茛科	*Clematis yunnanensis*	全株	发热，发烧，感冒
臭牡丹	马鞭草科	*Clerodendrum bungei*	根茎	疡疮
黄连	毛茛科	*Coptischinensis*	根茎	腹泻，中毒
珙桐	珙桐科	*Davidia involucrata*	果实	腹泻，发热，发烧，感冒
柳叶菜	柳叶菜科	*Epilobium brevifolium*	根	胎衣不下，疡疮
飞扬草	大戟科	*Euphorbia hirta*	全株	皮肤问题，腹泻
茴香	伞形科	*Foeniculum vulgare*	全株	便秘
红花龙胆	龙胆科	*Gentiana rhodantha*	全株	发热，发烧，感冒
鞭打绣球	玄参科	*Hemiphragma heterophyllum*	全株	胎衣不下
滇白芷	伞形科	*Heracleum scabridum*	根	发热，发烧，感冒
凤仙花	凤仙花科	*Impatiens lecomtei*	全株	疡疮，胎衣不下
五味子	木兰科	*Kadsura interior*	根和茎	胎衣不下
益母草	唇形科	*Leonurus artemisia*	全株	胎衣不下
长喙厚朴	木兰科	*Magnolia rostrata*	茎	痉挛，颤抖，呼吸困难
十大功劳	小檗科	*Mahonia microphylla*	茎和皮	中毒，腹泻
掌叶梁王茶	五加科	*Nothopanax delavayi*	根、茎、皮	食欲不振、拒绝进食，痉挛，颤抖，呼吸困难
胡黄连	玄参科	*Picrorhiza scrophulariiflora*	根茎	发热，发烧，感冒，寄生虫病，疡疮
车前草	车前科	*Plantago depressa*	全株	胃胀气，中毒，便秘
滇黄精	百合科	*Polygonatum kingianum*	根茎	胃胀气

续表

中文名	科	拉丁名	使用部位	针对疾病
草血竭	蓼科	*Polygonum paleaceum*	根茎	发热，发烧，感冒，胎衣不下，中毒
西南委陵菜	蔷薇科	*Potentilla fulgens*	根	腹泻，胃胀气，便秘
茴茴蒜	毛茛科	*Ranunculus chinensis*	全株	腹泻，寄生虫病
悬钩	蔷薇科	*Rubus corchorifolius*	全株	腹泻，胎衣不下
土大黄	蓼科	*Rumex nepalensis*	根和叶	腹泻，便秘，寄生虫病
接骨木	忍冬科	*Sambucus williamsii*	根和叶	骨折，久卧不起
广木香	菊科	*Saussurea costus*	全株	发热，发烧，感冒
白花球蕊五味子	木兰科	*Schisandra sphaerandra*	果实	腹泻，发热，发烧，感冒，疡疮
千里光	菊科	*Senecio scandens*	全株	便秘，中毒，腹泻，皮肤问题
滇芹	伞形科	*Sinodielsia yunnanensis*	根	胎衣不下
菠菜	藜科	*Spinacia oleracea*	全株	胎衣不下，疡疮
乌鸦果	杜鹃花科	*Vaccinium fragile*	根	久卧不起，寄生虫病
马鞭草	马鞭草科	*Verbena officinalis*	全株	骨折，胎衣不下
堇菜	堇菜科	*Viola yezoensis*	全株	疡疮，中毒
小籽玉米	禾本科	*Zea mays*	种子	疡疮

同时还记录了传统兽医药治疗方法，具有治疗和预防功能的主要是木香、土黄连等。

表 5 - 4 传统民族兽医药植物目录

畜禽疾病（症状）	正在使用的传统方法	效果
猪 发热、感冒、发烧	木香和饲料混拌一起煮后喂猪，连喂 2 次	一般
疥螨病（身子、皮肤痒）	1. 机油、柴油擦洗痒的部位； 2. 核桃油泡蜈蚣，擦 2～3 次/天	一般 很好
拉肚子	1. 土黄连或者是一种树根（根比较苦），切碎了，用水混合着来喂猪； 2. 喂菖蒲：打碎了煮，混拌着饲料喂； 3. 喂少量花椒	比较好 比较好 差
肚子胀	酒药（酿酒时发酵用的药）混拌猪食喂猪	比较好
卧睡不起	把头发、火药、蜂壳一起烧后，混拌在饲料里喂猪	一般
便秘	1. 喂香油，用小勺灌进去； 2. 土大黄	比较好 很好
生疮	1. 包谷炒后喂猪（用灶灰炒炸）； 2. 用酒擦洗生疮部位	一般 比较好
抽搐、发抖、喘气	1. 耳朵上剪一小口； 2. 核桃和野蘑菇泡在水里喂猪； 3. 野生的大蒜，打碎了用水喂猪； 4. 菖蒲弄碎了用汁喂猪	比较好 很好 一般 一般
不吃食	菖蒲、菖兰－川芎，煮后混拌猪食喂	比较好
鸡 没有精神、头晕	野花椒 2 粒和头痛片半片混合喂鸡	一般
拉肚子	1. 大蒜、野花椒混拌饲料喂鸡； 2. 苦树藤根切碎后用水泡，混拌在饲料里喂鸡； 3. 花椒、大蒜搓碎后，混拌饲料喂鸡	一般 比较好 很好
不吃食	用菖蒲打碎后拌在饲料里，用水灌喂	一般
突然死亡、肝脏和胆囊肿大	花椒、大蒜一起搓碎后，放在饲料里喂	差
流口水	安乃近、去痛片、花椒一起喂鸡	一般
便秘	土大黄打碎后与饲料一起灌喂	很好

续表

畜禽疾病（症状）		正在使用的传统方法	效果
牛	中毒（吃了小虫）	用肥皂/洗衣粉/香皂洗过的旧帽子的水、洗澡水和洗头水来灌喂给牛	很好
	咳嗽	黄连，用水泡后喂牛	一般
	牛瘦	喂猪油	很好
	不吃食	菖蒲、菖兰－川芎，煮后拌着饲料喂	比较好
	拉肚子	黄连/木香，拌盐巴直接喂	一般
	流行病	牛胆拌盐巴直接喂	差
	跌打、损伤、内伤	陈年猪油煮米酒，2 次/天，1 小碗/次，连喂 3 次	一般
	便秘	土大黄打碎后和饲料一起灌喂	很好
羊	中毒（吃到小虫）	用肥皂/洗衣粉/香皂洗过的旧帽子的水、洗澡水和洗头水来灌喂给牛	很好
	拉肚子	黄连/木香，拌盐巴直接喂	一般
	口发炎、生疮	用火药拌水擦洗	一般

5.3.2 适应气候变化的举措

在气候变化项目的支持下，运用参与式技术发展的模式，果念村的乡土兽医通过发掘和利用传统民族兽医药技术，并学习和结合现代兽医知识，在一定程度上适应了局部的气候变化，主要体现在以下几方面。

第一，培训乡土兽医。乡土兽医整理传统民族兽医药技术和药用植物资源，学习现代牲畜防疫防病知识，并根据实际病虫害情况决定传统兽医技术的试验内容，成立村民实验小组，乡兽医技术人员给予技术指导，开展传统兽医技术的创新。

第二，成立乡土兽医诊所。组织乡土兽医成立诊所，配置设备和器具，开展部分兽医药用植物资源的保护性种植，提高兽医的服务质量。同时支持乡土兽医开展针对村民的培训活动，并培养年轻一代的兽医，从而促进兽医传统知识的进一步传播和发展。

第三，建立气候变化基金。由乡土专家和村民提出技术创新的试验内容，获得村民集体讨论通过后，由气候变化基金给予小额技术探索贷款的支持，提高其生计创新和自我发展的能力。

第四，开展种养殖技术的培训。邀请技术人员对乡土专家和村民进行牦牛配种、核桃种植等种养殖技术的培训，选择合适的牲畜、作物和经济林木品种，使得当地村民生计技术多样化，增加经济收入渠道。

5.3.3　小结

最近，联合国粮食和农业组织（粮农组织）已对包括土地退化、水、生物多样性和气候等环境因素可能对全球畜牧业生产所产生的影响做了回顾。未来，随着气候变暖和极端气候灾害频发，气候变化将进一步增加中国广大少数民族地区生计的脆弱性和压力。因此，气候变化是未来影响少数民族地区农业、畜牧业等生计产业的众多因素中的一个，尤其是当与环境退化、集约化畜牧业生产、人口增加、城市化扩大等其他相关因素相结合的时候。

在果念村的研究证实了上述趋势。首先，气候变化对本已逐步丧失重要性的畜牧业产生了进一步的负面影响，具体表现在与气候相关的牲畜病虫害疾病的增加和频发；其次，果念村的藏民们在长期的半农半牧生计方式中，学会了利用当地的生物多样性资源作为兽药植物，积累了丰富的传统知识和经验。第三，在参与式技术发展的模式下，通过传统民族兽医药知识的整理、传承、发展和创新，可以在一定程度上应对气候变化给畜牧业牲畜疾病所带来的负面影响。

通过气候变化对牲畜疾病和传统民族兽医药知识的影响，以及应对的研究、分析和实践，本书希望为畜牧业等生计领域的决策者和研究者提供应对气候变化的方法，并为今后民族生态学对气候变化的研究提出了可能的方向和领域。

5.4　传统文化暨习惯法适应气候变化

本节将研究在传统神山信仰和传统社区组织的基础上，当地藏族村民开展的适应气候变化的实践。

5.4.1　藏族传统神山信仰

当地神山信仰的禁忌，在客观上起到了保护生态环境和生物多样性的作用。因此，在历史上红坡村神山及其周围的环境一直没有被人为破坏，形成了事实上的自然保护区，并成为今天白马雪山国家级自然保护区重要的一部分。因此，神山实际上成了动植物的一个避难地，保存物种资源的一个"基因库"。

由于神山的生态系统相较于普通山脉保护更为完好，植被也更丰富，因此村民们通过对神山植被的调查，收集了 25 种在不同海拔高度、阴坡和阳坡生长的树种和树苗，即红豆杉（Taxux yunnanensis）、干香柏（Cupressus duclouxiana）、侧柏（Platycladus orientalis）、高山柏（Sabina squamata）、云南铁杉（Tsuga dumosa）、澜沧黄杉（Psudotsuga forrestii）、华山松（Pinus armandi）、高山松（Pinus densata）、云南松（Pinus yunnanensis）、丽江云杉（Picea likiangensis）、油麦吊云杉（Picea brachytyla）、大果红杉（Larix potaninii）、云南黄果冷杉（Abies ernestii）、长苞冷杉（Abies georgei）、苍山冷杉（Abies delavayi）、川滇冷杉（Abies forrestii）、山杨（Populus davidiana）、滇杨（Populus yunnanensis）、红桦（Betula albo）、糙皮桦（Betula utilis）、高山桦（Betula delavayi）、漆树（Toxicodendron vernicifiuum）、核桃（Juglans cathayensis）、云南樟（Cinnamomum glanduliferum）、吴茱萸叶五加（Acanthopanax euodiaefolius）。

5.4.2　适应气候变化的举措

在气候变化项目的支持下，红坡村的乡土专家和村民们共同开展了基于传统神山信仰的应对气候变化影响实践。

首先，选择了核桃和干香柏两种树苗在荒山进行保护性种植以恢复植被，这两种林木都是本地的品种。核桃是当地传统的栽培植物，具有悠久的栽培历史，德钦县的藏族村落中都有很多非常古老的核桃树，老人们常说这些树是最早的人们建立村落时种下的，树有多少年就意味着村子的历史有多少年；干香柏则是一种与宗教密切相关的植物，当地藏族在每天祭祀神山等藏传佛教仪式

中要点燃焚烧干香柏的枝叶。

其次，为了保护这些种植的树苗，项目支持村民们邀请寺院的活佛举行"封山"的仪式，并修建了白塔，禁止砍伐和采集山上的树木，使得这些不是神山的荒山得到了神山的"保护待遇"。

第三，支持村民在神山信仰等习惯法的基础上开展适应的举措。这种适应举措包括灾害中的互助、灾后的抢救和资源的分配，而且还有对气候灾害的长期治理和防范，例如治理滑坡、修建蓄水池和水渠、安装水管、村子周围山坡植被的恢复等。

第四，支持村民积极开展可再生能源的使用和推广，以及发展创新性的耕种方法，在客观上成为适应气候变化的长期行动。例如通过小额贷款，在自愿的基础上，为部分报名的村民安装了温室大棚，开始试验种植经济作物。而太阳能和沼气的使用不仅减少了对森林的砍伐、减少了温室气体的排放，而且在相当大的程度上减少了村民的劳动量。

5.4.3 小结

虽然红坡村民基于传统神山信仰体系的气候变化观念与政府间气候变化委员会（IPCC）属于现代科学知识范畴的气候变化定义并不相同，但是两者对气候变化的认识有一些相似的地方，即都认为是人为因素导致了气候变化，因此通过改变人的行为方式可以"适应"气候变化。

近十年来随着与外界交流和接触的日益增多，政府和环保组织在包括红坡村在内的整个滇西北地区推动开展了一系列扶贫和环保相结合的工作，这些活动大都以传统的文化和信仰为基础，并结合环境保护知识，因此当地村民开始接受现代生态和自然的观念，并反过来将其进一步融入到传统的文化和信仰中，同时用传统信仰来诠释现代环保理念，这一过程是神山信仰"适应"气候变化的基础，研究这一现象对理解当地社会、自然环境和信仰之间关系的变迁有着重要的意义。

通过与现代环保知识和概念的交流，传统神山信仰价值观的内涵和外沿得以创新和丰富，由单纯对自然崇拜的信仰逐步发展成为一种融合传统世界观和现代生态理念的信仰，基于这种信仰的实践在一定程度上帮助当地村民"适应"了局部气候变化的影响。同时村民们基于传统神山信仰开展了灾害预防、灾后互助、资源分配、村落小环境的保护和治理等一系列活动，使得传统信仰转变成为适应气候变化的基础。

因此，在外部力量的援助和支持下，建立在自身传统文化基础之上的适应举措，能最大程度地减少气候变化对当地社区农村所带来的负面影响和损失，同时也是建立极端气候灾害互助、防范和治理机制的最为有效的途径之一。在适应气候变化的行动中发挥传统文化的作用，使之成为社区自觉的习惯法，这要比外来干预更具持续性和有效性，对少数民族适应气候变化有着重要的意义。

5.5　传统地理标志产品与适应气候变化

本节将针对传统地理标志产品，研究在传统社区机制和组织的基础上，当地藏族村民开展的适应气候变化的实践。

5.5.1　传统社区资源管理机制

当地村落存在着一个"上、下"结构的传统社区机制，即在每一个村落都划分为"上"和"下"两部分，两部分的划分标准传统上是按照主要大家族的亲缘远近关系，但新中国成立以后随着大家族的解体和小家庭的建立，则逐渐依据每家每户所处地理位置的高低。在历史上，传统社区机制管理着当地村落的一切事物，在社会主义基层政权建立以后，传统社区机制失去了政治和经济方面的管理职能，但在自然资源管理方面依旧发挥着一定的作用。例如针对水资源的利用，当地村民按照传统社区机制，在村落上、下两部分各选出两家轮流管理和维护水渠，在旱季缺水时制定乡规民约分配水资源的使用，规定上村农户在上午灌溉农田，下村农户则在下午至傍晚灌溉。

同时在当地村落中，藏族女性村民中存在着一个传统的群体组织"姐妹会"，村里的所有女性都是"姐妹会"的成员，但实际参加活动的一般是12岁以上至65岁以下的女性。"姐妹会"实行集体轮流管理制，每年春节时选举6户人家的6名女性，作为当年"姐妹会"的管理者，并有明确的分工，分

别负责管钱、管账和组织具体活动，直至第二年再重新选举更换。"姐妹会"有着自己的组织机制和习惯法，从事一些自然资源管理的活动，例如制定村规民约，禁止砍伐神山林木或采青枝等，并组织女性巡山，如果遇到违章砍伐树木的人，将依规定罚款或做登记。

5.5.2 适应气候变化的举措

在气候变化项目的支持下，针对松茸产品，红坡村的村民们开展了基于传统社区机制和组织的应对气候变化影响实践。

首先，村民基于传统社区机制，成立了社区松茸协会，由村落上、下两部分各选出两位村民组成协会的负责人员。

其次，社区松茸协会制定松茸产品采集标准，邀请专业人员设计松茸产品标志和包装，制作松茸产品宣传册，并向云南省工商局申请注册"卡瓦藏茸"地理标志产品品牌。

第三，社区松茸协会在调查市场行情的基础上，把全村的松茸集中起来制定统一价格，进行松茸的集体销售，以最大程度维护村民的利益。

第四，参照禁止砍伐神山林木的村规民约，"姐妹会"制定了松茸管护的社区公约，保护菌窝、禁止采集童茸，加强对松茸采集的管理，并组织女性定点检查，如果遇到违章采集童茸的人，将依规定进行罚款。

5.5.3 小结

在适应气候变化的研究和实践过程中，各民族自身的传统机制、组织和知识可以发挥积极的作用。这种作用已逐步被政府和学术界所认可和接受，并开始影响相关适应气候变化项目和政策的制定和执行。这种作用并不排斥来自外界的技术和知识等措施，但这些外部因素应当尽量立足于当地民族的传统机制、组织和知识，当地人在开展适应气候变化的行动中处于主体地位，自身的适应能力才能得到提高。要在民族社区制定和开展适应气候变化的政策和行动，首先要了解这些社区的传统机制，以及如何利用传统机制采取更为有效的适应措施。

在云南少数民族地区还存在着许多不同的传统社区组织，如哈尼族的四柱会、藏族的姐妹会、箭会等，这些传统组织则自然存在于村落内部，是当地文化和生活组成的一部分，同时有着自己的约定和规章制度，是当地村民经过世代积累总结出来的习惯法，在生活和生产中发挥着重要的作用。传统组织是社区组成的一部分，已经具备为村民所接受的规章制度，是社区自身长时间总结形成的习惯法，如果适应气候变化的政策和行动能够注意到这些传统组织的重要性，并对其加以能力培训和组织建设，将提高适应举措的持续性和有效性。

作为适应气候变化的举措之一，传统地理标志产品品牌的形成和注册无疑是具有创新性的行动，可以保护和发展当地的标志产品，虽然具有一定的难度，但值得进一步的探索和实践。

5.6　讨论和结论

5.6.1　传统知识在适应气候变化中的作用

在我国和世界其他一些国家和区域，包括适应气候变化在内的国家政策、环境保护和生计发展策略和科学技术的制定和决策，往往遵循自上而下的模式，并由政府部门、科研机构和民间组织等外部资源和力量强力介入和引进到少数民族农村社区内部实施。很多这些政策、模式和技术并没有考虑到特定地方少数民族的传统知识，缺乏因地制宜的观念和当地人的参与，因此往往实施效果事倍功半。正是由于这些失误的教训，越来越多的人们开始关注地方传统知识的重要性，并在环境保护和可持续发展的行动中考虑并结合传统知识。尽管如此，在适应气候变化的政策、模式和技术中，还缺乏对传统知识价值的认可和重视。在适应气候变化的相关举措中结合传统知识需要注意两个问题：首先确认所需要的传统知识；其次如何将传统知识与政策、模式和技术相结合。

综上所述，在适应气候变化中结合传统知识有以下的意义：第一，由于传统知识基于当地社会的文化背景，因此结合传统知识的决策过程和实施方法是被当地人所认可的，这一结合确保了相关政策、模式和技术的制定与实

施的有效性和可行性，使得这些自上而下的政策和举措在少数民族地区接到了地气，更加行之有效。第二，与政策、模式和技术的结合，使得传统知识的价值得到了认可和重视，摒除了人们对传统知识的偏见。第三，这一结合使得当地少数民族参与相关政策、模式和技术的决策和实施过程，被视为平等的合作伙伴，获得了知情权和参与权。第四，大多数适应气候变化项目的本质和目的是减少贫困和可持续发展，在气候变化的政策和行动中结合传统知识，可以促进这一目标的实现。第五，对当地少数民族而言，传统知识有着理解更方便、沟通更有效、传播更快和利用更广泛的优势，因此有利于适应气候变化。

5.6.2　传统知识适应气候变化的步骤

在适应气候变化的政策、模式和策略中结合传统知识有着以下的步骤：

第一，承认无论是在过去还是现在，传统知识一直为少数民族社区提供了应对气候变化、极端气候现象及其他灾害所带来的脆弱性的能力。

第二，在我国目前自上而下的政策制定和实施背景下，应该采用参与式的方法，鼓励少数民族地方社区最大程度地参与。这样做既可以了解当地人的想法和见解，并且与当地社区有了互动、分享了观点和理念，同时允许当地人根据需求进行基于传统知识的技术创新和实践，找到适合自身文化特点的适应气候变化的方式和道路。

第三，在适应气候变化的过程中，当地少数民族社区应被视为平等的伙伴。在外部力量和资源的帮助下，当地人应该是行动实施的主导者，从而增强个人和社区的适应能力，降低脆弱性。能力建设应该建立在传统知识的基础上，以强化和利用当地人现在所具备的能力。

第四，尽管传统知识在减缓和适应气候变化的实践中有着重要性，但是传统知识不应该被视为现代科学技术的替代品，相反，重要的是两者之间的互补和相互结合，以产生减缓和适应气候变化的"最佳模式"。最佳模式是传统知识与现代科学技术结合的产物，更具有价值。两个不同知识系统之间的相互作用，也可以创建一个当地乡土专家、村民与气候变化专家之间的对话机制，制定和实施更为可行和更有意义的政策、策略和行动，从而反映当地人真实的愿望，并使他们更为积极地参与进来。

　　然而，需要注意的是，并不是所有的传统知识都有利于当地社区适应气候变化，也并不是所有的传统知识都可以事先对面临的风险提供一个正确的解决方案。因此，正如其他科技知识一样，在适应气候变化的过程中结合传统知识，需要首先验证和评价这一知识的适合性和恰当性。

第6章

讨论和展望

6.1 讨 论

6.1.1 与气候和气候变化相关的传统知识

与云岭乡的藏族村民一样，少数民族对气候变化是既熟悉而又陌生的。熟悉是因为由于他们世代生活在复杂、多变和立体的气候环境中，因此形成了丰富和多样的传统知识；陌生则是最近二十年以来，气候变化的不稳定性和极端气候灾害的风险都在加剧和提高，使得少数民族对气候变化的传统知识出现失效和变化。

但这并不影响传统知识的价值，因为传统知识不仅是当地民族形成的有关气候变化现象的知识库，而且更是他们认识和形成这类知识的一个过程，因此除了原有的积淀以外，传统知识是在一个不断更新、创新和发展的过程中，有着强有力的生命力和适应性。另外，传统知识与科学领域的气象变化数据和模型并不是矛盾和对立的，相反，二者之间是一种有益的相互补充和结合的关系，可以形成对气候变化和极端气候灾害更为全面和细致的理解，尤其对某个局部和具体的区域而言。

6.1.2　气候变化对传统知识的影响

目前，关于气候变化的模型和测量在不断地发展，并且变得更加详细和准确。然而，模型和其他科学仪器并不足以理解或解决诸如气候变化这样的复杂问题，因为气候变化不是一个单纯的物理现象或者纯粹的环境问题，而同时也影响着经济、社会、文化和精神等层面。与生物资源保护和持续利用相关的传统知识基于少数民族的文化和当地的自然环境，气候变化对这一知识体系的影响对研究局部地区的气候变化和极端气候现象有着重要的意义，虽然无法代替科学的测量和模型，但却是必要的补充。首先，传统知识可以解释气候变化如何在局部地区具体呈现，以及如何评估这种变化在当地产生的问题和挑战；其次，传统知识可以补充气候变化科学研究过程中可能被忽视的领域，并帮助制定新的假设和研究问题；第三，传统知识影响着少数民族应对包括气候变化在内的自然和环境变迁的方式，这些方式往往是因地制宜的有效选择；第四，少数民族的生计方式往往严重依赖着气候、环境和资源等因素，气候变化和极端气候灾害不仅改变了环境，而且也在改变着资源，这些变化已经和将会给生计方式带来越来越多的风险和威胁，而基于传统知识的适应举措，可以在一定程度上提高生计的安全性。

6.1.3　传统知识与适应气候变化

面对气候变化和极端气候灾害的挑战，少数民族能够采取的最直接、最有效和最低成本的适应方式和举措，往往基于他们的传统知识。与少数民族所生活的生态环境和自然资源一样，传统知识也是他们可以依赖的一种资源，可以增强他们适应气候变化和极端气候灾害时的恢复力（弹性）。

但是，今天很多土著民族或少数民族已经感受到传统知识适应气候变化的局限性：首先，由于气候的易变性，仅仅依靠他们的传统知识和应对策略再也不能充分地适应目前气候变化发生的强度和频率，基于传统知识来预测天气的方法已经越来越靠不住（IRIN 2009）；其次，基于传统知识的适应方法往往来源于社区讨论、观察和日常生活，而不是一个正式、长期和计划的过程，因此记录和传播这些实践经验是困难的；第三，在实施适应气候变化举措的过程中，由于他们往往受到资源和能力的限制，因此只能参与到直接和应急的短期适应策略制定中，而他们需要更为主动和以预防为主的长期适应策略（UNEP 2008）；第四，土著民族和少数民族往往缺乏可以帮助他们充分应对气候变化的相关气候政策、举措、技术和资金的基本信息，同时很多法律和体制上的障碍妨碍了他们对气候变化的应对及采取可能的解决方式（European Commission 2008）。

云岭乡藏族村民适应气候变化的举措，在一定程度上回答了这些局限性的问题。少数民族的传统知识在某种意义上是一个复杂和相对松散的集合体，由于知识拥有者的居住环境、年龄、职业和性别的不同，所以即使在相同区域甚至村落的村民，他们所掌握和呈现出来的传统知识也是不一样的。因此，在传统知识适应气候变化的过程中，有必要结合国家政策和现代科学技术，以增强适应方式的有效性。

通过云岭乡的案例研究，笔者认为在研究传统知识与气候变化之间的关系时有两点需要注意：首先，传统知识不是一个静态和封闭的体系，而是一个动态和开发的变迁过程，在这一过程中可以融合包括科学知识在内的其他文化，并共同产生出新的文化；其次，科技知识和传统知识不是对立的，并不是非此即彼或者此消彼长的关系，未来的人类社会发展应该是基于多元文化的融合和创新，从而找到真正与自然和谐的人类可持续生存方式。

随着当前气候变化和极端气候灾害的频发，以及政治、经济和社会的迅速发展，少数民族单纯依赖于传统知识来适应气候变化也是不现实的，必须寻求国家政策、基层政府和科研工作者等的支持和协助。当前，我国的国家政策往往是宏观的决策和自上而下的思路，这样的政策制定出台以后，在基层特别是民族地区的实施过程中，需要结合当地的具体条件和环境，才能得到有效和正面的执行，而当地少数民族的传统知识往往可以成为国家宏观政策"落地"的平台，并进一步成为实施过程中有益和必要的补充。

因此，在未来协助少数民族适应气候变化的过程中，既要重视传统知识自身的特点和潜力，也要重视传统知识与国家政策、科学技术等外部因素的结合，在上述基础上制定和实施综合的适应策略，才能协助民族地区更好地适应气候变化。

6.2 研 究 创 新

关于气候变化和传统知识的研究，本身就是一个新兴的、具有创新性的前沿课题。本研究的创新主要体现在以下三方面：

6.2.1 气候变化与传统知识研究理论的探索

气候变化和传统知识研究理论的探索是本研究的一个创新点。在借鉴植物学、草地学、物候学、畜牧学和人类学等自然科学和社会科学的学科理论的基础上，本研究在民族生态学领域内探索气候变化和传统知识研究的理论形成（见图 6-1）。

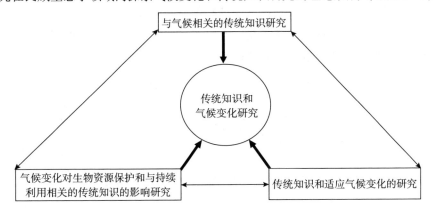

图 6-1 传统知识和气候变化研究的理论框架

本研究在理论研究上有以下突破：首先，突破了以往纯自然科学领域对气候变化研究的局限性，这类研究往往缺乏对土著或少数民族传统知识的重视和理解；其次，突破了社会科学领域对与气候变化相关传统知识研究的局限性，这类研究把这一传统知识仅仅理解为土著或少数民族预测气候和物候变化的知识和农谚。

本研究按照薛达元教授对生物资源保护和与持续利用相关传统知识的分类体系，在分析气候变化和极端气候现象对传统知识影响的基础上，扩大和明确了传统知识的范围和内容，确立了气候变化和传统知识的研究理论。这一理论包括三个方面：

对与气候相关的传统知识的研究；

气候变化对生物资源保护和持续利用相关传统知识的影响研究；

传统知识和适应气候变化的研究。

气候变化和传统知识研究的理论及其框架的探索，为未来进行相关的研究提供了依据，奠定了基础和方向。

6.2.2 传统知识定量分析和研究方法的探索

传统知识定量分析和研究方法的探索是本研究的另一个创新点。由于传统知识主要基于相对和地方的经验，缺乏科学的基准和衡量尺度，所以长期以来如何在研究中实现对传统知识的定量分析和研究一直是一个学术问题和难点，并由此引起了科学界对传统知识可信度和价值的质疑。

本研究试图解决这一问题，在研究中实现传统知识的指标化和数据化，探索建立传统知识定量分析和研究的框架（见图 6-2）。

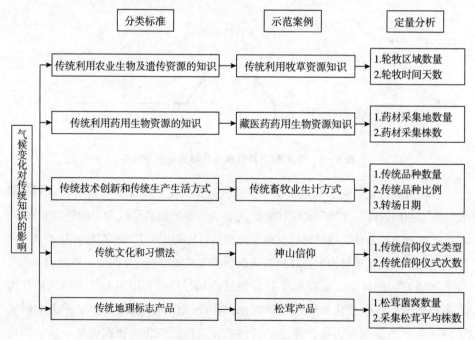

图 6-2 传统知识的定量分析及其框架

传统知识定量分析及其框架建立的探索，对传统知识的量化研究进行了创新和尝试，一定程度上增强了传统知识的可信度和价值，为传统知识的指标化和数据化提供了一个可供参考的模式。

6.2.3　与气候相关的传统知识分类的探索

在本研究中，与气候相关的传统知识被定义为：某个特定区域的人们世代对当地气候和物候现象直接和间接的观察和理解，以及在此基础上形成的预测和应对气候变化及极端气候现象的知识，这一知识分为气候和物候两个部分。

传统气候知识是少数民族在长期的生活生产实践过程中，通过对气象、自然和生活环境等现象及其变化的观察、理解和实践而直接形成和传承的有关气候的知识。它包括三个内容：传统世界观中的气候变化含义、对气候变化的认知和与气候变化相关的经验和技术。

传统物候知识是指当地少数民族长期在传统的生计方式中，通过农作物和牲畜、农田和牧场环境等生计条件的变化及其与气候的相互关系而形成的有关气候的知识。传统物候知识的目的是认识自然季节现象变化的规律，以服务于生计。物候知识与气候知识相似，都是观测当地气候变化的传统知识，所不同的是气候知识是少数民族对当地冷暖晴雨、风云变化的感知和观测而形成的知识，而物候知识则是在生计活动中，通过感知和观测一年中农作物的生长枯荣、牲畜的来往生育，从而了解气候变化对生计的影响。气候知识是观测当时当地的天气，而物候知识则不仅反映当时的天气，而且放映了过去一个时期内天气的积累，从物候知识可以知季节的早晚。传统物候知识是为生计服务而产生的，在今天对于农牧业生产还有很大的作用。它同样包括三个内容：传统世界观中的物候变化含义、对物候变化的认知和与物候变化相关的经验和技术。

6.3　研究不足和展望

在上述创新的同时，本研究也有着很多的不足，需要在以后的研究中进一步完善。

（1）未来在研究中将进一步对传统知识进行系统的记录、量化和整合。

（2）由于研究区域的高山牧场过去没有进行过样方调查，因此在未来的研究中需要对这一区域进行长期的跟踪调查和对比。

（3）气候变化与传统知识的跨学科研究及共享研究的问题和调查方法还处于一个起步阶段，有很多不足，需要进一步发展和完善。

未来气候变化和各种极端气候灾害还将给生活在中国的各个民族不断带来风险和挑战。在这样的背景下，针对气候变化和传统知识的研究还有很大的发展空间和新兴的领域，有待于进一步的探索。

可以预见，多学科交叉对话、进行跨学科的研究，以及共享研究的问题和调查方法，仍然是气候变化和传统知识研究的总趋向，需要逐步完善和结合。具体而言，有以下几个方面。

（1）需要选取适合的模型对当地气象数据进行分析，现实气候变化在区域和时间上的差异。

（2）在高山牧场、森林等地带设立不同海拔的样方样地，并进行长期的跟踪和调查，分析气候变化和极端气候灾害对当地植被的影响。

（3）对因气候原因引发的牲畜疾病进行跟踪调查，掌握发展趋势。

（4）雪灾、旱灾等极端气候灾害在牧区时常发生，今后要关注与这些灾害相关的传统知识。

（5）需要发展一套对传统知识的研究方法，以便对传统知识进行分类、量化和整理，使其易于被科学研究接纳和承认。

（6）除了长期气候变化，还需要进一步加大对极端气候灾害的研究，特别是针对云南的持续旱灾。在这一研究过程中，要紧密结合国家和地方相关政策、措施和科学技术，做到学以致用、知行合一。

在未来的研究展望中，首先，要进一步构建气候变化和传统知识研究的跨学科理论和方法，使其成为一个成熟的研究领域；其次，进一步完善传统知识的定量分析模式和研究框架，建构方法论，使其发展成为一种科学的研究方法；第三，促进气候变化和传统知识的研究成果的应用，既能为国家和地方预防气候灾害相关政策的制定和实施提供参考意见和建议，也能在基层社区协助当地村民开展具体适应气候变化的实践。

参考文献

一、中文文献

[1] 白洁，葛全胜，戴君虎．贵阳木本植物物候对气候变化的响应［J］．地理研究，2009（06）：11 – 14.

[2] 包维楷，吴宁．滇西北德钦县高山亚高山草甸的人为干扰状况及其后果［J］．中国草地，2003，25（2）：1 – 8.

[3] 包维楷，吴宁，和绍春，等．澜沧江上游德钦县亚高山、高山草地群落类型及其特点［J］．山地学报，2001，19（3）：226 – 230.

[4] 陈彬彬．河南省气候变化及其与木本植物物候变化相互关系研究［D］．江苏：南京信息工程大学，2007：87 – 89.

[5] 成功，王程，薛达元．国际政府间组织对传统知识议题的态度以及中国的对策建议［J］．生物多样性，2012：4.

[6] 党承林．中甸生物资源及其开发利用．滇西北人居环境可持续发展规划研究［R］．2000：258 – 259.

[7] 达月珍．德钦县1957—2010年气候变化特征［R］．环保部南京环科所：德钦县气候变化与传统知识研究课题.

[8] 德钦县志编纂委员会．德钦县志［M］．昆明：云南人民出版社，1997：15 – 18.

[9]《第二次气候变化国家评估报告》编写委员会．第二次气候变化国家评估报告［M］，北京：科学出版社，2011：8.

[10] 方修琦，殷培红．弹性、脆弱性和适应：IHDP三个核心概念综述［J］．地理科学进展，2007，26（5）：11 – 22.

[11] 付广华．气候灾变与乡土应对：龙脊壮族的传统生态知识［M］//尹绍亭．中国文化与环境论文集．昆明：云南人民出版社，2010：183 – 198.

[12] 房若愚．哈萨克族节气的牧业特点及比较研究［J］．新疆大学学报（哲学社会科学版），2006，（04）：84 – 88.

[13] 高山玉，桑琰云，徐刚，等．楼兰的兴衰与环境变迁和环境灾害［J］．成都大学学报（自然科学版），2004，23（3）：50－52.

[14] 葛政委．从农耕及相关民俗看湖北侗族对气候变化的适应［C］//尹绍亭．中国文化与环境论文集．昆明：云南人民出版社，2010：171－175.

[15] 葛全胜，等．中国历朝气候变化［M］．北京：科学出版社，2010.

[16] 顾润源，周伟灿，白美兰，等．气候变化对内蒙古草原典型植物物候的影响［J］．生态学报，2012（03）：21－24.

[17] 韩超，郑景云，葛全胜．中国华北地区近40年物候春季变化［J］．中国农业气象，2007（02）：17－21.

[18] 韩小梅，申双和．物候模型研究进展［J］．生态学杂志，2008.27（1）：89－95.

[19] 李蒙，朱勇，黄玮．气候变化对云南气候生产潜力的影响［J］．中国农业气象，2010，31（3）：442－446.

[20] 李全敏．自然崇拜与德昂族适应气候变化的传统知识［C］//尹绍亭．中国文化与环境论文集．昆明：云南人民出版社，2010：207－214.

[21] 李英年，赵亮，赵新全，等．5年模拟增温后矮嵩草草甸群落结构及生产量的变化［J］．草地学报，2004，12（3）：236－239.

[22] 李夏子，郭春燕，韩国栋．气候变化对内蒙古荒漠化草原优势植物物候的影响［J］．生态环境学报，2013（01）：24－28.

[23] 鲁永新，杨永生．楚雄州气候变化与气象灾害［M］．昆明：云南科技出版社，2010：85－87.

[24] 罗康智．黄冈侗族传统生计对当地气候环境的能动适应［M］//尹绍亭．中国文化与环境论文集．昆明：云南人民出版社，2010：222－225.

[25] 罗鹏，许建初，裴盛基．滇西北地区草地畜牧业与自然保护矛盾初探［J］．中国草地，2001，23（3）：1－5.

[26] 罗生洲．关于青海气象文化的认识和思考［J］．青海气象，2006专刊：42－49.

[27] 鲁永新，杨永生．楚雄州气候变化与气象灾害，昆明：云南科技出版社，2010，40－48.

[28] 刘春晖，薛达元．气候变化与传统知识关联的研究进展［J］．云南农业大学学报（自然科学），2013，28（04）：570－575.

[29] 南文渊．长生天信仰［J］．柴达木开发研究．2004（01）：56－57.

[30] 彭林绪．武陵人应对气候变化的传统方式［C］//尹绍亭．中国文化与环境论文集．昆明：云南人民出版社，2010：171－175.

［31］秦大河，陈振林，罗勇，等．气候变化科学的最新认知［J］.气候变化研究进展，
2007，3（2）：63－73.

［32］祁如英.青海草本植物物候对气候变化的响应及其应用［J］.青海气象，2006（03）：
17－22.

［33］祁如英，王启兰，申红艳.青海草本植物物候期变化对气象条件影响分析［J］.气象
科技，2006，34（3）：306－310.

［34］邱丹，张国胜.青藏高原气候变化对青南地区高寒草地生态系统的影响［J］.青海科
技，2000，7（2）：23－25.

［35］《气候变化国家评估报告》编写委员会.气候变化国家评估报告［M］.北京：科学出
版社，2007：1－9.

［36］仁钦多杰，祁继先.雪山圣地卡瓦格博［M］.昆明：云南民族出版社，1999：121.

［37］申时才，安迪，黄玉路.参与式畜牧技术发展的机制化初探［J］.贵州农业科学，
2007，35（2）：107－111.

［38］宋春桥，游松财，柯灵红，等.藏北高原典型植被样区物候变化及其对气候变化的
响应［J］.生态学报，2012（04）：7－11.

［39］汪青春.牧草生长发育与气象条件的关系及气候年景研究［J］.中国农业气象，
1998，19（3）：1－7.

［40］王宇.云南气候变化概论［M］.北京：气象出版社，2009：6－10.

［41］王万瑞.中国气象文化发源地研究［J］.陕西气象，2012（5）：50－54.

［42］吴瑞芬，霍治国，曹艳芳，等.内蒙古典型草本植物春季物候变化及其对气候变暖
的响应［J］.生态学杂志，2009（08）：11－14.

［43］吴兆录.滇西北生物气候资源特点［C］//吴良镛.滇西北人居环境可持续发展规划
研究.昆明：云南大学出版社，2000：185－190.

［44］乌尼尔.迁移的智慧——蒙古族牧民对环境气候的应对策略浅析［C］//尹绍亭.中
国文化与环境论文集，昆明：云南人民出版社，2010：215－221.

［45］伍立群，郭有安，付保红.云南冰川资源价值及合理开发研究［J］.人民长江，
2004，35（10）：35－37.

［46］牛忠保，刘鸿玉，等.气象哲学概论［M］.北京：气象出版社，2011.

［47］杨文辉.气候、资源与信仰：白族的传统知识与气候变迁［M］//尹绍亭.中国文化
与环境论文集.昆明：云南人民出版社，2010：199－206.

［48］薛达元，崔国斌，蔡蕾.遗传资源、传统知识与知识产权［M］.北京：中国环境科
学出版社，2009：6－10.

［49］薛达元，高振宁.《生物多样性公约》技术评注与履行策略［M］. 北京：中国环境科学出版社，1995.

［50］薛达元，蔡蕾.《生物多样性公约》新热点：传统知识保护［J］. 环境保护，2006，12（B）.

［51］薛达元，蔡蕾.《生物多样性公约》遗传资源获取和惠益分享国际制度谈判进展［J］. 环境保护，2007，11（8）.

［52］薛达元. 遗传资源获取与惠益分享：背景、进展与挑战［J］. 生物多样性，2007，15（5）：563－568.

［53］薛达元. 民族地区生物多样性相关传统知识的保护战略［J］. 中央民族大学学报（自然科学版），2008，17（4）：10－16.

［54］赵富伟，薛达元. 遗传资源获取与惠益分享制度的国际趋势及国家立法问题探讨［J］. 农村生态环境学报，2008，24（2）：92－96.

［55］薛达元，郭泺. 论传统知识的概念与保护［J］. 生物多样性，2009，17（2）：135－142.

［56］张丽荣，成文娟，薛达元.《生物多样性公约》国际履约的进展与趋势［J］. 生态学报，2009，29（10）：5636－5643.

［57］薛达元.《名古屋议定书》的主要内容及其潜在影响［J］. 生物多样性，2011，19（1）：113－119.

［58］杨兰芳，李宗义，王劲松. 气候变化对甘肃玛曲草原生态的影响［J］. 中国草地学报，2008（03）：19－23.

［59］杨文辉. 气候、资源与信仰：白族的传统知识与气候变迁［C］//尹绍亭. 中国文化与环境论文集. 昆明：云南人民出版社，2010：199－206.

［61］尹绍亭. 远去的山火：人类学视野中的刀耕火种［M］. 云南人民出版社，2008：12－14.

［62］尹绍亭. 中国文化与环境论文集［M］. 云南人民出版社，2010：150－236.

［63］尹仑，薛达元，倪恒志. 气候变化及其灾害的社会性别研究：云南德钦红坡村的案例［J］. 云南师范大学学报（哲学社会科学版），2012，44（5）.

［64］尹仑. 藏医药传统知识应用与价值的意识调查与分析研究：以永芝村为例［C］//薛达元. 民族地区医药传统知识传承与惠益分享. 北京：中国环境科学出版社，2009：52－61.

［65］尹仑. 气候变化的本土认知：云南德钦藏族的考查［C］//尹仑. 应用人类学研究：基于澜沧江畔的田野［M］. 昆明：云南科技出版社，2010：76－82.

［66］ 尹仑. 气候变化对半农半牧的影响及其应对：云南省红坡河小流域的实践和研究 ［C］//尹仑. 应用人类学研究：基于澜沧江畔的田野 ［M］. 昆明：云南科技出版社，2010：98－113.

［67］ 尹仑. 藏族对气候变化的认知与应对：云南省德钦县果念村的考察 ［J］. 思想战线. 2011（04）：8－12.

［68］ 尹仑，薛达元. 藏族神山信仰与全球气候变化：以云南省德钦县红坡村为例 ［J］. 云南民族大学学报（哲学社会科学版），2013，30（3）：41－45.

［69］ 尤卫红，赵付竹，吴湘云. 夏季澜沧江跨境径流量变化与夏季风的关系 ［J］. 高原气象，2007，26（5）：1059－1066.

［70］ 尤卫红，段长春，何大明. 纵向岭谷作用下的干湿季气候差异及其对跨境河川径流量的影响 ［J］. 科学通报，2006，51（S1）：56－65.

［71］ 尤卫红，何大明，索渺清. 澜沧江的跨境径流量变化及其对云南降水量场变化的响应 ［J］. 自然资源学报，2005，20（3）：361－372.

［72］ 云南省气象局科技减灾处. 气候变化对云南重点行业影响综合评估报告 ［R］. 2009：17－21.

［73］ 张国胜，李林，汪青春，等. 青南高原气候变化及其对高寒草甸牧草生长影响的研究 ［J］. 草业学报，1999，8（3）：1－10.

［74］ 张伟权. 土家族农谚的类型及预警机制 ［C］//尹绍亭. 中国文化与环境论文集. 昆明：云南人民出版社，2010：156－161.

［75］ 臧海佳，李星玉，李俊，等. 山东地区木本植物春季物候对气候变化的响应 ［J］. 中国农业气象，2011（02）：15－19.

［76］ 周跃，吕喜玺，许建初，等. 云南省气候变化影响评估报告 ［M］. 昆明：气象出版社，2011：57－62.

［77］ 郑建萌，任菊章，张万诚. 云南近百年来温度雨量的变化特征分析 ［J］. 灾害学，2010，（25）3：24－31.

［78］ 郑景云，葛全胜，郝志新. 气候增暖对我国近40年植物物候变化的影响 ［J］. 科学通报，2002，47：1582－1587.

［79］ 郑景云，葛全胜，赵会霞. 近40年中国植物物候对气候变化的响应研究 ［J］. 中国农业气象，2003（01）：13－17.

［80］ 郑小波，康为民. 中国西南云贵高原1961—2005年日照时数的长期变化趋势 ［R］//第三届贵州省自然科学优秀学术论文评选获奖论文集，2010：31－36.

［81］ 泽柏，郑群英，邓永昌. 草地共管在红原的实践 ［J］. 草业与畜牧，2007（2）：4－7.

［82］中华人民共和国国务院新闻办公室. 中国的民族区域自治白皮书［S］. 2005：1 - 2.

［83］竺可桢，宛敏渭. 物候学［M］. 北京：科学出版社，1980：12 - 14.

［84］朱姝. 班克斯革新性多元文化教育研究的特征及启示［J］. 湖南师范大学教科学学报，2013（3）.

二、英文文献

［1］Adger W. N. , Kelly P M. Social vulnerability to climate change and the architecture of entitlements［J］. Mitigation and Adaptation Strategies for Global Change, 1999（4）：253 - 266.

［2］Adger W. N. , Benjaminsen T. A. , K. Brown, et al. Advancing a political ecology of global environmental discourses［J］. Development and Change, 2001, 32：681 - 715.

［3］Agrawala S. and K. Broad. Technology transfer perspective on climate forecast applications［A］. In M. D. Laet（Eds. ）, Research in science and technology studies：Knowledge and technology transfered, 2002：45 - 69.

［4］Alcamo J. , Moreno J. M. , Novaky B. , et al. Europe In Climate change 2007：impacts, adaptation and vulnerability［A］. In ML Parry, O F Canziani, J P Palutikof, P J van der Linden and CE Hanson（Eds. ）, Contribution of working group Ⅱ to the fourth assessment report of the intergovernmental panel on climate change. Cambridge University Press, Cambridge, UK. 2007：541 - 580.

［5］Anja B. , Jan S. Local Perspectives on a global phenomenon - Climate change in Eastern Tibetan villages［J］. Global Environmental Change, 2009：156 - 166.

［6］Anne Hensbaw. Sea Ice：The Sociocultural Dimensions of a Melting Environment in the Arctic［C］//In Susan A. Crate, Mark Nuttall. （Eds. ）, Anthropology and climate change, From Encounters to Actions. Left Coast Press, 2009：87 - 91.

［7］Arun B. , Shrestha, Raju Aryal. Climate change in Nepal and its impact on Himalayan glaciers［J］. Reg Environ Change, 2011, 11：65 - 77.

［8］Aparna Pareek Trivedi P. C. and. Cultural values and indigenous knowledge of climate change and disaster prediction in Rajasthan, India［J］. Indian Journal of Traditional Knowledge, 2011, 10（1）：183 - 189.

［9］Brody A. , Demetriades J. , Esplen E. Gender and Climate Change：Mapping the Linkages. A Scoping Study on Knowledge and Gaps［M］. BRIDGE, Institute of Development Studies（IDS）, Brighton, 2008.

［10］Biswas M. R, and Biswas A. K. Food, Climate and Man［M］. New York, J Wiley and

Sons, 1979.

［11］ Brookfield H C. The ecology of highland settlement： Some suggestions. ［J］. American Anthropologist, 1964, 66： 20 – 38.

［12］ Boas F. Race. Language, and culture ［M］. New York： Macmillan, 1896.

［13］ Berlin B. On the making of a comparative ethnobiology ［A］. In Ethnobiological classification： Principles of categorization of plants and animals in traditional societies. Princeton, NJ： Princeton University Press, 1992.

［14］ Baird, Rachel. The Impact of Climate Change on Minorities and Indigenous Peoples – briefing ［EB/OL］. http：//www2. ohchr. org/english/issues/climatechange/docs/submissions/Minority_ Rights_ Group_ International. pdf. 2008 – 08 – 16.

［15］ Balbus J M. and Wilson M L. Human Health and Global Climate Change： A Review of Potential Impacts in the United States ［A］. Arlington, VA： PEW Center on Global Climate Change, 2000, 43.

［16］ Basso, Keith H. Wisdom Sits in Places： Landscape and Language Among the Western Apache ［M］. Albuquerque： University of New Mexico Press, 1996： 171.

［17］ Benedict J, Colombi. Salmon Nation： Climate Change and Tribal Sovereignty ［A］. In Susan A C, Mark Nuttall. （Eds.）, Anthropology and climate change, From Encounters to Actions. Left Coast Press, 2009： 110 – 124.

［18］ Berkes F., Jolly D. Adapting to climate change： social – ecological resilience in a Canadian Western Arctic Community ［J］. Conservation Ecology, 2001, 5 （2）： 18.

［19］ Berkes F. Epilogue： making sense of arctic environmental change? ［A］. In： Krupnik I, Jolly D. （Eds.）, The Earth is Faster Now： Indigenous Observations of Arctic Environmental Change. Arctic Research Consortium of the United States, Fairbanks, AK, 2002： 334 – 349.

［20］ Berkes F., Mathias J., Kislalioglu M., Fast H. The Canadian arctic and the oceans act： the development of participatory environmental research and management ［J］. Ocean and Coastal Management, 2001, 44： 451 – 469.

［21］ Bharara LP. Indegenous Knowledge – A Coping Mechanism in Drought – prone Areas, and Changes and Consequences of Accelerating Risks and Vulnerability to Desertification in Western Rajsthan ［J］. Seminar on control of Drought, Desertification and Famine. New Delhi, Mimeo, 1986.

［22］ Bigg G. R. The Oceans and Climate ［M］. Cambridge. Cambridge University Press, 1996：

58 – 67.

[23] Bryson R. A. , Lamb H H, and Donley D L. Drought and the Decline of Mycenae [J]. Antiquity, 1974: 48, 46.

[24] Banda K. Climate change, gender and livelihoods in Limpopo Province: Assessing impact of climate change, gender and biodiversity [A]. In Bahlabela District, Limpopo Province. Johannesburg: University of Witwatersrand, 2005.

[25] Briggs John. The use of Indigenous knowledge in Development: Problems and Challenges [J]. Progress in Development Studies, 2005: 99 – 114.

[26] BRIDGE. Gender and climate change: mapping the linkages. A scoping study on knowledge and gaps [EB/OL]. http: //www. bridge. ids. ac. uk/reports/Climate _ Change _ DFID. pdf. 2008.

[27] Boko M. , I. Niang, A Nyong, et al. Africa: Climate change 2007: Impacts, adaption and vulnerability [A]. In Contribution of working group II to the fourth assessment report of the intergovernmental panel on climate change. M Parry, O. Canziani, J Palutikof, P van der Linden and C Hanson (Eds), Cambridge: Cambridge University Press, 2007: 433 – 467.

[28] Biswas A. K. Climate and Economic Development [J]. The Ecologist, 1980, 9: 188.

[29] Chomel B. B. , Belotto A. , Meslin F. X. Wildlife, exotic pets, and emerging zoonoses [J]. Emerg. Inf. Dis, 2007, 13: 6 – 11.

[30] Chmielewski F. M. , Rötzer T. Response of tree phenology to climate change across Europe [J]. Agric For Meteorol, 2001, 108: 101 – 112.

[31] Carpenter R. Discontinuity in Greek Civilization [M]. New York, W W. Norton. 1968.

[32] Carla Roncoli, Todd Crane and Ben Orlove. Fielding Climate Change in Cultural Anthropology [A]. In Susan A Crate, Mark Nuttall (Eds.), Anthropology and climate change, From Encounters to Actions. Left Coast Press, 2009, 70 – 86.

[33] Cruikshank J. Glaciers and climate change: Perspectives from oral tradition [J]. Arctic, 2001, 5: 377 – 393.

[34] Climate Change Cell. Climate Change, Gender and Vulnerable Groups in Bangladesh [R]. Component 4b, Dhaka, 2009.

[35] Core A. Chapter 3, Climate and civilization, Earth in the Balance: Ecology and the Human Spirit [M]. New York: Plume Publishing, 1993: 56 – 80.

[36] Couzin J. Opening doors to indigenous knowledge [J]. Science, 2007, 315: 1518 – 1519.

[37] Crate S. Gone the bull of winter? Grappling with the cultural implications of and anthropology's

role (s) in global climate change [J]. Current Anthropology, 2008, 23 – 28.

[38] Cubasch U and Meehl GA. Projections of future climate change [A]. In: Houghton J. T. , Ding Y. , Griggs D. J. , et al. (Eds.), Climate Change: The Scientific Basis Intergovern-mental Panel on Climate Change, Working Group 1. Cambridge: Cambridge University Press, 2001: 525 – 582.

[39] Carla Roncoli, Todd Crane and Ben Orlove. Fielding climate change in cultural anthropology [A]. In Chinwe Ifejika Speranza, Promoting Gender Equality in Responses to Climate Change—The case of Kenya. Conceptual and Theoretical Issues. Harare: SAPES Books. 1992.

[40] Demetriades J, Esplen E. The Gender Dimensions of Poverty and Climate Change Adaptation [R]. Institute of Development Studies, 2008.

[41] Denton F. Climate change vulnerability, impacts, and adaptation: why does gender matter? [J]. Gender and Development, 2002, 10: 10 – 20.

[42] D. Andrade. The development of cognitive anthropology [M]. Cambridge, UK: Cambridge University Press, 1995.

[43] Dewalt K. and B. DeWalt. Participant observation: A guide for fieldworks [M]. Walnut Creek, CA: Alta Mira Press, 2002

[44] Donna Green. Opal Waters, Rising Seas: How Sociocultural Inequality Reduces Resilience to Climate Change among Indigenous Australians [A]. In Susan A. Crate, Mark Nuttall (Eds.), Anthropology and climate change, From Encounters to Actions. Left Coast Press, 2009: 23 – 31.

[45] Danielsen F, Burgess N D, Balmford A. Monitoring matters: examining the potential of lo-cally – based approaches [J]. Biodiversity and Conservation, 2005, 14: 2507 – 2542.

[46] De La Rocque, Rioux J A, Slingenbergh J. Climate change: effects on animal disease sys-tems and implications for surveillance and control [A]. In: De La Rocque S, Hendrickx G, Morand S. (Eds.), Climate Change: Impact on the Epidemiology and Control of Ani-mal Diseases. World Organization for Animal Health (OIE), Paris. Sci. Tech. Rev, 2008, 27 (2): 309 – 317.

[47] Dwivedi O. P. Satyagraha for conservation: awakening the spirit of Hinduism [A]. In Eth-ics of environment and development (eds) J. R. Engel &J. G. Engel. London: Bellhaven Press, 1990: 27 – 29.

[48] Diamond J. Guns, Germs and Steel: The Fates of Human Societies [M]. New York: W. W. Norton & Co, 1999.

[49] Davidson Hunt I. J. , and R. M. Flaherty. Researchers, indigenous peoples and place – based learning communities [J]. Society and Natural Resources, 2007, 20: 291 – 305.

[50] Dhakhwa G. B. and Campbell CL. Potential effects of differential day – night warming in global climatic change on corp production [J]. Climatic Change, 1998, 40: 647 – 667.

[51] de Loe R. C. , and R D Kreutzwiser. Climate Variability, Climate Change and Water Resource Management in the Great Lakes. [J]. Climatic Change, 2000, 45: 163 – 179.

[52] Epstein P. R. Climate change and public health emerging infectious diseases [A]. In: Encyclopedia of Energy, 2004: 381 – 392.

[53] European Commission. External Relations Directorate General, Directorate Multilateral relations and Human Rights, Human Rights and Democratisation [R]. Stocktaking of main activities related to indigenous peoples conducted in 2007 by Commission services in Headquarters. ER/B/1/PA D (2008) 501842. 2008.

[54] European Commission. Programming Guide for Strategy Papers [EB/OL] Programming Fiche Indigenous Peoples. http: //ec. europa. eu/development/icenter/repository/F47 _ indigenous_ peoples_ fin_ en. pdf. 2008.

[55] Ember C. R. and M. Ember. Climate, econiche, and sexuality: Influences on sonority in language [J]. American Anthropologist, 2007, 109: 180 – 185.

[56] Eakin H. Smallholder maize production and climatic risk: A case study from Mexico [J]. Climatic Change, 2000, 45: 19 – 36.

[57] Elizabeth Marino and Peter Schweitzer. Talking and Not Talking about Climate Change in Northwestern Alaska [A]. In Susan A. Crate, Mark Nuttall (Eds.), Anthropology and climate change, From Encounters to Actions. Left Coast Press, 2009: 209 – 217

[58] European Parliament. Directorate – General for External Policies of the Union. Indigenous Peoples and Climate Change [EB/OL]. http: //www. europarl. europa. eu/activities/ committees/studies. do? language = EN. 2009.

[59] Eakin H. Small holder maize production and climatic risk: A case study from Mexico [J]. Climatic Change, 2000, 45: 19 – 36.

[60] Finan T. J. Climate science and the policy of drought mitigation in Ceara, Northeast Brazil [A]. In S. Strauss and B. Orlove (Eds.), Weather, climate, culture, New York: Berg, 2003, 203 – 216.

[61] Finan T. J. and D. R. Nelson. Making rain, making roads, making do: Public and private responses to drought in Ceara [M]. Brazil, 2001.

[62] Fine G. A. Authors of the storm: Meteorologists and the culture of prediction. Chicago: University of Chicago Press, 2007.

[63] Fisher R. Rain doesn't come: An Anthropological study of Drought and Human Ecology in Western Rajasthan [M]. Sydney Studies, Manohar Publishers and Distributors, 1997.

[64] Fitter A. H., Fitter R. Rapid changes in flowering time in British plants [J]. Science, 2002, 296: 1689 – 1691.

[65] Frenkel S. Geography, empire, and environmental determinism [J]. Geographical Review, 1992, 82: 143 – 153.

[66] Folland C. K., Karl T. R., Christy J. R., et al. Climate Change 2001: The Scientific Basis [M]. Cambridge: Cambridge University Press, 2001: 157 – 159.

[67] Fox S. These are things that are really happening [A]. In: Krupnik I, Jolly D (Eds.), The Earth is Faster Now: Indigenous Observations of Arctic Environmental Change. Arctic Research Consortium of the United States, Fairbanks, AL, 2002: 13 – 53.

[68] Freeman L. C., Romney A. K., Freeman S C. Cognitive structure and informant Accuracy [J]. American Anthropologist, 1987, 89: 310 – 325.

[69] Gajadhar A A and Allen J R. Factors contributing to the public health and economic importance of waterborne zoonotic parasites [J]. Vet Parasitol, 2004, 126: 3 – 14.

[70] Githeko A. K., Lindsay S. W., Confalonieri U E and Patz J A. Climate change and vector-borne diseases: a regional analysis [J]. Bulletin of the World Health Organization, 2000, 78 (9): 1136 – 1146.

[71] Grenier Louise. Working with Indigenous Knowledge: A Guide for Researcher, International development Centre [M]. Ottawa, 1998.

[72] Gustafsson B., Shi L. The ethnic minority – majority income gap in rural China during transition [J]. Economic Development and Cultural Change, 2003, 51: 805 – 822.

[73] Grivetti L. E. Geographical location, climate and weather, and magic: Aspects of agricultural success in the eastern Kalahari, Botswana [J]. Social Science Information, 1981, 20: 509 – 536.

[74] Huntington E. Civilization and Climate [M]. Yale University Press, New Haven, Connecticut, 1915.

[75] Huntington H. P. Using traditional ecological knowledge in science: methods and applications [J]. Ecological Applications, 2000, 10: 1270 – 1274.

[76] Harwell E. E. Remote sensibilities: Discourses of technology and the making of Indonesia's

natural disaster [J]. Development and change, 2000, 31: 307 - 340.

[77] Houghton E. Climate Change 2001: The Scientific Basis, Contribution of Working Group I to the Third Assessment Report of the Intergovernmental Panel on Climate Change (IPCC) [M]. Cambridge University Press, 2001, 944.

[78] Haffman S. M. and A. Oliver Smith. Catastrophe and culture: The anthropology of disaster [M]. Santa Fe: School of American Research Press, 2002.

[79] Hannah Reid, Terry Cannon, Mozaharul Alam, et al. Community - based Adaptation to Climate Change: an overview [R]. The International Institute for Environment and Development (IIED), 2009.

[80] Hemmati M., Röhr U. A Huge Challenge and a Narrow Discourse. Women and Environments [M]. University of Toronto, Toronto. 2007.

[81] Harrison P. The Curse of the Tropics [J]. New Scientist, 1979, 22: 602.

[82] Huber T. and Pedersen P. Meteorological knowledge and environmental ideas in traditional and modern societies: the case of Tibet [J]. Journal of the Royal Anthropological Institute (N. S.), 1997, 3: 577 - 597.

[83] Harris M. Rise of anthropological theory: A history of theories of culture [M]. New York, Harper and Row, 1968.

[84] Heather Lazrus. The Governance of Vulnerability: Climate Change and Agency in Tuvalu, South Pacific [A]. In Susan A. Crate, Mark Nuttall. Anthropology and climate change, From Encounters to Actions (Eds.), Left Coast Press, 2009, 46 - 58.

[85] Holling C. S. Understanding the complexity of economic, ecological, and social systems [J]. Ecosystems, 2001, 4 : 390 - 405.

[86] Inge Bolin. The Glaciers of the Andes are Melting: Indigenous and Anthropological Knowledge Merge in Restoring Water Resources [A]. In Susan A. Crate, Mark Nuttall (Eds.), Anthropology and climate change, From Encounters to Actions, Left Coast Press, 2009, 151 - 163.

[87] IPCC 2007b Climate Change. Impacts, Adaptation and Vulnerability. Working Group II [R]. Contribution to the Fourth Assessment Report of the Intergovernmental Panel on Climate Change. Cambridge University Press, Cambridge, 2007.

[88] Integrated Regional Information Networks. Senegal: Forecasting the future in an erratic climate [EB/OL]. http: //www. irinnews. org/Report. aspx? ReportId = 82201. 2009.

[89] Izzi Deen (Samarrai) M. Y. Islamic environmental ethics: law and society [A]. In Ethics

240

of environment and development (eds) J. R. Engel &J. G. Engel. London: Bellhaven Press, 1990, 67 – 69.

[90] Ingold T. and T. Kurttila. Perceiving the environment in Finish Lapland [J]. Body Society, 2000, 6: 183 – 196.

[91] Iipinge E. M. , Williams M. Gender and development [M]. Windhoek: John Meinert Printing, 2000.

[92] Ishaya S. and Abaje I. B. Indigenous people's perception on climate change and adaptation strategies in Jema's local government area of Kaduna State, Nigeria [J]. Journal of Geography and Regional Planning, 2008, 1 (8): 138 – 143.

[93] ICSU. A science plan for integrated research on disaster risk: addressing the challenge of natural and human – induced environmental hazards [R]. Paris: ICSU, 2008.

[94] IUCN/UNDP/GGCA. Training Manual on Gender Climate Change. [EB/OL] http://data. iucn. org/dbtw – wpd/edocs/2009 – 012. pdf. 2009.

[95] IPCC. Workshop on the Detection and Attribution of the Effects of Climate Change [R]. Working Group II Workshop Report, New York. USA, 2003.

[96] IWGIA. Indigenous Peoples and Climate Change. [EB/OL] http://www. iwgia. org/sw 29085. asp.

[97] ISHR. International Service for Human Rights: New York Monitor [R]. UN Permanent Forum on Indigenous Issues. 7th session, 21 – 22 April 2008. Climate Change: An Indigenous Call to Action.

[98] IFIPCC (International Forum of Indigenous Peoples and Climate Change). Statement of the International Forum of Indigenous Peoples on Climate Change to the 29th Session of the Subsidiary Body for Scientific and Technical Advice [R]. 14th Session of the Conference of the Parties (COP14) of the United Nations Framework Conference on Climate Change, 2008.

[99] Inge Bolin. The Glaciers of the Andes are Melting: Indigenous and Anthropological Knowledge Merge in Restoring Water Resources [A]. In Susan A. Crate, Mark Nuttall. Anthropology and climate change, From Encounters to Actions (Eds.), Left Coast Press, 2009, 151 – 163.

[100] Johnsson L. G. A Study on Gender Equality as a Prerequisite for Sustainable Development [R]. Environment Advisory Council, Stockholm, Sweden, 2007.

[101] James A. B. Race, Culture, and Education: The Selected Works of James A. Banks [M]. London and NewYork: Routledge, 2006.

[102] Jan Salick, Anja Byg. Indigenous Peoples and Climate Change [J]. University of Oxford and Missouri Botanical Garden, 2007.

[103] John T. Hardy. Climate Change: Causes, Effects, and Solutions [M]. John Wiley & Sons, Ltd. 2003, 77 – 78.

[104] Jolly D., Berkes F., Castleden J., et al. We can't predict the weather like we used to: Inuvialuit observations of climate change, Sachs Harbour Western Canadian Arctic [a]. In Krupnik I., Jolly D. (Eds.), The Earth is Faster Now: Indigenous Observations of Arctic Environmental Change. Arctic Research Consortium of the United States, Fairbanks, AL, 2002, 92 – 125.

[105] Jennifer Couzin. Opening Doors to Native Knowledge [J]. Science, 2007, 315 (5818): 1518 – 1519.

[106] Khasnis A. A. and Nettleman M. D. Global warming and infectious disease [J]. Archives of Medical Research, 2005, 36: 689 – 696.

[107] Kloprogge P., Van der Sluijs J. The inclusion of stakeholder knowledge and perspectives in integrated assessment of climate change [J]. Climatic Change, 2006, 75: 359 – 389.

[108] Kovats R. S., Haines A., Stanwell Smith R., et al. Climate Change and human health in Europe [J]. British Medical, 1999, 318: 1682 – 1685.

[109] Krupnik I., Jolly D. The Earth is Faster Now—Indigenous Observations of Arctic Environmental Change [M]. Arctic Research Consortium of the United States, Fairbanks, AL. 2002, 11 – 13.

[110] Krogman W. M. Climate makes the man: Clarence A Mills [J]. American Anthropologist, 1943, 45: 290 – 291.

[111] Lambert L. D. The Role of Climate in the Economic Development of Nation [J]. Land Economics, 1975, 47: 339.

[112] Laidler G. J. Inuit and scientific perspectives on the relationship between sea ice and climate change: the ideal complement? [J]. Climatic Change, 2006, 78: 407 – 444.

[113] Lambin E. F. Conditions for sustainability of human – environment systems: information, motivation, and capacity [J]. Global Environmental Change, 2005, 15: 177 – 180.

[114] Larry C. P. and Gerald H. H. Climate and the Collapse of Maya Civilization—A series of multi – year droughts helped to doom an ancient culture [J]. American Scientist, 2005, 93: 322 – 329.

[115] Lamb D., Erskine P. D., Parrotta J. A. Restoration of degraded tropical forest landscapes

[J]. Science, 2005, 310: 1628 – 1632.

[116] Litzinger R. The mobilization of "nature": perspectives from north – west Yunnan [J]. China Quarterly, 2004, 178: 488 – 504.

[117] Liu X. , Chen B. Climatic warming in the Tibetan plateau during recent decades [J]. International Journal of Climatology, 2000, 20: 1729 – 1742.

[118] Liu J. G, Li S. X. , Ouyang Z Y, et al. Ecological and socioeconomic effects of China's policies for ecosystem services [J]. PNAS, 2008, 105: 9477 – 9482.

[119] Lassiter L. E. Collaborative ethnography and public anthropology [J]. Current Anthropology, 2005, 46 (1): 83 – 107.

[120] Lambert L. D. The Role of Climate in the Economic Development of Nation [J]. Land Economics, 1975, 47: 339.

[121] Laughlin C. D. Maximization, marriage and residence among the So [J]. American Ethnologist, 1974, 1: 129 – 141.

[122] Macchi, Mirjam, et al. Indigenous and Traditional Peoples and Climate Change: Vulnerability and Adaptation [EB/OL]. IUCN, Gland, 2008. http: //cmsdata. iucn. org/downloads/indigenous_ peoples_ climate_ change. pdf.

[123] Masum Momaya. Women Address Climate Change by Connecting the Dots. AWID [EB/OL] 2009. http: //www. awid. org/Library/Women – Address – Climate – Change – by – Connecting – the – Dots.

[124] Malmaeusa J. M. , T Blencker, H Markensten, et al. Lake phosphorus dynamics and climate warming: A mechanistic model approach [J]. Ecological Modelling, 2006, 190 (1 – 2): 1 – 14.

[125] McCorkle. An Introduction to ethnoveterinary research and development [J], J Ethnobiol, 1986, 6: 129 – 149.

[126] Mendelsohn R. , Dinar A. , Williams L. The distributional impact of climate change on rich and poor countries [J]. Environment and Development Economics, 2006, 11: 159 – 178.

[127] Menzel A. European phenological response to climate change matches the warming pattern [J]. Glob Change Biol, 2006, 12: 1969 – 1976.

[128] Momaday S. A. first American views his land [J]. National Geographic, 1976, 150: 13 – 18.

[129] Monserud R. A. , Tchebakova N M and Leemans R. Global vegetation change predicted by the modified Budyko model [J]. Climatic Change, 1993, 25: 59 – 83.

[130] Moran E. Human adaptability: An introduction to ecological anthropology [M]. Boulder, CO: West view Press, 1982.

[131] Magistro J. and C. Roncoli. Anthropological perspectives and policy implications of climate change research [J]. Climate Research, 2001, 19: 91 – 96.

[132] McAdoo B, Moore A, Baumwoll J. Indigenous knowledge and the near field population response during the 2007 Solomon Islands tsunami [J]. Natural Hazards, 2009, 48 (1): 73 – 82.

[133] McCullough J. M. Human Ecology, Heat adaption, and belief systems: The hot – cold syndrome of Yucatan [J]. Journal of Anthropological Research, 1973, 29: 32 – 36.

[134] Michael W. B. , Alan L. K. , Mark B. Climate Variation and the Rise and Fall of an Andean Civilization [J]. Quaternary Research, 1997, 47: 235 – 248.

[135] Netting R. M. Cultural ecology [A]. In Encyclopedia of cultural anthropology, eds. D Levinson and M Ember, New York: Henry Holt, 1996, 267 – 271.

[136] Nelson D. R. and T. J. Finan. The emergence of a climate anthropology in northeast Brazil [J]. Practicing Anthropology, 2000, 22: 6 – 10.

[137] Nicole Peterson and Kenneth Broad. Climate and weather discourse in Anthropology: From Determinism to uncertain futures [A]. In Susan A. Crate, Mark Nuttall (Eds.), Anthropology and climate change, From Encounters to Actions. Left Coast Press, 2009, 70 – 86.

[138] Neeraj V. Culture, Climate and the Environment: Local Knowledge and Perception of Climate Change among Apple Growers in Northwestern India [J]. Journal of Ecological Anthropology, 2006, 10: 4 – 18.

[139] Netting R. M. Hill farmers of Nigeria: Cultural ecology of the Kofyar of the Jos Plateau [M]. Seattle: University of Washington Press, 1968, 142 – 151.

[140] Netting R. M. Smallholders, householders: Farm families and the ecology of intensive, sustainable agriculture [M]. Stanford, CA: Stanford University Press, 1993.

[141] Ortner S. Theory in anthropology since the sixties [A]. In N. B. Dirks, G. Eley and S. B Ortner (Eds.), Culture/power/history: A reader in contemporary social theory, Princeton, NJ: Princeton University Press, 1993.

[142] Oliver Smith A. Anthropological research on hazards and disasters [J]. Annual Review of Anthropology, 1996, 25: 303 – 328.

[143] Oliver Smith A. Theorizing disaster: Nature, power and culture [A]. In S. M. Hoffman and A. Oliver Smith (Eds.), Catastrophe and culture: The anthropology of disaster, San-

ta Fe: School of American Research Press, 2002, 23 - 48.

[144] Oldrup H., Breengaard M H. Desk Study on Gender, Gender Equality, and Climate Change [J]. Nordic Council of Ministers, 2009.

[145] Oviedo, Gonzalo. Indigenous and Traditional Peoples and Climate Change: Vulnerability and Adaptation [R]. Summary Version. IUCN, Gland, 2008.

[146] Patz J. A., Daszak P., Tabor G. M., et al. Working Group on Land Use Change and Disease Emergence. Unhealthy landscapes: policy recommendations on land use change and infectious disease emergence [J]. Environ Health Perspect, 2004, 112: 1092 - 1098.

[147] Parmesan C. Influences of species, latitudes and methodologies on estimates of phenological response to global warming [J]. Glob Change Biol, 2007, 13: 1860 - 1872.

[148] Rayner S. Domesticating nature: Commentary on the anthropological study of weather and climate discourse [A]. In Weather, climate, culture, eds. S Strauss and B Orlove, New York: Berg, 2003, 277 - 290.

[149] Roncoli C, K Ingram and P Kirshen. The costs and risks of coping with drought: livelihood impacts and farmers' responses in Burkina Faso [J]. Climate Research, 2001, 19: 119 - 132.

[150] Rajib Shaw, Anshu Sharma and Yukiko Takeuchi. Indigenous Knowledge and Disaster Risk Reduction: From Practice to Policy [M]. Nova Publishers, New York, 2009.

[151] Richard Eiser J, et al. Risk interpretation and action: A conceptual framework for responses to natural hazards [J]. International Journal of Disaster Risk Reduction, 2012.

[152] Richard A., Warrick and William E. R. Societal Response to CO2 - Induced Climate Change: Opportunities for Research [A]. In R. Chen, E. Boulding and S. Schneider, eds. Social Science Research and Climate Change, 1983, 20 - 60.

[153] Reilly J. and D. Schimmelpfennig. Irreversibility, uncertainty, and learning: Portraits of adaption to long - term climate change [J]. Climatic Change, 2000, 45: 253 - 278.

[154] RÖhr U. Gender and Climate Change. Tiempo: A bulletin on climate and development [EB \ OL] http: //www. tiempocyberclimate. org. 2006.

[155] Rodenberg B. Climate Change Adaptation from a Gender Perspective [R]. German Development Institute, 2009.

[156] Rhoades R. E. and S. I. Thompson. Adaptive strategies in alpine environments: Beyond ecological particularism [J]. American Ethnologist, 1975, 2: 535 - 551.

[157] Robert K., Hitchcock. From Local to Global: Perceptions and Realities of Environmental

Change Among Kalahari San [A]. In Susan A Crate, Mark Nuttall. Anthropology and climate change, From Encounters to Actions (Eds.), Left Coast Press. 2009, 34 – 45.

[158] Rosenzweig C. R. and Hillel D. Climate Change and the Global Harvest: Potential Impacts of the Greenhouse Effect on Agriculture [M]. Oxford: Oxford University Press, 1998, 92 – 101.

[159] Rotter R. and Van de Geujin S. C. Climate change effects on plant growth, crop yield and livestock [J]. Climate Change, 1999, 43: 651 – 681.

[160] Sarab Strauss. Global Models, Local Risks: Responding to Climate Change in the Swiss Alps [A]. In Susan A. Crate, Mark Nuttall. Anthropology and climate change, From Encounters to Actions (Eds.), Left Coast Press, 2009, 32 – 41.

[161] Santiago M. C., Maria A. V., Maria D. B. Climate change effects on trematodiases, with emphasis on zoonotic fascioliasis and schistosomiasis [J]. Veterinary Parasitology, 2009, 163: 264 – 280.

[162] Schlesinger W. H. Changes in soil carbon storage and associated properties with disturbance and recovery [A]. In Trabalka J R and Reichle D. E. eds, The Changing Carbon Cycle: A Global Analysis. New York: Springer – Verlag, 1986, 194 – 220.

[163] Schwartz M D. Green – wave phenology [J]. Nature, 1998, 394: 839 – 840.

[164] Smith J. B. and Tirpak D. A. The Potential Effects of Global Climate Change on the United State [M]. New York: Hemisphere Publishing, 1990, 73 – 82.

[165] Sobrevila, Claudia. The role of Indigenous Peoples in Biodiversity Conservation [EB \ OL]. The Nature but Often Forgotten Partners. – The International Bank for Reconstraction and Development/The World Bank. Washington, USA. 2008. http: //siteresources. worldbank. org/ INTBIODIVERSITY/Resources/RoleofIndigenousPeoplesinBiodiversityConservation. pdf.

[166] Starfield A. and Chapin Ⅲ FS. Model of transient changes in arctic and boreal vegetation in response to climate and land use change [J]. Ecological Applications, 1996, 6 (3): 842 – 864.

[167] Steward J H. Theory of culture change [M]. Urbana: University of Illinois Press, 1955, 57 – 63.

[168] Susan A. Crate, Mark Nuttall. Anthropology and climate change, From Encounters to Actions [M]. Left Coast Press, Inc, 2009, 9 – 14.

[169] Susan A. Crate. Gone the Bull of Winter? Contemplating Climate Change's Cultural Implications in Northeastern Siberia, Russia [A]. In Susan A Crate, Mark Nuttall. Anthropology

and climate change (Eds.), From Encounters to Actions. Left Coast Press, 2009, 56 – 63.

[170] Swain T. The Mother Earth conspiracy: an Australian episode [J]. Numen, 1991, 38: 3 – 26.

[171] Strauss S. Weather wise: speaking folklore to science in Leukerbad [A]. In Weather, climate, culture. S Strauss and B. Orlove eds, New York: Berg, 2003, 39 – 60.

[172] Seema A. J. Virtue and vulnerability: Discourses on women, gender and climate change [J]. Global Environmental Change, 2011, 21: 744 – 751.

[173] Sandra Bäthge. Climate change and gender: economic empowerment of women through climate mitigation and adaptation? [R]. Programme Promoting Gender Equality and Women's Rights. Deutsche Gesellschaft für, Technische Zusammenarbeit (GTZ) GmbH, 2010. http: // www. gtz. de/gender.

[174] Salick B. and A. Byg. Indigenous Peoples and Climate Change [M]. A Tyndall Centre Publication, Tyndall Centre for Climate Change Research, Oxford, 2007.

[175] Smith L. T. Decolonizing Methodologies: Research and Indigenous People [M]. London: Zed Books, 1999.

[176] Siegel B. J. Migration dynamics in the interior of Ceara, Brazil [J]. Southwestern Journal of Anthropology, 1971, 27: 234 – 258.

[177] Torry W I. Anthropological studies in hazardous environments: Past trends and new horizons [J]. Current Anthropology, 1979, 20: 517 – 540.

[178] Toni Huber and Poul Pedersen. Meteorological Knowledge and Environmental Ideas in Traditional and Modern Societies: The Case of Tibet [J]. The Journal of the Royal Anthropological Institute, 1997, 3 (3): 577 – 597.

[179] Taddei R. Of clouds and streams, prophets and profits: The political semiotics of climate and water in the Brazilian northeast [D]. Department of Anthropology, Columbia University, New York, 2005.

[180] Timothy Finan. Storm Warnings: The Role of Anthropology in Adapting to Sea – Level Rise in Southwestern Bangladesh [A]. In Susan A Crate, Mark Nuttall (Eds.). Anthropology and climate change, From Encounters to Actions, Left Coast Press, 2009, 121 – 134.

[181] UNU – IAS (United Nations University – Institute of Advanced Studies). Indigenous Peoples and Climate Change in International Processes. [EB \ OL] 2008. http: //www. unutki. org/ default. php? doc_ id = 98.

[182] UNEP. Reportof the International Expert Meeting on Responses to Climate Change for Indigenous

and Local Communities and the Impact on Their Traditional Knowledge Related to Biological Diversity – The Arctic Region [R]. UNEP/CBD/COP/9/INF/43. 2008. http：//www. cbd. int/doc/meetings/cop/cop – 09/official/cop – 09 – 29 – en. doc.

[183] United Nations. Climate Change – An Overview [R]. Secretariat of the United Nations permanent Forum on Indigenous Issues. 2007b.

[184] UNFPA/WEDO. Climate Change Connections [R]. Gender and Population, 2009.

[185] U. N. Rio Declaration on Environment and Development [EB/OL]. Conference on the Human Environment, 1992. http：//habitat/igc. org/agenda2l/rio – dec. html.

[186] UNDESA. Report of the World Summit on Sustainable Development [R]. Plan of Implementation. 2002, http：//www. un. org/esa/sustdev/ sdissues/finance/fin – doc. htm.

[187] U. N. Report of the Global Conference on Sustainable Development of Small Island Developing States [R]. 1994, http：//www. un. org/documents/ga/confl67/aconf167 – 9. htm.

[188] UN – OHCHR. United Nations Office of the High Commissioner for Human Rights：Climate Change and Indigenous Peoples [EB \ OL]. 2008, http：//www. ohchr. org/EN/NewsEvents/Pages/ClimateChangeIP. aspx.

[189] UNEP. Report of the International Expert Meeting on Responses to Climate Change for Indigenous and Local Communities and the Impact on Their Traditional Knowledge Related to Biological Diversity – The Arctic Region [R]. UNEP/CBD/COP/9/INF/43. 2008, http：//www. cbd. int/doc/meetings/cop/cop – 09/official/cop – 09 – 29 – en. doc.

[190] UN OHCHR. Report of the Office of the United Nations High Commissioner for Human Rights on the relationship between climate change and human rights [R]. Prepared for the Human Rights Council, Tenth session. –A/HRC/10/61，–Advance unedited version, 15 January 2009.

[191] UNFCCC (United Nations Framework on Climate Change). United Nations Framework Convention on Climate Change – The First Ten Years [R]. 2004a.

[192] UNFCCC. Promoting effective participation in the Convention process [R]. Subsidiary Body for Implementation, Twentieth Session, Bonn – 16 – 25 June 2004. FCCC/SBI/2004/5. http：//www. un. org/esa/socdev/unpfii/documents/Climate_ change_ overview. doc.

[193] Vayda A. P. and B. J. Mccay. New directions in ecology and ecological anthropology [J]. Annual Review of Anthropology, 1975, 4：293 – 306.

[194] Van Aalst M. K.，Cannon T.，Burton I. Community level adaptation to climate change：the potential role of participatory community risk assessment [J]. Global Environmental

Change, 2008, 18: 165 - 179.

[195] Wilbanks T. J. , Kates R. K. Global change in local places: how scale matters [J]. Climatic Change, 1999, 43: 601 - 628.

[196] Whiting J. The effects of climate on certain cultural practices [A]. In Explorations in cultural anthropology, ed. Goodenough, 1964.

[197] Watson E. Gender and natural resources management [M]. Cambridge: University of Cambridge, 2006.

[198] William I. T. Anthropological Perspectives on Climate Change [A]. In Chen R S, Boulding E M and Schneider S H (eds.), Social Science Research and Climate Change: An Interdisciplinary Appraisal, D. Reidel, Dordrecht, Holland, 1983, 208 - 228.

[199] Xu J. C. , R. E. Grumbine, A. Shrestha, et al. The Melting Himalayas: Cascading effects of climate change on water, biodiversity and livelihoods [J]. Conservation Biology, 2009, 23 (3): 520 - 530.

[200] Ziervogel G. and R. Calder. Climate variability and rural livelihoods: Assessing the impact of seasonal climate forecasts in Lesotho [J]. Area, 2003, 35: 403 - 417.

附 录 传统知识与气候变化的调查问卷

调查问卷用途说明：该问卷只会被用于"云南省德钦县藏族传统知识与气候变化研究"的科学研究工作，谢谢配合，扎西德勒！

资料号：＿＿＿＿＿＿　　　村子名称：＿＿＿＿＿＿

被采访者：＿＿＿＿＿＿

填表时间：

第一部分　基本情况

1. 性别	A. 男　B. 女	2. 是否户主	A. 是　B. 否
3. 年龄		4. 民族	
5. 文化程度	A. 没上过学　B. 小学　C. 初中　D. 高中/中专　E. 大专 F. 大学及以上		
6. 家庭人口数			
7. 家庭住址			

第二部分　对气候知识和气候变化的调查

一、长期气候现象

1. 与 20 年前相比，你感觉气温：

A. 变冷　　B. 没有变化　　C. 变热　　D. 变得不稳定　　E. 不知道

250

2. 与 20 年前相比，你感觉降雨：

A. 减少　　　B. 没有变化　　　C. 增多　　　D. 变得不稳定　　　E. 不知道

3. 与 20 年前相比，你感觉降雨开始的时间：

A. 提前　　　B. 没有变化　　　C. 推迟　　　D. 变得不稳定　　　E. 不知道

4. 与 20 年前相比，你感觉降雨持续的时间：

A. 变短　　　B. 没有变化　　　C. 变长　　　D. 变得不稳定　　　E. 不知道

5. 与 20 年前相比，你感觉降雨结束的时间：

A. 提前　　　B. 没有变化　　　C. 推迟　　　D. 变得不稳定　　　E. 不知道

6. 与 20 年前相比，你感觉降雪：

A. 减少　　　B. 没有变化　　　C. 增多　　　D. 变得不稳定　　　E. 不知道

7. 与 20 年前相比，你感觉降雪开始的时间：

A. 提前　　　B. 没有变化　　　C. 推迟　　　D. 变得不稳定　　　E. 不知道

8. 与 20 年前相比，你感觉降雪持续的时间：

A. 变短　　　B. 没有变化　　　C. 变长　　　D. 变得不稳定　　　E. 不知道

9. 与 20 年前相比，你感觉降雪结束的时间：

A. 提前　　　B. 没有变化　　　C. 推迟　　　D. 变得不稳定　　　E. 不知道

10. 与 20 年前相比，你感觉夏季的时间：

A. 减少　　　B. 没有变化　　　C. 增多　　　D. 变得不稳定　　　E. 不知道

11. 与 20 年前相比，你感觉冬季的时间：

A. 减少　　　B. 没有变化　　　C. 增多　　　D. 变得不稳定　　　E. 不知道

12. 与 20 年前相比，你感觉雪山冰川：

A. 减少　　　　　B. 没有变化　　　　　C. 增多　　　　　D. 不知道

13. 与 20 年前相比，你感觉雪山雪崩：

A. 减少　　　　　B. 没有变化　　　　　C. 增多　　　　　D. 不知道

14. 与 20 年前相比，你感觉雪山积雪：

A. 减少　　　　　B. 没有变化　　　　　C. 增多　　　　　D. 不知道

二、极端气候现象

15. 与 20 年前相比，你感觉雪灾：

A. 减少　　　　　B. 没有变化　　　　　C. 增多　　　　　D. 不知道

16. 与 20 年前相比，你感觉干旱：

A. 减少　　　　B. 没有变化　　　　C. 增多　　　　D. 不知道

17. 与 20 年前相比，你感觉强降雨：

A. 减少　　　　B. 没有变化　　　　C. 增多　　　　D. 不知道

18. 与 20 年前相比，你感觉泥石流和洪水：

A. 减少　　　　B. 没有变化　　　　C. 增多　　　　D. 不知道

第三部分　对物候知识和气候变化的调查

一、长期物候现象

19. 与 20 年前相比，你感觉迁至高山夏季牧场的时间：

A. 提前　　　　B. 没有变化　　　　C. 推迟　　　　D. 不知道

20. 与 20 年前相比，你感觉住在高山夏季牧场的时间：

A. 减少　　　　B. 没有变化　　　　C. 延长　　　　D. 不知道

21. 与 20 年前相比，你感觉迁离高山夏季牧场的时间：

A. 提前　　　　B. 没有变化　　　　C. 增多　　　　D. 不知道

22. 与 20 年前相比，你感觉高山夏季牧场牧草的种类：

A. 减少　　　　B. 没有变化　　　　C. 增加　　　　D. 不知道

23. 与 20 年前相比，你感觉高山夏季牧场牧草的产量：

A. 减少　　　　B. 没有变化　　　　C. 增加　　　　D. 不知道

24. 与 20 年前相比，你感觉高山夏季牧场牲畜的产奶量：

A. 减少　　　　B. 没有变化　　　　C. 增加　　　　D. 不知道

25. 与 20 年前相比，你感觉农作物播种的时间：

A. 提前　　　　B. 没有变化　　　　C. 推迟　　　　D. 不知道

26. 与 20 年前相比，你感觉农作物收获的时间：

A. 提前　　　　B. 没有变化　　　　C. 推迟　　　　D. 不知道

27. 与 20 年前相比，你感觉农作物的产量：

A. 减少　　B. 没有变化　　C. 增加　　D. 不稳定　　E. 不知道

二、极端物候现象

28. 与 20 年前相比，你感觉牲畜疾病：

　A. 减少　　　　　B. 没有变化　　　　C. 增加　　　　D. 不知道

29. 与 20 年前相比，你感觉牲畜寄生虫：

　A. 减少　　　　　B. 没有变化　　　　C. 增加　　　　D. 不知道

30. 与 20 年前相比，你感觉农作物虫害：

　A. 减少　　　　　B. 没有变化　　　　C. 增加　　　　D. 不知道

31. 与 20 年前相比，你感觉农作物病害：

　A. 减少　　　　　B. 没有变化　　　　C. 增加　　　　D. 不知道

第四部分　应对气候变化的调查

	很不同意	不同意	一般	同意	很同意	平均得分
应对气候变化的途径						
我认为传统知识可以应对气候变化及极端灾害气候						
我认为现代科学知识可以应对气候变化及极端灾害气候						
我认为传统知识与现代科学知识相结合可以应对气候变化及极端灾害气候						
应对气候变化的具体方法						
增加基础设施的投入						
种树和恢复植被						
调整养殖的种类、比例						
种植药材和经济林木						
发展旅游业						
以外出打工或采集为主应对气象灾害						

后 记

二十年的治学时光如弹指一挥，其间不仅求学问道，更是修身励志。在生态人类学和民族生态学的学科理论指导下，我开始对早期田野实践中所取得的经验和积累进行知识锤炼，以取得自身学术理论的升华。于是，我以这一本书为这一段学术和生命历程反思和注脚。

首先，我要向我的导师薛达元教授致以诚挚的感谢和敬意。早期通过著作和项目，我对薛老师关于生物多样性资源获取和惠益分享、与生物资源保护和持续利用相关传统知识研究的学术思想深为认同并产生了强烈的共鸣，从那时起便希望能拜于其门下，以接受进一步的言传身教。在成为薛老师的学生之后，我系统地进行了气候变化和传统知识的研究，这一研究的理论和方法建立在薛老师关于传统知识的分类思想和体系之上。除了学术指导，更为重要的是薛老师虚怀若谷的治学和立命态度、德才兼具的大家风范，颇有中国古之士大夫文人遗风。相信在我未来的学术和生活道路上，可以显现薛达元教授的影响，我要以薛达元教授为旗帜。

有一种支持是最重要的，但却是无法用语言来感谢的，那就是我父母无微不至的关爱和支持，在父母亲的谆谆教诲下，我对民族生态学的理论研究和学科知识有了进一步的认识和理解，为博士论文的写作夯实了基础。家学的渊源是我的幸运，在我未来的学术和生活道路上，要以尹绍亭教授为标杆。

当然，我还要感谢我的爱妻郑燕燕，她不仅在我论文不同的写作阶段给予了我巨大的支持，而且在与她的学术交流和思想碰撞过程中，经常激起我的灵感和创新。举案齐眉的价值远不止于此，今后当继续与燕共鸣。

毫无疑问，我要向那些在德钦的藏人村民们致礼：鲁茸斯南、此里扎巴、

254

次仁桑珠、定主培楚、阿鲁、立青培楚、丹珍勒此、群鲁，在论文和研究中你们是给予和教授我不同传统知识的乡土专家，在田野调查和生活中你们是一直陪伴我的亲人、兄弟和挚友。

　　个人的学术道路似乎无止尽，只要生命不息。因此，这一论文后记也是我未来学术研究的前言。